京权图字 01-2023-0399 号

图书在版编目（CIP）数据

论语 / 文心工作室编著. —北京：中央编译出版社，2023.7
（大美国学）
ISBN 978-7-5117-4281-0

Ⅰ. ①论… Ⅱ. ①文… Ⅲ. ①《论语》-通俗读物 Ⅳ. ①B222.2-49

中国版本图书馆 CIP 数据核字（2022）第 176365 号

论语

责任编辑 苗永姝
责任印制 刘 慧
出版发行 中央编译出版社
地　　址 北京市海淀区北四环西路 69 号（100080）
电　　话 （010）55627391（总编室） （010）55625179（编辑室）
（010）55627320（发行部） （010）55627377（新技术部）
经　　销 全国新华书店
印　　刷 佳兴达印刷（天津）有限公司
开　　本 880 毫米×1230 毫米 1/32
字　　数 224 千字
印　　张 10.75
插　　图 10
版　　次 2023 年 7 月第 1 版
印　　次 2023 年 7 月第 1 次印刷
定　　价 65.00 元

新浪微博：@中央编译出版社 **微　　信**：中央编译出版社(ID: cctphome)
淘宝店铺：中央编译出版社直销店(http://shop108367160.taobao.com)
(010)55627331

本社常年法律顾问：北京市吴栾赵阎律师事务所律师 闫军 梁勤
凡有印装质量问题，本社负责调换，电话：(010) 55626985

論語通卷一　　　　元　胡炳文　撰

朱子集註

學而第一

語錄學而篇名取篇首兩字初無意義這是孔門弟子編集只把這箇作第一件所謂學者何學今之學有三詞章之學也訓詁之學也儒者之學也欲識道理會講者之學不可學者學為人也學而至於聖人亦不過盡為人之道而已爾

此為書之首篇故所記多務本之意乃入道之

門積德之基學者之先務也凡十六章

子曰學而時習之不亦說乎說悅同

學之為言效也熊氏曰按說文學字本作斆字從攴○或問以己之未知效夫知者以求其知以己之未能而效夫能者以求其能皆學之事也人性皆善而覺有先後後覺者必效先覺之所為乃可以明善而復其初也

語録有問學而時習者曰今且理會學是學箇甚底然後理會時習蓋人只有一箇心天下之皆聚於此是所以主張自家一身者學有多少事孟子只說學問之道求其放心而已矣○莆田黃氏曰人雖由氣以成形而氣原於理故曰人性皆善然氣無定形升降上下往來消息交互錯揉易於昏雜而難得清明

故人之受是氣也亦通者少蔽者多通則謂之先覺故曰覺有先後也理寓氣中則未嘗變惟理不變故學可勝氣雖昏蔽之極者得先覺覺之則亦覺焉○陳氏曰所謂明善而復其初者其中極有涵蓄乃兼知行而言非止知之便是復初也○通曰秦漢而後所謂學者記誦詞章而已無有說到性善者惟程夫子作顏子所好何學論必先從性善上說故朱子從之人性皆善天命之性也覺有先後氣質之性也後覺者必效先覺之所為或以所為為所行殊不知汝為周南召南集註曰為猶學也論語曰為之不厭孟子記夫子之言曰學不厭是以學字代為字集註於十五志學下曰念念在此而為之不厭是以為字釋學字此曰效先覺之所為猶曰學先覺之所學也大學章句釋明明德曰學者當因其所發而遂明之以復其初此曰明善而復其初是包大學許多工夫說物格知至即是明善意意誠心正身修即是復其初

習鳥數音朔下同飛也學之不已如鳥數飛也或問說文習字从羽从白月令所謂鷹乃學習是也○語錄只是這一般習只是飛了又飛○胡氏曰學之不已者學與習非二事也○馮氏曰習鳥鷂欲離巢而學飛之稱學謂學之於己習謂習其所學時時而習恐其忘也凡曰而者上下二義學一意也習一義也說喜意也既學而又時時習之則所學者熟而中心喜悦其進自不能已矣或問學矣而不習則表裏扞格而無以致其學之之道習矣而不時則功夫間斷而無以成其習之之功是其胷中雖欲勉焉以自進亦且枯燥生澁而無可嗜之味危殆杌隉而無可即之安矣故既學矣又必以時習之則其心與理相涵而所知者益精身與事相安而所能者益固從容於朝夕俯仰之中凡其所學而知且能者必有

自得於心而不能以語人者是以中心油然悅懌之味雖芻豢之悅於口不足以諭其美矣此學之始也○語錄學到說時已自是進了一步只說後便自住不得○陳氏曰時時習之而無間斷則所學者熟趣味源源而出中心不期悅懌而進進自不能止○通曰熟則自然悅如先正秋也萬物之所悅也物到秋熟時自然有悅意論語揭此五字於一書之首以見聖賢之所以為聖賢只是學之不已學之不已則熟熟則其進自不能已夫子之吾弗能已顏子之欲罷不能皆是自不能已此則學之始也故集註下一進字其進自不能已是學之方長進處

程子曰習重（平聲）習也時復思繹（音亦）浹（音節）洽（音狹）於中則說也又曰學者將以行之也時習之則所學者在我故說 饒氏曰習字訓重故重險謂之習坎○王氏曰前節是知

上習後節是行上習○通曰浹洽於中則是自得之深所學在我則是自守之固學必如是乃可爾謝
氏曰時習者無時而不習坐如尸坐時習也立如齋
莊皆反立時習也謝氏名良佐字顯道上蔡人○熊氏曰坐如尸立如齋出記曲禮如尸註
曰視貌正如齋註曰磬身聽謂祭祀時
有朋自遠方來不亦樂乎樂音洛
朋同類也自遠方來則近者可知程子曰以善及人
而信從者衆故可樂或問理義人心所同然非有我之得私也吾獨得之雖足以說
矣然告人而人莫信率人而人莫從是獨擅此理而人不得與於吾心之所同也如十人同食一人既飽

而九人不下咽吾之所悅雖深亦曷能達於外邪今
吾之學足以及人而信從者又衆則將皆有以得其
心之所同然者而吾之所得不獨爲一己之私矣吾
之所知彼亦知之吾之所能彼亦能之則其歡欣宣
暢雖宮商相宣律呂諧和何足以方其樂哉此學之
中也又曰近者既至遠者畢來以學於吾之所學而
求以復其初凡吾之所得而悅於心者彼亦將有以
得而悅之則可以見夫性者萬物之一原信乎其立
必俱立成不獨成矣○節初齊氏曰樂非幸人之信
從於我也君子洞見天地萬物爲一體況其同類之
朋乎孔子曰仁者己欲立而立人己欲達而
達人物我之間天理流行益方於此樂見之又曰說

在心樂主發散在外或問非以樂爲在外也以爲積滿乎中而發越乎外爾說則方
得於內而未能達於外也○饒氏曰說與樂皆是在
中底今此樂字對上文說字而言則是主發散在外

言之○通曰人性之善同一初也我既明善而復其初人亦皆明善而復其初豈不大可樂程子曰樂主發散在外聖賢無在外之樂說即樂之蘊於中樂即說之發於外者爾

人不知而不慍不亦君子乎慍紆問反

慍含怒意君子成德之名尹氏曰學在已知不知在人何慍之有程子曰雖樂於及人不見是而無悶乃所謂君子尹氏名焞字彥明河南人○語錄但心裏畧有些子不平意便慍了非勃然而怒之謂○有朋自遠方來而樂者天下之公也人不知而慍者一已之私也以善及人而信從者衆則樂不已知則不慍樂慍在物不在已至公而不私也君子有公共之樂無私已之慍惟樂後方能進這一步不樂

則何以為君子○饒氏曰朋是專指同類人是兼指衆人如上而君大夫亦是○少蘊葉氏曰喜怒均出於性發之不中節皆足以害性而怒尤甚悅生於喜慍生於怒知悅樂之正而未知慍之正猶未能不失其性也○通曰悅是喜意慍是含怒意喜怒樂三者皆情也皆性之發也能復其性之善而情亦無不善學習之功大矣

愚謂及人而樂者順而易去聲不知而不慍者逆而難故惟成德者能之然德之所以成亦由學之正習之熟悅之深而不已焉耳○程子曰樂由說而後得非樂不足以語君子或問人不見知而處之泰然畧無纖芥不平之意非成德之君子孰能之此學之終也○語錄論語首云學而時習之至不亦君子乎終云不知命無以為君

君子成人之美

温故而知新

君子固穷

未知生，焉知死

——生活态度

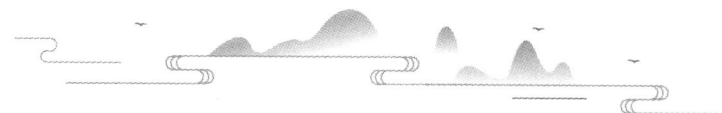

求仁而得仁，又何怨

名句的诞生

冉有曰：“夫子为卫君乎[1]？”子贡曰：“诺[2]，吾将问之。”入，曰：“伯夷、叔齐[3]何人也？”曰：“古之贤人也。”曰：“怨[4]乎？”曰：“求仁而得仁[5]，又何怨？”出，曰：“夫子不为也。”

——述而·十四

完全读懂名句

1. 为卫君乎：为，帮助的意思。卫君，卫出公。卫灵公驱逐太子蒯聩，灵公死后，卫国人立蒯聩的儿子辄为君主，即是卫出公。晋人接纳了蒯聩，并协助他攻打卫国夺取王位，卫国人奋力抵抗晋兵，形成父子争国的局面。当时孔子正住在卫国，弟子不知道是否要帮助卫君以子抗父。2. 诺：承诺，即“好”的意思。3. 伯夷、叔齐：两人皆为孤竹君的儿子，孤竹君遗命立叔齐为君主，叔齐想要让位于哥哥伯夷，伯夷为了遵从父亲的遗命便离去，叔齐也不当国王而逃走。最后两人因为改朝换代，不想吃新朝代的东西，双双饿死于首阳山。

子贡透过借问伯夷、叔齐是何等人，来探试孔子对于父子争国的立场。4. 怨：埋怨，悔恨。5. 仁：此章的“仁”，可解释为“心安”。

冉有说：“老师会帮助卫君吗？”子贡说：“好，我去问他。”子贡走进屋见孔子，问道：“伯夷、叔齐是什么样的人？”孔子回答道：“他们是古代的贤德之士。”子贡又问：“他们心中会有悔恨吗？”孔子说：“他们所求的是仁，也终于得到了仁，怎么会有悔恨呢？”子贡走出来说：“老师是不会帮助卫君的。”

名句的故事

孔子不只一次称赞“伯夷、叔齐”，司马迁在《史记·伯夷列传》也记载孔子称两人“不念旧恶”，朱熹解释此章时说，伯夷、叔齐连国君都不愿当了，怎么会有什么抱怨。

根据《史记》，伯夷、叔齐是商朝末年孤竹国（在今天河北省的卢龙县西）国君的长子与三子，孤竹国国君在遗嘱中表示要叔齐为王位继承人。但在父亲死后，叔齐认为伯夷是大哥，要把王位让给他，但伯夷认为不能违抗父亲的遗命，于是从孤竹国逃走，而叔齐仍不肯当国君，于是也逃走了。

于是，孤竹国百姓就推孤竹国国君的二儿子继承了王位，史称“夷齐让国”。后来，伯夷、叔齐隐居在渤海之滨，听说周在西方强盛起来，周文王是位道德之士，于是长途跋涉来见他。但来到周时，文王已死、武王继位，武王派弟弟周公迎接，并承诺给他们俸禄与职位，但他们却不悦地走了，因为他们希望武王不要讨伐商。

后来，周灭商，伯夷、叔齐为了表示气节，便不再吃周朝的粮食，隐居在首阳山（今天山西省永济县西），采山上的野菜为食。周武王派人请他们下山，他们仍拒绝下山到周朝做官，最后双双饿死。

历久弥新说名句

有不少学者认为，伯夷、叔齐的“求仁而得仁”带有失败者的悲剧色彩，接近亚里士多德悲剧使灵魂升华的观点，而最适合诠释悲剧理论的人物，其实正是亚里士多德的“师公”苏格拉底。

苏格拉底在雅典的普通法院，被指控他的学说有“不敬国神”、“另立新神”等罪，可以选择喝毒酒、流放与“易科罚金”。后两者虽然可以保性命，但却等于承认自己有罪，因此他选择了喝毒酒而死，舍弃生命追求真理。

虽然在现实中遭到失败，仁者是毫无怨言的，因为他“求仁得仁”。晋代诗人阮籍的《咏怀诗》中有：“求仁自得仁，岂复叹咨嗟。”诗句中流露出对伯夷、叔齐求仁得仁的钦羡，同时也感叹自己只能在乱世中“苟且偷生”。

阮籍是“竹林七贤”之首，生性放荡不羁，有时兴致一来，独自游山玩水，迷路了便放声大哭，哭的不只是迷路，更是哭人生的“穷途末路”。阮籍行为荒诞，世人皆以为狂人，但当时掌握朝权的司马昭却不如此想，他使尽各种方法要阮籍当官，阮籍只好“装疯卖傻”地应付，不免羡慕起“求仁得仁”的伯夷、叔齐，甚至觉得

“不得好死”的李斯也比自己强。

“求仁而得仁”常引申为无怨无悔的作为，或等同于“舍生取义”、“义无反顾”，例如戊戌六君子中谭嗣同之死便属“求仁得仁”精神的体现。清末光绪皇帝百日维新，拔擢谭嗣同等年轻书生为官，不料慈禧太后反扑，维新土崩瓦解，谭嗣同本可以逃脱朝廷的逮捕，但他却不走，并表明要用自己的血唤醒国人的爱国意识。在牢中他捡起地上的煤屑，在墙上写下绝命诗：“望门投止思张俭，忍死须臾待杜根。我自横刀向天笑，去留肝胆两昆仑。”壮烈献身，慷慨激昂，对后代学子影响甚深。

发愤忘食，乐以忘忧，不知老之将至

名句的诞生

叶公[1]问孔子于子路，子路不对[2]。子曰："女[3]奚不[4]曰：'其为人也，发愤[5]忘食，乐以忘忧，不知老之将至云尔[6]。'"

——述而·十八

完全读懂名句

1. 叶公：楚国大夫沈诸梁，字子高，担任叶县尹。楚君称王，大夫跟着僭称公。2. 不对：没有回答。3. 女：即汝，你。4. 奚不：何不。5. 发愤：勤奋。6. 云尔：语末助词，如此而已的意思。

叶公问子路关于孔子的为人。子路一时不知该如何回答。孔子说："你为何不这样说：'他这个人，一发愤用功就忘记吃饭，内心一快乐就忘记所有忧愁，连自己快老了都不知道呢！'"

名句的故事

对于有人问起孔子，子路为何回答不出来，历代有许多说法，而宋代的朱熹则认为，叶公提出这种问题，显示他根本不了解孔子，因此子路才懒得回答。后世大多数学者将此章的重点，放在孔子治学态度的“愤”与“乐”上，而康有为的《论语注》则强调“忘”与“不知”，他说孔子因为忘食，所以不知贫贱；忘忧，所以不知苦戚；忘老，所以不知死生，可以“安贫乐道”地自在生活。

关于孔子好学的程度，《史记·孔子世家》记载孔子晚年读《易经》时“韦编三绝”，指的就是孔子非常用功，把编联竹简的牛皮绳子磨断了许多次。

孔子晚年喜欢读《易经》，不管在家出外都要带着，他曾经表示，如果上天能多给他几年时间，人生修养就更圆满了（把《易经》学得更好）。

此章的叶公便是“叶公好龙”故事中的主角，这句成语引申为“说一套，做一套，表里不一”。根据汉朝刘向《新序·杂事》中的记载，叶公爱龙成痴，身上的佩剑、凿刀饰有龙纹，家里的梁柱、门窗上也都雕刻着龙。天上的龙知道叶公这项喜好后，便下凡来拜访他，不仅盘踞在他家上头，还将头探进窗户内，尾巴伸入堂屋中。没想到叶公一看到真正的龙，吓得面如土色、失魂落魄，原来叶公并非真的喜欢龙，只是喜欢龙非龙的东西而已。

历久弥新说名句

孔子这段自述成为后世读书人的典范。晋代诗人陶渊明在《五柳先生传》一文中道出了类似的心声："好读书，不求甚解；每有会意，便欣然忘食。"一般人在这段话中往往只见到"不求甚解"，却忽略了五柳先生"好读书"与"会意忘食"的精神。

相传，曾有一学子向陶渊明求教，希望能得知读书的妙法，自认没有什么秘诀的陶渊明送给他一句话："勤学如春起之苗，不见其增，日有所长；辍学如磨刀之石，不见其损，日有所亏。"即告诉年轻人，读书必须默默耕耘，就像种稻子跟磨刀一样，每天看似没有任何长进，日积月累下来便相当可观，但是如果不能持之以恒，那么每天都会有亏欠。由此可见陶渊明的勤学态度。

清朝的康熙皇帝算得上是历史上最爱读书的皇帝了，他说过："读书一卷，即有一卷之益；读书一日，即有一日之益。"他八岁当皇帝，儒家经典不但日日必读、字字成诵，十七八岁时因读书太过劳累而吐血，却仍然坚持不肯休息。二十四岁时，在宫廷设南书房，请饱学之士与他每天一起讨论学问，甚至在平定三藩之乱的战事期间，也没有间断。到了晚年，康熙皇帝依旧手不释卷，毫无倦容，便是希望从书中找寻经邦治国的真理。

近代学者蔡元培在书房中挂有一幅自己的画像，上面的题字便是"其为人也，发愤忘食，乐以忘忧，亦不知老之将至"呢！而在西方，十七、十八世纪英国大科学家牛顿，一天二十四小时有十八到十九个小时都在做研究，经常是“发愤忘食”，他就曾因为太过专心投入，而把手表当成鸡蛋煮个熟透！当牛顿在天体物理学上的成就得到赞誉时，他只是谦虚地表示：“如果说我比别人看得远，那是因为我站在巨人的肩膀上。”这句话成为传颂不朽的名言。看来若没那股勤奋不懈、天真执着的原动力，又怎能攀登上“巨人的肩膀”呢？

孔子的“发愤忘食，乐以忘忧，不知老之将至”，后来也可引申为“没有时间老”的意思，从工作、嗜好中得到乐趣，连吃饭、睡觉全都可以搁在一边了，哪里有功夫去在意老不老呢？

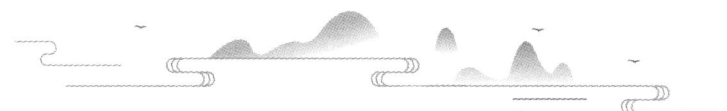

敬鬼神而远之

名句的诞生

樊迟问知[1]。子曰："务民之义[2]，敬鬼神而远之，可谓知矣。"问仁。曰："仁者先难而后获[3]，可谓仁矣。"

——雍也·二十

完全读懂名句

1. 知：同"智"。2. 务民之义：专心致力于人应当从事的事情。民，指人。3. 获：得到。

樊迟请教怎样才是明智。孔子说："专心致力于应当从事的事情，敬奉鬼神但保持适当的距离，这样便可以说是明智了。"他又请教怎样才算有仁德。孔子说："有仁德的人比别人先把难事做好，遇到可获得私利的事情，便退居人后，这样可以算是有仁德了。"

名句的故事

宋朝理学家程颐解释此章时认为，因为多数人信奉鬼神，所以常陷于困惑中，但不信鬼神者便无法尊敬宗教，能够尊敬宗教又与它保持距离，才算是明智。此外，遇到艰难的事情争先去做，是克己的功夫，而比众人晚获得回报，是仁的表现。

樊迟提出这两个关于智与仁的问题时，应正担任鲁国的官员。朱熹认为，很可能是樊迟施政有所缺失，也许是太过于迷信，以致耽误了政务，所以孔子特别叮咛他，要专心致力于管理众人的事，不要被鬼神等不可预知的事所惑。

《论语》中樊迟三次问仁，其中两次兼问知，然而孔子每次的回答都不同。在《颜渊 · 二十二》，樊迟问仁，孔子回答“爱人”，问知，孔子回答“知人”。在《子路 · 十九》，樊迟问仁，孔子答说：“居处恭，执事敬，与人忠。虽之夷狄，不可弃也。”就是日常生活态度要恭谨，行事要认真敬慎，与人相处要忠诚，即使到了蛮荒之地，也不放弃这些原则。

孔子三次回答樊迟同样的问题，三次的答案都不一样，孔子应是针对当时所看到的缺失，对症下药，教诲弟子。

历久弥新说名句

孔子将“人”看得比“神”还重要，不语怪力乱神、敬鬼神而远之，就成为儒家的宗教观。

“不问苍生问鬼神”可说是与此相反的态度，这原是唐代诗人李商隐《贾生》中的诗句：“宣室求贤访逐臣，贾生才调更无伦。可怜夜半虚前席，不问苍生问鬼神。”贾生就是贾谊，这首诗是讥讽汉文帝求贤才，求到了却不能让他们好好发挥。在宣室（天子的正堂）召见贾谊时，问的都是些虚无缥渺的鬼神，不是现实的国计民生，因此贾谊就算有经天纬地的才能，也毫无用武之地。

历史中，因为“不问苍生问鬼神”而亡国的国君，最著名者有二，一是印度的阿育王，二是中国南北朝的梁武帝。两个帝王早年雄才大略、杀人如麻，之后皈依佛门，实行素食、禁止杀生，之后因为建庙与供养僧侣过多，国势由盛而衰。阿育王的晚年在子孙合谋下失去王权，孔雀王朝几乎崩溃；梁武帝被部将围攻而饿死宫中，梁朝也因此土崩瓦解。

只是，到了二十一世纪的科技时代，不少政治人物与大商贾，依然信风水信算命，不访民之所欲，不察员工的心声，一心在意的是自己的官位与利益，结果往往名利不保了。

子罕言利，与命，与仁

名句的诞生

子罕[1]言[2]利，与命[3]，与仁。

——子罕·一

完全读懂名句

1. 罕：很少。2. 言：直言，直接谈论。3. 命：天命。

孔子平日甚少谈论利这回事，只与天命、仁德为伍。

名句的故事

春秋战国时期，封建解体，社会经济发生大变动，一时间，君子言利，小人逐利，形成“天下熙熙，皆为利来；天下攘攘，皆为利往。”（《史记·货殖列传》）梁惠王见着孟子的第一句话，就是：“叟！不远千里而来，亦将有以利吾国乎？”（《孟子·梁惠

王上》）

孔子提出的思想，正意味着当时社会所欠缺的部分。他四处鼓吹“天命”、“仁义”，可以推测当时社会恐怕已经是仁稀、义微。反之，孔子很少谈论“利”这件事，也就间接表示着当时社会可能到处都在言利、逐利了。

既然逐利、言利的人很多，自然也就不差孔子一人，何须他再费唇舌鼓吹，这就是孔子为什么“罕言利”的原因。“罕言利”的原因未必表示孔子反对利，而是认为，相对而言，大家花太少的心思在天命与仁德上面。

关于本章，另一解为：“孔子很少谈论利、命和仁这三件事。”对此说法，钱穆先生的解释是：“《论语》言仁最多，言命亦不少，并皆郑重言之。故本章之意，并非孔子甚少论及利、命、仁三者。”

历久弥新说名句

春秋战国时期，协助齐国富强的管仲就明白提出：“仓廪实而知礼节，衣食足而知荣辱。”（《史记·管晏列传》）然而，衣食足之后就一定知荣辱吗？孔子似乎不这样认为，关于荣辱、礼节、仁义，孔子认为是要用心学习才能有所成就的，品格修为并不是财富的附赠品。

一味追求利益容易做出伤害正义的事情。春秋时期的楚庄王出兵讨伐陈国的夏征舒（因为他杀害自己的君主），并计划占领陈国。楚庄王的举动获得诸侯的称赞，认为他做了正义之事（讨伐不义之人）。唯独大夫申叔时不高兴，他批评楚庄王说："您怎么可以只因为某人牵牛踩坏了别人田里的庄稼，就没收了他的牛。您讨伐有罪的人，是正义，但现在您进一步并吞陈国，这是贪婪、不义了。"（成语"蹊田夺牛"的来源。）楚庄王听了申叔时的话，觉得汗颜，自己差点就"以利害义"，于是立刻打消并吞的意图。

"子罕言利"成为教条之后，儒者就认为逐利是不好的事情。事实上，能够"逐利又逐义"的大有人在，孔子的学生子贡就是位大商人，而帮助越王勾践雪耻复国的范蠡，后来成为大商人陶朱公，他常常行善，救济贫苦之人。因此，见利忘义、以利害义，是个人修为的问题，实非"利"之过。

《君王论》的作者、文艺复兴时期的大思想家马基维利便主张，我们和他人之间最牢固的关系就是利。共同的利益，如同磁铁异性相吸一般团结；利害不同，恐怕就是互相排斥了。他甚至说过："杀父之仇可以不报，夺财之恨铭记终身！"

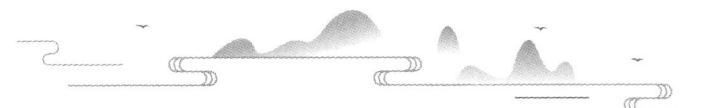

譬如为山，未成一篑

名句的诞生

子曰："譬如为山，未成一篑[1]，止[2]，吾止也；譬如平地，虽覆一篑，进，吾往[3]也。"

——子罕·十八

完全读懂名句

1. 篑：用竹所制的箩筐，用来盛土。2. 止：中止，停止。3. 往：前进。

孔子说："譬如用土去堆山，仅仅差一箩筐的土就可大功告成，却停止不做了，这是我自己要停下来的。又譬如在平地上，虽然才刚刚倒了一箩筐的土，然而这样往上堆，也是我自己决定要继续的！"

名句的故事

“譬如为山，未成一篑”，根据朱熹的解释，孔子此语源自《尚书》的“为山九仞，功亏一篑”。仞是古代的长度单位，相当于现在的六尺，也有人说是八尺，这句意思就是要用土造一座有九仞高的山，但因缺乏最后一箩筐的土，因此功败垂成。

朱熹认为此章乃是孔子劝喻弟子应该自强不息，不能有任何一丝懈怠，否则很容易棋差一着，满盘皆输，前功尽弃。而不管是成功或失败，关键不在他人，就在自己。

是否努力不懈怠，也是孔子臧否弟子的标准。在此章之后，孔子赞赏颜回努力精进的精神，说：“惜乎！吾见其进也，未见其止也。”孔子只见到颜回往前进，不见其往后退。孔子说这句话时，颜回已经过世，因此深感痛惜。

在《雍也·十》中，冉求曾对孔子说：“非不说子之道，力不足也。”冉求认为不是不喜欢老师的道理，实在是力有未逮，孔子回答他：“力不足者，中道而废，今女画。”批评冉求不知长进，画地自限，半途而废。

孟子也说过类似的话：“掘井九仞不及泉，犹为弃井。”即使挖井挖了九仞，如果没挖到地下水，仍是一座废井，孟子和孔子一样，反对虎头蛇尾，没有恒心毅力。

历久弥新说名句

棒球场上，最容易体会“功亏一篑”、“行百里半九十”的道理，唯有最后一个出局数出现，裁判举手宣布球赛结束，胜负才分晓。

二十世纪五十年代，纽约洋基队的当家捕手约吉·贝拉（Yogi Berra）说过一句名言：“It ain’t over’til it’s over.”即球赛只有在结束之后才算结束，在球赛结束前，过程中的领先或落后都不算数。

1986年的波士顿红袜队，便是胜利在望却阴沟里翻船有名的例子。当时，在美国职棒总冠军赛第六战，红袜队尚以三胜二负领先纽约大都会队，延长赛十局下半以五比三领先，大都会队甚至做好了恭贺对方封王的准备。没想到红袜队却因封王在望而过于松懈，接连被打出安打，分数立刻扳平，最后一垒手太过大意，让大都会队打者一个软弱的滚地球穿过胯下，反倒输了。

成败并非决定于谁出发得早，而是谁的心理素质较强，可以坚持到最后。“Baseball is 90 percent mental; the other half is physical.”这是约吉·贝拉的另一句话，棒球有百分之九十是心理战，体能仅占一小部分。

就像红袜队虽然在第六战意外输了，其实并非完全与冠军绝缘，但士气却如泄了气的皮球，最后的第七战以五比八再度败北，拱手将冠军戒指让给敌队，并成为棒球史上讲述“功亏一篑”的最佳教材。

未知生，焉知死

名句的诞生

季路问事[1]鬼神[2]。子曰："未能事人，焉[3]能事鬼？""敢[4]问死？"曰："未知生，焉知死？"

——先进·十一

完全读懂名句

1. 事：侍奉、祭祀之意。2. 鬼神：指奉祀鬼神。3. 焉：怎么，如何。4. 敢：大胆地。表示礼貌的用语。

子路问如何侍奉鬼神。孔子说："人都无法侍奉好，哪能够侍奉鬼神呢？"子路又问："请问死是怎么一回事吗？"孔子回答说："生都还没弄清楚，哪能知道什么是死呢？"

名句的故事

对于孔子生死观的了解，通常是从这句话开始的。子路请教孔子如何侍奉鬼神，这令人颇感意外，因为我们知道孔子是不语“怪力乱神”的，也无怪乎孔子会表示，人世间的事情都不见得可以处理好，哪能够去谈伺候鬼神呢？对于子路不死心继续提出的问题：“能问死到底是怎么一回事吗？”孔子的回答听起来倒有几分幽默：“活着是怎么一回事都还没搞清楚，哪能知道死是什么呢？”

朱熹在《论语集注》中解释：“问事鬼神，盖求所以奉祭祀之意。”古人对于鬼神、祖先的祭祀是非常注重的，皇帝登基之后，也要择时祭天、祭祖，以求庇佑。然而孔子的生死观却显示了另一种立场，朱熹的解释是：“盖幽明始终，初无二理，但学之有序，不可躐等，故夫子告之如此。”这句话的意思是说，就像昼夜一般，分不出谁先谁后，但是学道修业有先后顺序，不可以随便超越，所以孔子才这样告诉子路，要先侍奉好人，才能去谈如何侍奉鬼神；要先了解生的道理，才有可能了解死为何物。或许正基于“学之有序”的理由，孔子认为活生生存在的事情，人都不见得可以了解，更何况是上天的鬼神、未来的死亡等这些生活经验中无法捉摸的事情呢！

历久弥新说名句

孔子重视人，所以会说“未能事人，焉能事鬼”，他也曾经强调“敬鬼神而远之”（《雍也·二十》），无非是希望教育弟子重视“人”的问题。

从人类的文化史来看，人对于死亡的规划十分慎重。历史上

“殷人尚鬼”，殷人的“亚字形墓”就是对死后世界的憧憬。近年来，因《西藏生死书》（索甲仁波切着，郑振煌译）的引荐，以及《死亡的尊严与生命的尊严：从临终精神医学到现代生死学》（傅伟勋著）等著作引起重视，生死学成为大众关注的课题，“临终关怀”受到重视，各大医院也有“临终病房”的设立。

生死学作为一门学问，是要透过“存在”去认识“死亡”，并借由思考死亡的同时，重新界定存在的价值。西方哲学家海德格尔在《存在与时间》中说：“人是向着死亡的存在。”死亡是每个人必然的结果。庄子认为死就是生，“彼出于是，是亦因彼”，生是因为死而来，死也是因为生而有，所以说“方生方死”。当庄子的妻子过世时，他可是击鼓狂歌呢！在畅销著作《最后十四堂星期二的课》中有句话：“只要你学会死亡，你就学会了活着。”换言之，理解死亡的意义，方体会存在的价值，才能“安身立命”。

浴乎沂，风乎舞雩，咏而归

名句的诞生

“点[1]，尔何如？”鼓瑟希[2]，铿尔，舍瑟而作[3]。对曰：“异乎三子者之撰[4]。”子曰：“何伤乎？亦各言其志也。”曰：“莫[5]春者，春服[6]既成，冠者五六人，童子六七人，浴乎沂[7]，风乎舞雩[8]，咏而归。”夫子喟然叹曰：“吾与点也。”

——先进·二十五

完全读懂名句

1. 点：即曾晳，其名点，是曾参的父亲。2. 希：同“稀”，指法稀疏，是预备停止鼓瑟的动作。3. 作：起立。4. 撰：意见。5. 莫：同“暮”。6. 春服：春天穿的衣服，夹衣。7. 沂：水名，在鲁国城南，地方志提到此地有温泉。8. 舞雩：古代祭天祈雨的地方。

“曾点，你怎么样?”曾点把鼓瑟的手指放慢，铿然一声停止，放下瑟，起立答道：“我和他们三人都不同。”孔子说：“那有什么妨碍?就是谈谈个人的志向。”曾点说：“暮春三月时，早已换上春天简单的短夹，我和五六个青年人、六七个孩子，一起到沂水边戏水，洗手洗脸，在舞雩下乘凉吹吹风，然后唱着歌回家。”孔子叹息而深许之：“我赞成曾点的看法。”

名句的故事

这段对话的始末详细记载在《先进篇》。有一回子路、曾点、冉求、公西华四个人陪伴在孔子身旁，孔子要学生们谈谈志向。子路马上就说，一个面临饥荒的千乘大国，由他治理三年后，人民勇敢，讲信义。孔子听了笑笑。冉求表示，他可以治理一个六七十里见方的小国，让人民生活满足，至于礼乐文教，就得等待贤君了。公西华则谦虚地说，他并无才能，不过是想学习家国大事。之后，就轮到曾点了。于是他描绘出这样一个相伴出游的美好场景，说得连孔子都深表赞许。

曾点等同学都离去后，就问孔子为何没有评论其他三位同学的看法。于是孔子说，子路要以礼治国，但说话没有一点礼让，太过鲁莽，所以才笑。孔子与学生谈志向，于是成就了这段韵味悠长的语录。

历久弥新说名句

中国文学中，山水文学占有一席之地，追溯其滥觞，或许就在曾点说出“莫春者，春服既成，冠者五六人，童子六七人，浴乎沂，风乎舞雩，咏而归”这段众人出游意境幽远的描写。这是美学观点下的和谐场景，人在天地中，与天地的气象共存和鸣。

许多人认为，柳宗元《永州八记》一出，正式巩固山水游记的地位。例如，《始得西山宴游记》一文，藉西山气势“萦青缭白，外与天际，四望如一，然后知是山之特出，不与培塿为类”，道出了政治失势无从施展的悲情。最后，“心凝形释，与万化冥合”，只有在自然中释放心神，与万物合一才是真正的游历。

“苏子与客泛舟游于赤壁之下”，而成苏轼《赤壁赋》，也是游记中的经典，其中：“惟江上之清风，与山间之明月，耳得之而为声，目遇之而成色，取之无尽，用之不竭，是造物者之无尽藏也。”跳脱传统山水游记中大篇幅山水佳景的描写，把游记推向宇宙中变与不变的辨证，人生的探索更深一层。

不患人之不己知

名句的诞生

子曰："不患[1]人之不己知[2]，患其不能也。"

——宪问·三十二

完全读懂名句

1. 患：担心。2. 己知：知道自己。

孔子说："不要担心别人不知道自己，只要担心自己没有能力。"

名句的故事

"不己知"其实就是"不知己"，"不患人之不己知"就是不愁他人不知道自己。除了此处，孔子在《论语》许多篇章也讲过类似的话，可见孔子常以此自我惕励，并鼓励弟子。例如，他在

《学而》篇中说：“人不知而不愠，不亦君子乎？”以及“不患人之不己知，患不知人也”。在《里仁》篇中提到：“不患无位，患所以立。不患莫己知，求为可知也。”《卫灵公》篇也有意义相似的句子：“君子病无能焉，不病人之不己知也。”

明末儒者王夫之注释此章时说：“能夺我名而不能夺我志，能困我于境遇而不能困我于天人无愧之中。”对周游列国、四处碰壁的孔子而言，“不患人之不己知”也是“夫子自道”，相信自己是匹“千里马”，总有一天会碰到“伯乐”。

“不患……患……”是《论语》中常出现的句型，例如“不患寡而患不均，不患贫而患不安”、“不患无位，患所以立”。此种句法也常为后世袭用或改用，意思即“不怕……只怕……”例如“科技人才，不患寡患不精”、“为人父母者，不患不慈，患于知爱而不知教”、“财不患其不得，患财得而不能善用其财”，还有“人不患有癖，患无趣”等。

历久弥新说名句

孔子此段话可用来说明读书学习贵在自得，如果一心求名却没有实力，只是“半瓶醋响叮当”；如果自己是“卧龙、凤雏”，就算隐藏锋芒，伯乐也会千里而来。

“卧龙、凤雏”现指尚未成名的人才。相传刘备曾经落难，水镜先生司马徽为他推荐了“卧龙”与“凤雏”这两位不出世的奇才，卧龙指的是诸葛亮，凤雏是庞统，刘备得到两人的佐助，从颠沛流离的流浪军领袖，一跃成为与曹操、孙权鼎立而三的一方霸主。

当代知名作家刘墉接受访问时，曾表示儒家思想并非禁止追求名利，但求名当求天下名，他便举孔子的“不患人之不己知，患其不能也”，认为不怕名利不来，只怕来之不易或自己把握不住。其实刘墉本身就是这段话的最佳脚注，当初他写的书询遍出版社，无人愿意出版，他相信并非自己文章不好，只不过遇不到伯乐而已，仍在写作这条路上孜孜不倦。后来自创出版社发行，结果一跃成为畅销书作家，可说是“人不己知”却能自闯一片天的典范。

新新世代中，有不少人颇像钱钟书《围城》所刻划的主角方鸿渐，“兴趣颇广但专长全无”。方鸿渐可说是每个世代好高骛远年轻人的原型，靠着长辈的资助一路读书到留学，可是没有真材实料，屈从于潮流却又感觉茫然，想要有成就但知道自己没能耐，又常自叹怀才不遇，因此觉得自己的人生、婚姻、事业都如“围在城堡里”动弹不得。

证严法师非常能体会孔子这段话的意境，她提及创慈济之初的艰辛时曾说：“坚持理想往往必得独自忍受许多辛酸；但人世的艰难是智能的磨刀石，勇气与毅力也因之而生。”

四体不勤，五谷不分

名句的诞生

子路从而后，遇丈人[1]，以杖荷莜[2]。子路问曰：“子见夫子乎？”丈人曰：“四体不勤，五谷不分，孰为夫子？”植其杖而芸[3]。子路拱而立。止子路宿，杀鸡为黍[4]而食之，见其二子焉。明日，子路行以告。子曰：“隐者也。”使子路反见之。至，则行矣。

——微子·七

完全读懂名句

1. 丈人：老人家。2. 莜：古代耕田除草所使用的竹制器具。3. 芸：同“耘”，除草。4. 黍：小米。

子路跟着孔子出行，因为落后而找不到孔子，在路边遇到了一位老先生，正用拐杖挑着除草的工具。子路问道：“您有看到我的老师吗？”老先生回答：“你说的那个人，四肢不运动、连五谷都分不清，怎么有资格当老师?”说完，老先生便扶着拐杖去除草，子路拱着手恭敬地站在一旁。老先生留子路在他家住上一晚，杀了鸡、做了小米饭给他吃，又叫两个儿子与子路见面。第二天，子路赶上了孔子，把这件事说给老师听，孔子说：“这是个隐士啊!”于是叫子路再回去看看。子路回到那里，老先生已经走了。

名句的故事

《论语·微子》篇内容皆是孔子出外所遭遇的事，此章的丈人史称“荷莜丈人”，与长沮、桀溺、接舆都是隐士。根据《史记·孔子世家》的记载，子路遇见荷莜丈人，是发生在孔子从楚国回蔡国的途中，是孔子周游列国最困顿的时刻，各国国君都不愿采纳他的意见，而隐士们也都劝孔子归隐。

不过，钱穆在《老子辩》一书中却语出惊人，认为老子就是老莱子，而“莱”有除草的意思，所以老莱子也是荷莜丈人，即老子、老莱子、荷莜丈人都是同一个人。

在儒家看来，有才能的人都应该出仕当官，帮助国君治理国家、管理人民。孔子虽然有时会嚷着要归隐，如在《卫灵公·六》中有：“邦有道，则仕；邦无道，则可卷而怀之。”即国家上轨道就当官，不上轨道就引退。孟子也说：“穷则独善其身，达则兼善天下。”（《孟子·尽心上》）如能实现抱负就当匡济天下，如果不能就管好自己。这两句也都有人在野心在朝、隐而不逸的意涵。

历久弥新说名句

“四体不勤，五谷不分”，再加上“六畜不辨”，都是用来批评读书人只会读书，对一般生活的基础事项不了解，与社会脱节，用闽南语来说，就是“吃米不知道米价”。

元朝时，因为怕读书人宣传反蒙古思想，对读书人极尽鄙夷，将人民分为十等，分别为一官、二吏、三僧、四道、五医、六工、七猎、八娼、九儒、十丐。读书人与乞丐并称“九儒十丐”，从此“臭老九”便成为骂读书人的名词。

不只他人讥笑，连读书人有时也难免自叹“百无一用是书生”。这出自清诗人黄仲则《杂感》中的：“十有九人堪白眼，百无一用是书生。”读书人十个中有九个遭人白眼，因为一点用处都没有。此语可说是黄仲则的自我写照，他十六岁中秀才第一名，但终生就只是秀才，虽然诗文为当世称道，一生却极度贫困，为了生计不得不四处奔波，因此有“百无一用是书生”之感，三十五岁便英年早逝。

鸟兽不可与同群

名句的诞生

子路行以告，夫子怃然[1] 曰：“鸟兽不可与[2] 同群[3]！吾非斯人之徒[4] 与而谁与[5]？天下有道[6]，丘不与易[7]。”

——微子·六

完全读懂名句

1. 怃然：犹怅然。2. 与：和，跟。3. 同群：相亲、在一起。4. 斯人之徒：此处指世人。5. 谁与：即与谁。6. 天下有道：指天下平治。7. 易：改变。

子路回来告诉孔子问路的情形，孔子难过叹息地说：“人不可能跟鸟兽为伍，我若不跟世人在一起，那么要跟谁在一起呢？如果天下太平，我也不用这么辛苦地四处奔走，去改变局势了。”

名句的故事

这一年，孔子五十五岁，年纪不轻，但仍然风尘仆仆，四处奔波于各国之间的道路上，一心追寻他仁爱治国的理想。但时局实在太乱，君不君、臣不臣，世道向下沉沦已经不是一天两天的事了。眼看着理想一点一滴从人间蒸发，孔子已经受够打击，居然还得不时遭受路人甲乙丙的嘲笑与冷言冷语。

故事是这样的，在从楚国到蔡国的路上，孔子跟弟子们一时找不到渡口，看见长沮、桀溺两个人在田里耕地，便派子路过去打听过河的渡口在哪里。

子路先向长沮询问，长沮却反问子路："那位在车上手拉缰绳的是谁？"子路回答："是孔丘。"长沮又问："是鲁国的孔丘吗？"子路回答："是的。"长沮便说："那他应该知道渡口在哪里才对。"

子路感到莫名其妙，只好转过身改问桀溺。桀溺也是问题多于答案："你是谁？"子路说："我是仲由。"桀溺又问："是鲁国孔丘的弟子吗？"子路回答说："是的。"桀溺就说："现在全天下已经像淹大水一样，到处乱哄哄的，谁能改变这种情形呢？我看你与其追随那只是逃避作乱的人，还不如干脆跟随我们这些彻底远离社会与乱世的人呢？"说完就继续低头犁土耕种，不理会子路了。

子路问了半天，问不出个所以然，只好回来向孔子报告长沮、桀溺二人所说的话。孔子听完，一脸忧郁地说了上面这一段话："人类不能和鸟兽为伍，若不和世人在一起，那么要和谁在一起呢？如果天下太平，我也不用这么辛苦地四处奔走，去改变局势了。"

孔子的忧郁不是没有道理的，因为除了长沮、桀溺之外，嘲笑过孔子的还有楚狂接舆（《微子·五》）、荷蓧丈人（《微子·七》）、微生亩（《宪问·三十四》）和石门晨门（《宪问·四十一》）等人。孔子立志救天下，旁人不帮忙也就算了，居然还跑来"泼冷水"，令谁能不气闷呢！

历久弥新说名句

究竟要选择"与鸟兽同群"而独善其身，还是"与人同群"而兼善天下，真让历来不少知识分子困扰不已。

后汉时，好朋友郅恽与郑敬可说是这两派的代表。郅恽是个聪明又勇敢的人，常做一些"逆上"的事情。他胆大到建议王莽自动退位，又曾当着河南太守欧阳歙的面，指责太守的好朋友是个地痞流氓，甚至还把东汉光武帝挡在城门外，不让他进城。他的好朋友郑敬生怕郅恽惹来杀身之祸，于是劝告郅恽何不一起隐居山林，别再当官了。于是两人就跑到山里过着砍柴、钓鱼的日子，但郅恽毕竟耐不住这种寂寞，他对郑敬说："天生俊士，以为人也。鸟兽不可与同群，子从我为伊、吕乎？将为巢、许，而父老尧、舜乎？"（《后汉书·申屠鲍郅列传》）郅恽的意思就是，不可与鸟兽同群，他打算要走了，不知郑敬是否愿意与他同行，一起成为帮助商汤与周武王建立大业的伊尹、吕向，还是要成为让尧舜找不着的巢父、许由呢？结果，郅恽是一个人下山的。

追本溯源，孔子是选择“与人同群”这一派的祖师爷，他就像是中国的唐·吉诃德，永远乐观，“知其不可而为之”。周游列国之后，孔子返回鲁国，他没闲着，马上开始编写书籍（作《春秋》），准备让乱臣贼子睡不着！

无可无不可

名句的诞生

逸民[1]：伯夷、叔齐[2]、虞仲[3]、夷逸、朱张、柳下惠[4]、少连[5]。子曰："不降其志，不辱其身，伯夷叔齐与？"谓柳下惠、少连："降志辱身矣，言中伦[6]，行中虑[7]，其斯而已矣！"谓虞仲、夷逸："隐居放言[8]，身中清[9]，废中权[10]。""我则异于是，无可无不可。"

——微子·八

完全读懂名句

1. 逸民：遗逸无位之人。2. 伯夷、叔齐：两人为殷商末年孤竹君之子，因不认同周武王伐纣的行为，而双双逃至首阳山，不食周粟而死。3. 虞仲：相传为仲雍，又名吴仲、孰哉。商末周族领袖古公亶父次子。古公有三子，长子泰伯、次子仲雍、三子季历。他特别钟爱孙子昌（季历之子），想要先传位给季历，然后再传给昌。仲雍与泰伯体恤父意，主动避位，后入荆蛮，断发文身，与民并耕。4. 柳下惠：（亦称柳下季），姓展，名获，字子禽。为鲁国司空，为官清廉正直，执法严谨，不合时宜，弃官归隐，居于柳下（今濮阳县柳屯）。死后被谥为“惠”，故称柳下惠。5. 少连：鲁少连。6. 言中伦：说话有分寸，合乎伦理。7. 行中虑：行为审慎，合乎思虑。8. 放言：放肆直言，说话毫无拘束。9. 身中清：洁身自好，维持品格的清高。10. 废中权：废，发也。发言合乎权宜。

志节清高的隐士有：伯夷、叔齐、虞仲、夷逸、朱张、柳下惠、少连。孔子说：“不降低自己的志节，不屈辱自己的尊严的，只有伯夷、叔齐吧！”对于柳下惠、少连的评语是：“降低志节，屈辱尊严，但说话有分寸，合乎伦理，行为审慎，合乎思虑，他们只做到了这些。”对于虞仲、夷逸则说：“辞官避世隐居，放肆直言，洁身自好，维持品格的清高，而发言也合乎权宜。”最后说：“我同这些人则不一样，没有什么可以不可以的。”

名句的故事

春秋时代，社会混乱无序，君不像君、臣不像臣，知识分子究竟该何去何从，每个人都有不同的看法，这个问题也让孔子颇伤脑筋。因此，孔子找了个机会拿自己和其他人比较了一番。在这里他先分出三类特质的人：

第一类，他们看到社会向下沉沦，仍旧坚持维护自己的原则，选择不同流合污。因此，就会躲得远远的，像伯夷、叔齐一样，跑到首阳山，靠着采野菜维生，慢慢饿死。

第二类，正好相反，他们目睹社会的堕落，仍然执意坚守在岗位上，认为自己可以“出污泥而不染”。这类人就像柳下惠、鲁少连一样，不因替败德的国君做事而感到羞耻，即使被国君炒了三次鱿鱼（这是指柳下惠，“直道而事人，焉往而不三黜”《微子·二》），还是依然选择继续留在原处。换言之，他们没有躲到深山里隐居，或去环游世界。

而第三类，他们也看到世道污浊，虽然选择不出来做官，但依然用“嘴巴”去关心世局，选择持续批评社会不仁不义之事。这类人有虞仲、夷逸等。

最后，孔子说他自己跟上面三种人都不一样，属于第四类。天下无道时，有机会可以做官他就做，没有机会、没法做官他就不做。口语一点的说法，就是“这样也行，那样也行”。“无可无不可”其实是孔子“环游世界”回鲁国定居后的心境写照，这时孔子已经七十一岁了，看尽人生百态的他，已不再执着于一隅，而“从心所欲不逾矩”。

历久弥新说名句

孔夫子所创造的这一句名言“无可无不可”，乍看之下，仿佛有点随便、没原则，但是，换个角度，又给人一种莫测高深、捉摸不定的感觉，可以说是既“没个性”又“很有个性”。简简单单的几个字，居然可以展现出这么丰富的表情，难怪不少历史人物都喜欢引用呢！

在后汉末期，两雄相争（公孙述和刘秀），大家纷纷要押宝。名将马援就分别去拜访了这两位候选人，好判断谁才是真正的真命天子。结果，他对刘秀的印象特别好。回去之后，他向好友隗嚣大肆称赞了刘秀一番，隗嚣听完了就问他："那么你觉得刘秀比起汉高祖刘邦哪一个好呢？"马援想了一下，就引用了孔子的这一句话来形容高祖："高祖不如刘秀，高祖为人无可无不可，但是刘秀就不一样了，他行事有规有矩、律己甚严，连喝酒都很节制谨慎。"这里的"无可无不可"，似乎就是用来形容一个人随性、没原则。

但是换到另外一个场景，又有完全不同的意涵。东晋时，王中郎命令伏玄度和习凿齿两人写文章评论青州、楚地一带的人物，快完稿时，王中郎把文章拿给另外一个人韩康伯，看看内容写得好不好。韩康伯看完，保持沉默，王中郎感到奇怪："你怎么不说话呢？"韩康伯就勉强吐了几个字，那就是："无可无不可！"（没什么好，也没什么不好的！）

再回到孔子身上，我们要怎样去诠释发生在他当时的那一个场景呢？或许，智者的"无可无不可"，是一种"中庸之道"；而愚夫愚妇的"无可无不可"，往往就流于"没有原则"、"随波逐流"了。

食不厌精，脍不厌细

名句的诞生

食不厌[1]精[2]，脍[3]不厌细[4]。食饐[5]而餲[6]，鱼馁[7]而肉败[8]，不食。色恶不食，臭恶不食。失饪[9]不食，不时[10]不食。割不正[11]不食，不得其酱[12]不食。肉虽多，不使胜食气[13]。唯酒无量，不及乱。沽酒市脯[14]不食。不撤[15]姜食，不多食。祭于公，不宿肉[16]。祭肉不出三日，出三日，不食之矣。食不语，寝不言。虽疏食[17]菜羹瓜祭，必齐[18]如也。

——乡党·八

完全读懂名句

1. 厌：餍也（饱也，足也）。2. 精：精细。3. 脍：读作kuài，切得很细的肉。4. 细：细致。5. 饐：读作yì，食物存放时间过长。6. 餲：读作ài，食物变质、变味。7. 馁：读作něi，鱼肉从内向外开始腐烂，不新鲜。8. 败：肉从外向内开始变质、腐烂。9. 失饪：饪，读作rèn，烹调制作饭菜。失饪，指火候不足或太过，导致不熟或烧焦。10. 不时：不到进餐的时候。11. 割不正：猪牛羊宰杀处理的方式不当，切肉的刀法不对。12. 酱：醋、芥、盐、梅等作料的总称。13. 食气：指五谷之气。14. 沽酒市脯：沽和市均指从市场商贩购买之意；脯为熟肉干。15. 不撤：不除去。16. 不宿肉：不使肉过夜。古代大夫参加国君祭祀以后，可以得到国君赐的祭肉。但祭祀活动一般要持续二三天，所以为能尽量保鲜，不能再过夜了。17. 疏食：粗茶淡饭。18. 齐：同斋，斋戒。

食物原料要选择精致质优的，肉类要切得细细的。食物陈旧变质馊臭、鱼肉变质腐烂，不吃。颜色不对，不吃；气味难闻，不吃。烹调火候不当，不吃；不到进餐的时候，不吃。宰杀方式不当、切得不合刀法，不吃；没有合适的调味作料，不吃。吃肉的量，尽量不超过主食。饮酒不超过量，不要喝醉。市场上买来的酒和肉干，不干净的不吃。不撤走桌上的生姜，也不吃过量。参与国君的祭祀典礼，分得的祭肉不留过夜，当天便分送人。家中的祭肉，也不留过三日；过了三日，就不吃了。吃饭的时候不说话，睡觉的时候也不说话。即使是粗米饭、蔬菜汤、瓜类，饭前也要祭拜一下，并要像斋戒时期一样的严肃恭敬。

名句的故事

远在春秋战国时期，饮食文化就已经发展到相当高的水准，宫廷里能烹制“八珍”美食，饮食礼仪也制度化了。《礼记》记载关于“进食之礼”，连座位怎么排、盘碗怎么放、吃饭时不许“反鱼肉”（把咬嚼过的鱼肉放回到共食的食器中）、不许“扬饭”（用手散其热气）、不许大口喝汤、不许剔牙齿等，这些细枝末节都视为礼仪加以规定。

圣者孔子并不是一个不识柴米油盐的人，他对于饮食相当有自己的一套看法，有所“吃”，有所“不吃”。首先他认为“吃”的食物应该选择食材优质、切工精细的，还要讲究烹调方法，不会嫌太精致。

而“不应该吃”的情况则有：食物变质、变色、变味等，也就是不新鲜、腐败的食物，不该食用。还有火候不当、食物半生不熟、不是吃饭的时间、肉的处理方式不当、没有适合的调味酱料、从外面买来且不卫生的肉干和酒等等，都不应该食用。

另外，喝酒有节制、少吃肉、多吃菜、饮食不过量等，均符合现代养生概念。

历久弥新说名句

南怀瑾曾在《禅说》里讲过这样一则笑话：有一位酸气十足的老夫子，开口闭口都是子曰。他经常对别人说，《论语》是圣人的言论，如果能够做到其中的一句，就可以变成圣人。隔壁一位游手好闲的富家子弟就说：“先生说得极是，我已经达成了《论语》中的某项目标，我是否是大圣人了？”老夫子一听，急忙问是哪一项。年轻人不急不忙地回答说："食不厌精，脍不厌细。"老夫子一听便知道被捉弄。

对于吃这项目标，应该不难达到吧！连主张清心寡欲的老子都曾说："圣人为腹不为目。"（《道德经》第十二章）不过，"食"可以载人，亦可覆人。《左传》记载，公子宋对"食"情有独钟，有一次他去拜访郑灵公，突然食指大动，于是他笑着对旁边的人说，有美味等着他了。这正是成语"食指大动"的由来。

公子宋入殿后就看到厨师正在解割鳖，于是他更得意地笑着。后来郑灵公知道这件事，反而不悦，心想："我不赐予你，任你食指再怎么动，也是没辙。"

鳖羹煮好后，郑灵公将它分赐给众大臣，唯独没有分给公子宋，并且还说："这次食指不动了吧。"公子宋勃然大怒："我就吃给你看。"愤而将食指伸入鼎中蘸食鳖羹后拂袖而去（"染指"的由来）。郑灵公看到这番景象暴跳如雷，声称非杀掉公子宋不可。

公子宋回家后怒气难消，又听说灵公要杀他，便先下手为强，杀害了灵公。郑国也因而陷入一场混乱，一切只因"食"而起。

吾日三省吾身

——品德修养

君子务本，本立而道生

名句的诞生

有子[1]曰："其为人也孝弟[2]，而好[3]犯上[4]者鲜[5]矣。不好犯上，而好作乱[6]者，未之有也。君子务本[7]，本立而道[8]生。孝弟也者，其为仁之本与！"

——学而·二

完全读懂名句

1. 有子：孔子弟子，名若。2. 孝弟：孝顺父母，友爱兄弟。3. 好：喜好。4. 犯上：冒犯长上。5. 鲜：很少，稀少。6. 作乱：兴风作浪、破坏秩序。7. 务本：务，专心致力；本，根本。8. 道：天理，日常事物的道理。

有子说："如果一个人孝顺父母、友爱兄弟，那么会存心喜好冒犯长上的，必定很少。这个人不好犯上，而好兴风作浪的，那更是不会有的。君子专心致力在事情的根本，根本建立起来了，仁道也就产生。于是可以说，孝顺父母、友爱兄弟，就是仁道的根本。”

名句的故事

孔子的弟子中仅四人有“子”的称号，包括有子、曾子、闵子、冉子，但在《论语》中，后两者仅见一次。汉朝的刘向认为《论语》乃是孔子的弟子们共同记录编纂，但宋朝的程颐认为应该是有子、曾子的学生所记，因为孔子其他弟子在《论语》之中，皆称为子某，只有有子、曾子例外，如此推论，也可见两人是孔子弟子中的领袖人物。

有子是孔子晚年的得意门生，喜欢钻研上古的制度礼仪，据说是上古帝王有巢氏的后裔。孟子曾说，在孔子诸多弟子之中，有子长得最像孔子，因此在孔子死后，其他弟子请有子代为讲课，后来因为曾子不赞成而中止。

有子这番话被延伸为“百善孝为先”、“忠臣出自孝子之门”，古代帝王在择人选才时，常看其是否孝顺父母。因为一个人连自己的亲人都不爱，又怎么会去爱路人？一个不爱人民的官员，又怎么会爱国呢？

历久弥新说名句

“君子务本，本立而道生”，这句话也可解释为，一切都要

“回归基本面”，而最适合诠释这段话的历史故事，当属魏征写给唐太宗的《谏太宗十思疏》。

魏征的奏疏写于贞观十一年，当时，战争已经结束十几年，人民得到休养生息，经济慢慢复苏，加上对外讨伐屡获胜利，唐太宗开始骄奢挥霍，四处巡游，劳民伤财，于是怨声四起。魏征在这一年频频上疏，以“固本思源”来劝谏唐太宗，劝他回到根本，“居安思危，戒贪以俭”。

魏征在疏中写道，“臣闻求木之长者，必固其根本；欲流之远者，必浚其泉源，思国之安者，必积其德义。源不深而岂望流之远，根不固而何求木之长，德不厚而思国之治，虽在下愚，知其不可，而况于明哲乎！”意思是，如果要树木活得长久，必定要固其根本；如果要河流不堵塞，那么就要常常疏浚其源头；如果要国家长治久安，那么就要累积德义。其实就是要唐太宗好好修德，戒掉骄奢淫逸、好大喜功等毛病，一切回到治国的最根本。

魏征的《谏太宗十思疏》，希望唐太宗从根本面来改善自己，唐太宗也从善如流，让刚上轨道的朝政，不因一时的放纵而中断。

吾日三省吾身

名句的诞生

曾子曰："吾日三[1]省吾身，为人谋[2]而不忠[3]乎？与朋友交而不信[4]乎？传[5]不习[6]乎？"

——学而·四

完全读懂名句

1. 三：古人常以"三"代表"多数"。2. 谋：谋划，出谋划策。3. 忠：竭尽所能称为忠。4. 信：诚实信用。5. 传：指从老师那边学习。6. 习：复习，温习。

曾子说："我每天都会好几次这样反省自己，我替人谋事，没有尽心尽力吗？与朋友来往，没有信守承诺吗？从老师那边学到的道理，没有印证练习吗？"

名句的故事

在孔子与有子之后，曾子是《论语》的第三位发言者，由此可见他在孔门的地位。曾子这段针对自身加以反省的话，影响了中国两千多年哲学与文化发展的方向，之后宋朝的理学与明朝的心学，都针对“省”字进行深入的阐述发扬。

南宋儒学大家谢显道便以此认为，曾子是孔学正宗的传人，因为诸子之学都是传自孔子，然而愈传却愈失真，其中唯独曾子之学，专门修养内心，传达了孔学的真谛，而曾子之后便是子思、孟子，属于儒家思想的一脉相传。

曾子在孔门弟子之中，资质并不算聪明，透过“每日三省吾身”成为后世尊崇的大学者。

宋、元之间著名的历史学家胡三省，本名胡满孙，入学启蒙后受《论语》感悟，于是择取“吾日三省吾身”句义，改名胡三省。宋朝亡后，胡三省隐居而注释《资治通鉴》，他治学严谨的态度为世人赞叹，且充分展露出读书人的气节，后人皆认为他名副其实地实践了曾子“吾日三省吾身”的真谛。

历久弥新说名句

一日之计可能不在于晨，而在于昨天晚上，昨天晚上不检讨改进当日的过失，再怎么早起的鸟儿，也不会有虫吃。

曾子的这段话，不只适用于个人修养或求学，也可作为组织、团体、企业管理的方法学。日本就常将《论语》视为企业管理的宝典，他们认为曾子的“吾日三省吾身”，与老子的“知人者智，自知者明”、孙子的“知己知彼，百战不殆”，是培养企业人的法则。明治维新时期的涩泽荣一被誉为日本的企业之父，生平待人处事以《论语》为指南，并提倡“《论语》和算盘合一”的“义利合一论”，推广“《论语》中有算盘，算盘中有《论语》”，成为当时首屈一指的大企业家，他的见解被日本社会各界接受并流传后世。

以曾子这句名言所命名的“三省堂”，成了世界曾姓华人的标志，以及曾姓宗亲的聚集地。据说身为曾子后代的曾国藩，更是奉行曾子自我反省的教谕不敢违背，他有治心三要诀，“静坐养心，平淡自守，改过迁善”。他认为程颐、王阳明的学问窍门就在于静；而平淡自守，就是胸襟广大，功名看得淡；改过迁善，是把每天的事情记下来，改正错误，见贤思齐。

其实不只东方重视“吾日三省吾身”，在西方，年少失学的美国开国先贤富兰克林也曾说过：“犯过的是人，悔过的是神，过而不改的是魔！”

见贤思齐焉，见不贤而内自省也

名句的诞生

子曰："见贤思齐[1]焉，见不贤而内自省[2]也。"

——里仁·十七

完全读懂名句

1. 思齐：希望自己也一样。2. 内自省：内心自反省。

孔子说："看见德性卓越的人，就想要怎么努力才能跟他一样；看见德性有亏的人，就反省自己是否有一样的毛病。"

名句的故事

此章可与《述而·二十一》中"三人行，必有我师焉。择其善者而从之，其不善者而改之"，彼此相互对照观看。也就是说，学习别人的优点，看到别人的短处，就要自己警惕有则改之，如此可以与贤人并驾齐驱。

《孟子》中提到颜渊曾经说："舜何人也，予何人也，有为者亦若是！"只要努力，凡夫俗子都可以成为圣贤，不但"人皆可为尧舜"，且"有为者亦若是"。宋人杨万里在《庸言》一书中也认为："己有过焉，何必人告也？见人之过，得己之过；闻人之过，得己之过。"其实，不用等到他人告知才去改正自己的过错，时时就要反躬自省，并以他人的过错为借镜。

"见贤思齐"常是科学家成功的原动力。诺贝尔化学奖得主李远哲，年轻时便以居里夫人为榜样，发愿以科学为终身志业。居里夫人身体孱弱，再加上身为外国移民研究工作受尽阻挠，但她却未曾放弃，完成近世科学上的重大发现。李远哲曾回忆说："影响我一生最深远的首推《居里夫人传》，从这本传记中我真正了解到一个科学家的生活也可以是美丽而充满理想的。"

历久弥新说名句

此章可作为交朋友的圭臬，朋友中有贤与不贤，都为我们朝向世界的不同方向打开了一扇窗，而"思齐"与"内自省"，就是自我不断进步的动力。

一代明君唐太宗李世民便有"三镜说"："以铜为镜，可以正衣冠；以古为镜，可以知兴替；以人为镜，可以明得失。"也就是说，如果以铜做的镜子自照，可以整理好衣服、帽子；如果以古人为镜子，可以看清楚历史兴衰的缘由，如果把朋友当成自己的镜子，从朋友身上可以看到自己的优劣得失。

看来唐太宗深知“见贤思齐焉，见不贤而内自省也”的道理。在“见贤思齐”方面，他知人善用、举用贤良，除了魏征之外，还有王珪、房玄龄、杜如晦、虞世南、褚遂良、温彦博等名臣，其中有人当年反对过他当皇帝，尽管如此唐太宗依然能从这些贤者身上汲取优点，成就“贞观盛世”。

在“见不贤而内自省也”方面，他目睹隋朝的败亡，因此常以残暴荒唐的隋炀帝来警惕自己与臣下，他曾说过，“亡隋之辙，殷鉴不远”、“刻民以奉君，犹割肉以充腹，腹饱而身毙，君富而国亡”。意思是指君主对人民苛刻，就好像一个人割自己的肉来充饥，肚子饱了，人也死了，而君主富有了，国家也灭亡。

唐太宗在世时，曾将对唐有功的二十四位大臣的肖像画于凌烟阁，以为后世的榜样，便是希望后世臣子能见贤思齐，名留青史。

不迁怒，不贰过

名句的诞生

哀公问："弟子孰为好学？"孔子对曰："有颜回者好学，不迁怒，不贰[1]过。不幸短命[2]死矣，今也则亡[3]，未闻好学者也。"

——雍也·二

完全读懂名句

1. 贰：重复之意。2. 短命：寿命短。3. 亡：读作 wú，通"无"。

鲁哀公问："你的学生中哪个最好学？"孔子回答说："有个叫颜回的好学，他从不把怒气发泄到无关的人身上，不会重复犯同样的过错。可惜短命死了！现在再也没这样的人了，没有听说过有好学的人了。"

名句的故事

从《论语》一书来看，颜回稳坐孔门的第一把交椅，也是受孔子称赞最多次的学生，遗憾的是，颜回年纪轻轻三十二岁就过世了。其实不仅在鲁哀公面前，鲁国大夫季康子也问过孔子同样的问题，孔子还是说："有颜回者好学，不幸命死矣！今也则亡。"（《先进·六》）究竟颜回好学到什么程度呢？孔子说："吾见其进也，未见其止也。"（《子罕·二十》）像孔子这样高标准的老师，居然会说出，只看过颜回努力用功向上，从没看见他停下来。颜回的好学可见一斑！

不过，为何孔子认为"不迁怒，不贰过"是好学的表现呢？因为能够做到这点就是所谓的"克己复礼为仁"，时时刻刻达到礼的标准，迈上行仁的途径。孔子曾经特别提到四件事情："德之不修，学之不讲，闻义不能徙，不善不能改，是吾忧也。"（《述而·三》）不修养德行，不追求学问，听到义理不顺从，有了过失不悔改，这四点让孔子引以为忧。而颜回不贰过、努力不懈，便符合孔子对学生的期望。

其实从一些蛛丝马迹中，不难发现孔子把颜回当作是另一个自己。孔子曾对颜回说："用之则行，舍之则藏，唯我与尔有是夫。"（《述而·十》）孔子的意思是，能受君主任用就施展抱负，不受任用就隐退自修，能够做到这样的只有他和颜回吧！

历久弥新说名句

颜回能够成为最好学并实践孔子教诲的学生，其聪明才智自不在话下。有一次孔子问子贡："你与颜渊哪一个比较优秀？"子贡很诚恳地回答说："我怎么敢和颜回相比！颜回可以懂一件道理后，推论出另外十件类似的道理，而我最多只能推论出两件道理。"（"回也闻一以知十，赐也闻一以知二。"《公冶长·五》）可见颜回理解与归纳演绎的能力高人一等。

明朝张岱写过一本书《史阙》，这本书里面有一个很有意思的故事。唐朝韩愈前去京城参加科举考试时，当时的主考官是陆贽，题目是《不迁怒不贰过论》，陆贽看完韩愈的文章之后，并没有录取他。过了二年韩愈再次赴考，陆贽仍然是主考官，而且还出了相同的考题。这次韩愈照样把之前的文章一字不改地写了一遍，然后就交了出去。不过这次陆贽却改变之前的看法，看出文章的高妙处，对韩愈大加赞赏，并将他录取为第一名。由此看来，陆贽真可谓是"不贰过"啊！

君子坦荡荡，小人长戚戚

名句的诞生

子曰："君子坦[1]荡荡[2]，小人长[3]戚戚[4]。"

——述而·七

完全读懂名句

1. 坦：平坦。2. 荡荡：宽广的样子。3. 长：经常。4. 戚戚：忧愁的样子。

君子循理而行，所以心地平坦宽广；小人患得患失，所以心里经常忧愁局促。

名句的故事

在周代的封建制度下，君子与小人原本是指一种身份阶级，君子是政治上在位的贵族，小人则是被统治的平民，这是世袭、天生决定且无法改变的。但是孔子把知识带到平民阶层，打破了只有贵族才能受教育的状况，贵族与平民的界线逐渐模糊，于是君子与小人便从身份阶级转化成德行修养的境界。在人人皆可受教育的基础上，要当君子或小人，完全取决于自己。孔子在整部《论语》中多次讨论到君子与小人的不同。“君子坦荡荡，小人长戚戚”与“君子泰而不骄，小人骄而不泰”大旨相同，都说明了二者在心境与所散发气质上的差异。君子的重心在公不在私，能超越一己之私，循正理而行，气质是安详舒泰的；反观小人，凡事计较一身之所欲，而外在事物有太多不能顺心，所以常陷于忧虑狭隘的心境。

历久弥新说名句

外在的名利地位再怎么显赫，往往比不上内心世界的平静充实，造成“长戚戚”与“坦荡荡”的区隔就在于人的修为。心胸开阔的人，不会把自己当成地球的中心，而能与人为善，《韩非子·内储说上》中有：“君子不蔽人之美，不言人之恶。”《荀子·不苟》也说：“君子崇人之德，扬人之美，非谄谀也。”不把自己放在最重要的位置，所以无须打压异己，也不必谄媚逢迎，而能发自内心欣赏他人。

“坦荡荡”的君子不但懂得欣赏别人，而且向善学习，不起嫉妒之心，宋朝的欧阳修曾说：“君子之于人也，苟有善焉，无所不取。”（《宦者传论》）王安石也提到，君子希望天下人皆入善，所以不会“以不善而废其善”（《中述》）。而小人则反是，苏洵说：“君子有机以成其善，小人有机以成其恶。”（《衡论·远虑》）君子心里想的都是如何成人之美，而小人所想的却是如何干坏事。不管是“外君子而内小人”还是“口有蜜而腹有剑”，他们并不快乐，因为心口不一，而且老是想着如何维护自己的利益，无怪乎只能“长戚戚”。

若从现代心理卫生的观点来看，“君子坦荡荡”就是君子能自我悦纳、心情开朗，而“小人长戚戚”则是因为小人不能接纳自己，所以常常自苦、自危、自惭、自卑、自惑，以致自毁。悦纳自己是一种心理状态，与客观环境、外在条件并不完全相关。有些人生理上有缺陷，但很乐观，有些人五官端正、四肢健全，却不欢喜自己；有些人物质生活匮乏，但知足常乐，而有些人有钱有势，却不觉得快意。因此，要当小人或君子，完全系于一念之间，如同陶渊明体悟到，“既自以心为形役，奚惆怅而独悲？悟已往之不谏，知来者之可追；实迷途其未远，觉今是而昨非”（《归去来兮辞》），因此决定倾听内心的声音，做了罢官的决定，就算是“草盛豆苗稀”，只要“但使愿无违”（《归园田居·三》），便心满意足了。

毋意，毋必，毋固，毋我

名句的诞生

子绝四：毋意[1]，毋必[2]，毋固[3]，毋我[4]。

——子罕·四

完全读懂名句

1. 意：猜测。2. 必：绝对化。3. 固：固执。4. 我：由第一人称代词引申为自以为是、私心利己的意思。

孔子平日为学治事，戒除四种私见：不凭自己的想象而妄加臆测事情；对人对事不绝对肯定或绝对否定；不固执己见；不自以为是、自私自利。

名句的故事

“毋意，毋必，毋固，毋我”这八个字充分表现了中国文字的精要之美，它可说是孔子安身立命、自我期许的座右铭。

孔子在教导弟子时最反对主观及自以为是。一个当惯了教师的人，往往容易摆出一副无所不知的架子，有时甚至不知道的也假装知道，但是孔子却很努力地让自己不陷入这种窠臼，他曾对子路说：“知之为知之，不知为不知，是知也。”（《为政·十七》）这是孔子虚心追求知识的态度。一个人若经常只凭自己的想象去臆测事情，就会陷入过于主观、固执及自我的偏执。

历久弥新说名句

“毋意，毋必，毋固，毋我”是一种科学、客观的精神。

“毋意”并不是要人摒弃想象或假设，有想象力是很好的，但是若没有根据地空想，就会流于“做白日梦”，胡适有一句名言：“大胆假设，小心求证。”没有“小心求证”的“大胆假设”就是臆想、空想。

“毋必”是一种有弹性、柔软的态度，世界上的事情瞬息万变，过去曾被认为是真理的，后来被推翻了，焉知现在认为不可能的事，将来不会发生？因此对人、对事都不能太僵化，尤其在信息泛滥的今日，对任何接收的讯息都不能道听途说，而必须保持怀疑，当然也不能抱残守缺，才可与时俱进。所谓“君子不器”（《为政·十二》），就是说君子要像流动的水一样柔软，不要像容器被限制住了。

“毋固”是不要固执己见，所谓“智者千虑，必有一失；愚者千虑，必有一得”（《史记·淮阴侯列传》）。多听他人意见总是好的，朱熹《观书有感》诗云：“半亩方塘一鉴开，天光云影共徘徊。问渠哪得清如许？为有源头活水来。”唯有不固执，思绪才能如活水般常保新鲜清澈。

“毋我”是四者中最重要的，事实上它可以统合前面所说的毋意、毋必以及毋固。当我们在说话或写文章时，最容易以“我”作为开头。王国维在《人间词话》里说：“以我观物，物皆着我之色彩。”“以我观物”就像戴上有色眼镜看世界，事物都不免染上主观的色彩。唯有以“无我之境”去“以物观物”，不预设立场，才能用客观的同理心接纳万物，就如庄子的境界：“天地与我并生，万物与我合一。”唯有放下我执，才能与万物和平共处，与天地万物成为“生命共同体”，这才是人之所以为人的可贵之处。

吾未见好德如好色者也

名句的诞生

子曰："吾未见[1] 好德[2] 如好色者也。"

——子罕·十七

完全读懂名句

1. 未见：未曾见过。2. 好德：喜好德性。

孔子说："我未曾见过爱好德性如同爱好美色的人。"

名句的故事

南宋儒者谢显道解释此章时，说喜欢美丽和讨厌恶臭都是人的天性，如果有人好德如好色，那么就是真正非常好德了，可是很少有人能够做到。

《论语》几乎完全没有提及任何女性，包括孔子的母亲、妻

知者不惑，仁者不忧，勇者不惧

名句的诞生

子曰："知者[1]不惑，仁者[2]不忧，勇者[3]不惧。"

——子罕·二十八

完全读懂名句

1. 知者：有智能的人。2. 仁者：有仁德的人。3. 勇者：勇敢的人

孔子说："明智的人没有困惑，行仁的人没有忧虑，勇敢的人没有畏惧。"

名句的故事

孔子除了在此章提过"智仁勇"三种美德，在《宪问·三十》里也有相同的说法，不过三者顺序不同，而是"仁者不忧，

知者不惑，勇者不惧”。孔子自谦不具备此三种美德，但子贡认为孔子三德皆备，此段话乃是“夫子自道”。

孔子在《为政·四》中说：“吾十有五而志于学，三十而立，四十而不惑，五十而知天命，六十而耳顺，七十而从心所欲，不踰矩。”孔子到了四十岁便不再困惑，也就是已经达到智的境界。

提到孔子不忧不惧的事迹，当是孔子被匡地的人误认为阳虎，而将他与弟子团团围住时的危机处理。这段插曲发生在孔子五十五岁，从卫国要到陈国的途中经过匡地（今河南省长垣县），因为孔子与曾经蹂躏过该地的阳虎长得很像，因此匡人将孔子误以为是阳虎，企图对他们一行人不利。诸多弟子都惊惶失措，唯独孔子毫无惧色，谈笑自若，后来证明是误会一场，众人安然无恙地离开匡地。

而后世称“智仁勇”为“三达德”，是出自《中庸》的“智仁勇三者，天下之达德也”。

历久弥新说名句

“知、仁、勇”现普遍写为“智、仁、勇”。梁启超曾以此为依据，认为教育应分为“智育、情育、意育”三部分。知育要教育人不惑，情育要教育人不忧，意育要教育人不惧，老师不但要教导学生此三者，也要自己先做到此三者。

在孔子之后，最常被称兼具“智仁勇”三达德的人，当是三国时代蜀汉名将关羽。关羽不只公认为具“智仁勇”，还兼有“忠义礼”三德，因此被尊称为“武圣”。

忠指关羽对汉室忠心不二；义指他对义兄刘备不离不弃；礼是指他保护两位嫂子，谨守礼法不踰矩。而智是指他用计水淹敌七军，大获全胜；仁是指关羽与未归顺刘备时的黄忠对战，黄忠马前失蹄，他并未乘人之危，反而叫黄忠换马再战；勇指他过五关斩六将，温酒斩华雄，单刀赴东吴设下的“鸿门宴”。

佛家所说的“戒定慧”与儒家“智仁勇”颇为相似，戒就是守法、守规矩，定就是灵台清净、意志坚定，慧就是能辨别是非善恶，差别在“戒定慧”较为被动，“智仁勇”较为主动积极。

佛家称“戒定慧”三位一体，《百喻经》有个比喻，说从前有个愚人，看见别人在造三层楼房，就对造楼的工人说：“我不要第一层、第二层，就给我造一个第三层吧！”佛称他是个愚人，因为没有第一层、第二层，哪来的第三层？

“智仁勇”也应如“戒定慧”是三位一体，光有其中之一或之二，仍是不足的。

君子求诸己，小人求诸人

名句的诞生

子曰："君子求[1]诸[2]己，小人求诸人[3]。"

——卫灵公·二十

完全读懂名句

1. 求：有要求、期待、责成等意义。2. 诸：之于。3. 人：别人。

孔子说："君子要求的是自己，而小人要求的是别人。"

名句的故事

除了"君子求诸己，小人求诸人"之外，孔子在《卫灵公》篇中还曾提到："躬自厚，而薄责于人，则远怨矣！"《中庸》里记载，孔子曾说行仁的人有如在射箭，射箭者先端正自身，然后才发箭，若是不中，不会埋怨胜过自己的人，而是反求诸己，检讨自身的缺失。

宋朝理学家杨中立则将此句与前一章“君子疾没世而名不称焉”相结合，他说孔子担忧死后未能传下名声，因此重视“反求诸己”，而小人到处“沽名钓誉”，才会有求于人。

孔子的弟子曾参所说的“吾日三省吾身”，也与“君子求诸己，小人求诸人”旨意相近。汉代刘向的《说苑》提到，曾子听到孔子称赞颜回、史鳅时，深深觉得自己远不如他们，因为他听孔子讲了三句话，常常还做不到一句。他说孔子的长处在于见到别人一个优点，便忘记他的一百个缺点，而自己差之远矣，所以曾子努力反省，并“以人之长，较己之短”，希望可以追上同学颜回以及老师孔子。

历久弥新说名句

孔子曾多次阐述君子与小人的差别，而此章认为君子应努力发展自我，而非依存于外部的力量，也接近康德“自律”与“他律”的理论。有人将此段话解释为“严以律己，宽以待人”，或如今天刮胡刀广告中的台词，“要刮别人的胡子，先把自己的胡子刮干净”。

大禹儿子伯启的故事，是历史上流传下来“反求诸己”的典范。根据《吕氏春秋》的记载，大禹在位为皇帝时，诸侯有扈氏起兵叛变，大禹派儿子伯启去讨伐，两军在“甘”大战，伯启的部队被打得落花流水、兵败而逃。

伯启的幕僚劝伯启重新整顿军队，再度出兵还击，然而伯启却不同意，部将感到相当奇怪。伯启反问部将："有扈氏扰乱人民生活秩序，我才奉命来围剿他。然而，我所率领的部队如此精良，却还打不赢他们。这是为什么呢？"部将答不上来，伯启说："是吾德薄而教不善也。"他认为战败的原因在于自己还有待改进的地方，譬如没有以身作则带领将士，或是领导统驭的方式不如敌军。

从此，伯启与士兵共同作息，生活力求朴实，天还未亮，就起来操练。有扈氏看到伯启改变，不但不敢再进犯，反而带兵前来归顺。

历史上，知识分子都肯定孔子此章观点，但当代社会学与人类学学者费孝通在《乡土中国》中，却批评孔子仍以自我为中心，"孔子的道德系统里绝不肯离开差序格局的中心，'君子求诸己，小人求诸人'。因之，他不能像耶稣一样普爱天下，甚至而爱他的仇敌，还要为杀死他的人求上帝的饶赦——这些不是从自我中心出发的。"这是把社会宗教化。我们能期望人人成为君子，但不能期望每一个人成为耶稣、墨翟。

小不忍则乱大谋

名句的诞生

子曰："巧言[1]乱[2]德。小不忍则乱大谋[3]。"

——卫灵公·二十六

完全读懂名句

1. 巧言：花言巧语。2. 乱：败乱。3. 谋：计划。

花言巧语往往可以混淆道德判断。小事情不忍耐就会搅乱大的计划。

名句的故事

孔子认为要善于辨识他人说话的出发点和用意，不要被表面上好听的虚伪言词所迷惑。老子曾说："信言不美，美言不信。"（《道德经》八十一章）孔子在这点与老子看法相同，他也说：

“巧言令色，鲜矣仁！”（《学而·三》）孔子带着弟子周游列国时，在陈国被乱兵包围，没有东西可吃，弟子中许多人都饿出病来了，个性最急躁的子路首先发难，他质问孔子：“有学问又有道德的人为什么还会遭到危难？”孔子回答他：“君子固穷，小人穷斯滥矣。”（《卫灵公·一》）有道德有学问的人就算遭遇危难也能够固守本心，不会败坏道德。因此，“忍耐”不仅是成功立业的必要条件，还是个人修身养性一定要做的功课呢！

历久弥新说名句

俗话说：“忍字心上一把刀。”在处世哲学里，一个忍字可以有以下几种境界：

一是忍受、含忍。苏轼在《留侯论》开宗明义说：“古之所谓豪杰之士者，必有过人之节。人情有所不能忍者，匹夫见辱，拔剑而起，挺身而斗，此不足为勇也。天下有大勇者，卒然临之而不惊，无故加之而不怒，此其所挟持者甚大，而其志甚远也。”这段话是“小不忍则乱大谋”的最佳解释。古今中外能够成大功立大业的人一定都有过人之处，一般人容易为了“面子”问题，逞口舌之勇、一时之快，这并不是“勇”的真义。真正的勇应该是处变不惊、慎谋能断，且能以忍受、含受的方式珍爱自己。苏轼提到的留侯就是张良，相传张良就是因为能忍，承受圯上老人的刁难，而得到相赠的兵书，助汉高祖打下了天下。

二是忍苦、坚忍。所谓“吃得苦中苦，方为人上人”，越王勾践被吴王夫差打败之后，“身请为臣，妻为妾”、“卧薪尝胆”、“十年生聚，十年教训”，终于在有生之年得以复仇雪耻。这就是忍苦、坚忍。

三是忍痛割爱、果决。世界上没有十全十美的事情，许多时候必须快刀斩乱麻，痛下决心。三国时代，诸葛亮的爱将马谡因为刚愎自用，不听诸葛亮的叮咛，硬要在山顶扎营，结果被魏将张合所败；使得诸葛亮所在的西城无兵可守，却要面对司马懿的大军，结果诸葛亮用空城计骗得司马懿不敢进攻，勉强保住了西城。诸葛亮回朝之后因此忍痛斩了爱将马谡，这就是国剧中有名的“失空斩”。不斩马谡，诸葛亮从此就无法号令部属。《易经·蒙卦·象传》说：“山下出泉，蒙。君子以果行育德。”意思是，蒙卦的卦象如泉水出自地下，可大可小，其作用兼具有利于人以及害人的一面，去害就利，在于人的果决行动，因势利导，否则就会漫浸害人。因此敏于行，借由实践锻炼出果决的行动力是相当重要的。

西方有格言：“容忍比自由还重要。”胡适也认为：“容忍就是自由，没有容忍就没有自由。”在这层意义上，“忍”可以理解为自我控制，唯有小我的容忍宽容，才能成就大我更大的自由。

君子之过也，如日月之食焉

名句的诞生

子贡曰："君子之过[1]也，如日月之食[2]焉。过也，人皆见之；更[3]也，人皆仰[4]之。"

——子张 · 二十一

完全读懂名句

1. 过：过错。2. 食：同"蚀"。3. 更：改正。4. 仰：敬仰。

君子的过错，就好像日食或月食。当过错发生的时候，大家都看得见；但改过之后，人人都还是敬仰他。

名句的故事

孔子首创私学，据说他的学生有"贤人七十，弟子三千"，在《论语》里见到的孔子弟子有三十五人，《子张》这一篇就集中记载了孔门弟子子张、子夏、子游、曾子、子贡等人的一些言行。

子贡，复姓端木，名赐，一字子赣，在孔门四科里，子贡以言语见长。他在跟孔子求学之前，就曾经有从商经验，是一个成功的商人，《史记·货殖列传》云："子赣既学于仲尼，退而仕于卫，废著鬻财于曹、鲁之间，七十子之徒，赐最为饶益。"这是说子贡跟孔子求学，后来在卫国当官，又在曹国、鲁国之间买卖货物，孔子的七十个有名的弟子里，就数子贡的经济状况最好。《论衡·知实篇》说他"善居积，意贵贱之期，数得其时，故货殖多，富比陶朱。"由这段话看得出来，子贡相当有商业头脑，他把货物囤积起来，而且总是能预测到货物价钱贵贱的时候，贱买贵卖，所以赚了很多钱，能够跟陶朱公相提并论。

此章是子贡说明君子有过错的情况，可以跟《子张·八》互相参看，其中子夏提到："小人之过也必文。"文是"文饰"的意思。君子平常光明磊落，有了过错就好像日食或月食那样，不会故意掩饰，所以众人都看得到，但是只要改过了，就好像日食或月食过后，又恢复光明与皎洁，众人依然崇敬、仰望。而小人一有了过错，一定赶紧想办法文过饰非，可能又要说谎来圆谎，因此德行就愈来愈差了。

历久弥新说名句

《左传·宣公二年》："人谁无过？过而能改，善莫大焉。"唐代刘禹锡说："贤能不能无过。"（《华陀论》）连贤人都不能没有过错，何况是一般人？而判断一个人是君子或小人，就看他面对过错的处理态度。君子之所以为君子，就在于当他犯错时，是不会遮掩矫饰的，因为既然有心要改，何必怕别人知道？孔子也说："丘也幸，苟有过，人必知之。"（《述而・三十》）孔子并不害怕别人知道他的过失，反而很庆幸有人提醒他问题所在，使他有改进的机会。

《三国演义》描写赤壁大战前夕，曹操志得意满地在连环战船上大排宴席，席间曹操先历数自己的功绩，然后高吟《短歌行》，文官武将无不齐声附和，突然曹操向博士祭酒师勖征询意见，师勖起先也只敢奉承一番，曹操却说："我向来是闻过则喜，你但说无妨。"于是师勖就直言曹操诗歌不合古韵的意见，曹操一怒大喝："汝安敢败吾兴！"便当场将师勖刺死，在场无不大惊失色，事后曹操却又以酒后失态为由假慈悲一番，这段故事可说是"小人之过也必文"的最佳写照。

春秋时期的齐景公是一个纵情声色的君主，所幸他有一位足智多谋的宰相——晏婴。有一次齐景公喝酒连喝了七天七夜，大臣弦章上谏说："大王，您已经连喝七天七夜了，请以国事为重，别再喝了，否则就请先赐死于我。"之后晏子来觐见齐景公，齐景公向他诉苦说："弦章劝我戒酒，要不然就赐死他。我如果听他的话，以后恐怕就失去饮酒的乐趣了；不听他的话，他又不想活，这该如何是好？"晏子听了便说："弦章遇到您这样宽厚的国君，真是幸运啊！如果遇到夏桀、殷纣王，不是早就没命了吗？"

由于晏婴这番机智的答话，以纵情声色而亡国的夏桀、商纣来警惕齐景公，齐景公果真戒酒了。

一般人若能有“闻过则喜”的虚心态度，又做得到“过而能改”，自然可以不断进步；若是只知“闻过则讳”或是“文过饰非”，将永远错失改进的机会，恐怕就连身边的益友也会逐渐远去。

乡原，德之贼也

——言语行为

巧言令色，鲜矣仁

名句的诞生

子曰：“巧[1]言令[2]色，鲜[3]矣仁！”

——学而·三

完全读懂名句

1. 巧：高妙灵活的意思。2. 令：美善的意思。3. 鲜：读作 xiǎn，“少”的意思。

话说得很动听，脸色装得很和善，可是一点也不诚恳。

名句的故事

“巧言”用现代话来说就是会吹、会盖，“令色”就是外表很虚伪。这种心口不一、只会舌灿莲花的人，为了一己利益，或逢迎拍马，或专给人戴高帽，也许会受到一般人欢迎，但却是孔子很讨厌的行为。在《公冶长·二十五》中，也记载着孔子提到："巧言、令色、足恭，左丘明耻之，丘亦耻之；匿怨而友其人，左丘明耻之，丘亦耻之。"左丘明相传是《左传》的作者，是孔子敬重的一位贤人。"足恭"指的是"过于恭敬"。话说得很动听、脸色装得很讨人喜欢、态度过于恭敬，隐藏内心对朋友的怨恨，外表还称兄道弟，这种只注重表面形式而心里却不知在打什么算盘的人，是孔子最不齿的。

历久弥新说名句

三国魏明帝时有个叫刘晔的大臣，当时魏明帝曹睿想进攻蜀汉，群臣都认为不可行。于是曹睿询问刘晔的意见，他就顺着曹睿的心意，说伐蜀可行，但私下又对其他人说不可行。

中领军杨暨也是曹睿的亲近大臣，他坚定反对伐蜀。刘晔每次遇到杨暨，都投其所好，大谈不可伐蜀的道理。有一次，杨暨又劝谏曹睿打消伐蜀的念头，曹睿一急，脱口而出说："卿不过是一名书生，哪懂带兵打仗的道理!"杨暨不服气，说："臣也许不行，但刘晔是先帝的谋臣，他也说不可伐蜀。"曹睿一愣，召来刘晔当场对质，但刘晔坚持不肯表态。

后来，刘晔单独去见曹睿说："伐国，大谋也，臣得与闻大谋，常恐眯梦漏泄以益臣罪，焉敢向人言之？夫兵，诡道也，军事未发，不厌其密也。陛下显然露之，臣恐敌国已闻之矣。"刘晔解释是担心军情泄漏才不说出自己的心意，曹睿听说如此，赶忙向刘晔道谢。

刘晔又跟杨暨说："夫钓者中大鱼，则纵而随之，须可制而后牵，则无不得也。人主之威，岂徒大鱼而已！子诚直臣，然计不足采，不可不精思也。"刘晔跟杨暨说的是"放长线钓大鱼"的道理，责备杨暨虽然正直却没有谋略，这番话也说得杨暨频频点头。

然而，尽管刘晔"巧言令色"至此，但还是有讨厌他的人向曹睿报告："刘晔不忠，每次都揣摩陛下的心意而曲意迎合。陛下如果故意透露与自己心意相反的讯息给他，他回答的与陛下不同，才表示他与陛下的想法一致。否则他就是趋合上意。"曹睿就这样试了一下，刘晔果然露出马脚，从此曹睿就疏远了刘晔。裴松之在《三国志·刘晔传》便注说："谚曰："巧诈不如拙诚"，信矣！"

英文谚语不也有"Those who seek to please everybody, please nobody"，想要讨好所有的人，最后是谁也没讨好。《红楼梦》里王熙凤能言善道、长袖善舞，但最后还是落了个"机关算尽太聪明，反误了卿卿性命"的下场。所以为人处事还是"宁拙勿巧，宁朴勿华"来得实在些。

人而无信，不知其可也

名句的诞生

子曰："人而无信，不知其可也。大车[1]无輗[2]，小车[3]无軏[4]，其何以行之哉？"

——为政 · 二十二

完全读懂名句

1. 大车：在古代指的是牛车，专载笨重的货物。2. 輗：读作 ní，古时车从车厢下伸到车前的长木称为辕，一横木缚辕端，古称衡；輗则是联结辕与衡之小榫头，为木制外裹铁皮，使辕与衡可以灵活转动，不滞固。3. 小车：在古代则是轻车，指驾驭四马的马车，古时田车、猎车、战车与平常乘车，皆为轻车。4. 軏：读作 yuè，轻车在车前中央有一辕，辕头曲向上，与横木凿孔相对，軏就贯穿其中。

孔子说："一个人如果不讲信用，真不知道他如何与人交往、立身处世。就像大车没有连接横木的輗，小车没有连接横木的軏，要车子怎样行走前进呢？”

名句的故事

孔子会有“人而无信，不知其可也”之叹，应该是周游列国，被诸国国君开了许多“空头支票”。他们在接见孔子时，想必都“信誓旦旦”会采纳建言，实际上却是说一套、做一套。孔子在《颜渊·七》中曾说过：“自古皆有死，民无信不立。”讨论的就是没有诚信，不足以治国。

近代学者蒋伯潜区分“信”有二层意义：“说话必须真实；说了话必须能践言。”孔子所说的“信”，正是兼具这两义。

孔子的弟子曾子为子杀小猪的故事，千古引为诚信佳话，史称“曾子杀彘”。有一天，曾子的妻子准备到市场赶集，可是孩子在一旁哭闹着要跟去，于是哄骗他乖乖待在家，回来会杀猪给他吃。等到她回家后，看到曾子真的准备杀猪，便对他说不过骗骗小孩而已，何必当真，曾子说：“现在你哄骗他，就是教孩子骗人啊！”于是曾子真说到做到地把猪给杀了。

历久弥新说名句

东汉许慎在《说文解字》中如此解释：“信，诚也。从人从言，会意。”也就是说，当初造字时以“人言”为信，表示人言即可信，人从口中说出的言语便是承诺，与孔子的理想并无二致。

而关于“信用”，“季札挂剑”、“徙木立信”都是春秋时代诚信的代表。

“季札挂剑”的故事叙述，吴国人季札到北方拜见徐国君主，徐君很喜欢他的剑。由于季札必须继续出使其他国家，因此未能送给徐君，但内心已决定赠剑。等所有出使完毕后，他再次经过徐国，不料徐君已死。季札不违背内心所做的承诺，把剑挂在徐君坟前，然后离去。

“徙木立信”说的是商鞅变法的故事。商鞅受秦孝公重用，实行两次变法，但变法之初，人民并不相信政府，因此他想出“徙木立信”的策略。商鞅把一根三丈高的木头竖立在秦国都城南门前，然后张贴公告，“如果有人能把这根木头搬到北门，就赏十金”，然而却没有人去尝试。商鞅又下令把奖赏加至五十金，于是真有人把木头从南门搬到北门去，商鞅“履行诺言”把五十金赏给此人。由此，老百姓知道商鞅说到做到，之后都不敢怀疑他所颁布的新法令，商鞅变法也得以顺利推行。

朽木不可雕也

名句的诞生

宰予[1]昼寝[2]。子曰："朽木不可雕也[3]，粪土之墙不可杇也[4]。于予与何诛[5]！"子曰："始[6]吾于人也，听其言而信其行；今吾于人也，听其言而观其行。于予与改是[7]。"

——公冶长·十

完全读懂名句

1. 宰予：孔子弟子，姓宰，名予，字子我，又称宰我。2. 昼寝：白天就在睡觉。3. 朽木不可雕也：腐烂的木头，不能再加以雕刻。4. 粪土之墙不可杇也：粪土，秽土。杇，饰墙的泥刀。意思为秽土之墙不可再加以粉饰。5. 诛：责难。6. 始：原本，起先。7. 是：指上文"听其言而信其行"。

宰予白天睡觉，孔子说："烂木头不能再雕刻，肮脏的土墙不能再粉饰。我对宰予，还能责备些什么呢！"孔子又说："以前我对人，总是听了他说的话，就相信他的行为。现在我对人，听了他的话，还得再看看他的行为。我是因为宰予才改变我的态度。”

名句的故事

古代对于“昼寝”责备甚多，以孔子这段话最具代表性，其他例如《韩诗外传》中有：“卫灵公昼寝而起，志气益衰。”宋玉《高唐赋》也提到楚王：“昼寝于高唐之台。”

古代照明设备不佳，所以特别珍惜白天的光阴，因此认为“昼寝”是不可饶恕的事。卫灵公有美艳风流著称的老婆南子，还宠信美男子弥子瑕（两人有“分桃”的故事），大白天睡觉，精神不佳；而楚王“昼寝于高唐之台”，做的是与巫山神女“共赴云雨”的春梦。

此章是《论语》中具争议的章句。历来有学者认为“昼寝”是“画寝”之误，而此章只见于《齐论》而不见于《鲁论》，现通行的《张侯论》以《鲁论》为主，也兼采《齐论》的篇章，并将此章收录于内。宰我后来在齐国做官，因为排挤权臣田氏，被田氏所杀，田氏自立为齐国君主，而宰予在齐国恐怕已被污名化，此篇文句可能遭到扭曲。

历久弥新说名句

孔子这番话，让后世两千多年读书人都不敢白天睡觉，例如以儒家正宗自居的曾国藩，虽然时常夜战太平天国的军队，白天实在想休息，但是“朽木不可雕也，粪土之墙不可杇也”的罪名太重，所以偶尔忍不住要睡觉，也是拿着一本书，装做读书地趴在桌上睡。后来，他想了个变通的办法，就是“睡晚觉”，在晚饭之前睡一下，不敢违背圣人教训。

有人认为“昼寝”是“画寝”的误笔，否则岂不生病也不能卧床。首先提出这一论点的是梁武帝，而梁启超也如此说，宰予非常调皮，常常在寝室里“画”壁画，可说相当幼稚，因此孔子才骂他。此外，南怀瑾先生认为宰予身体不好，所以才常常白天睡觉，这句话反而是孔子体谅他的话，认为“朽木”、“粪土之墙”都是指宰予体弱多病，不需要再强求他了。

依当代医学的看法，睡午觉可说是好处多多。哈佛大学心理学研究中心指出，午睡一个小时，下午的清醒度是早晨的九成，而爱睡午觉者也常以“午睡一小时，可抵夜睡两小时”的口号，努力推广午睡的习惯。

暴虎冯河，死而无悔者，吾不与也

名句的诞生

子谓颜渊曰："用[1]之则行，舍之则藏[2]，唯我与尔有是夫！"子路曰："子行三军，则谁与？"子曰："暴虎冯河[3]，死而无悔者，吾不与也。必也临事而惧，好谋而成者也。"

——述而·十

完全读懂名句

1. 用：任用。2. 藏：藏身，这里有隐居藏身修道之意。3. 暴虎冯河：空拳打虎，徒步涉水，有勇无谋之意。暴，搏斗。冯，又作"凭"，音 píng。

孔子对颜渊说："有人任用，就尽其所能，行道于天下；无人任用，就藏身修道，能做到的就只有我和你而已啊！"子路说："您如果率领三军，谁跟您去？"孔子说："赤手空拳打虎，不乘船却徒步涉水的人，我是不会跟他同行的。一定要找遇事能谨慎小心处理，事前详细谋划，有成功把握的人一起前往。”

名句的故事

从这段语录中，可以看到子路鲁莽的个性，他一听到孔子赞美颜渊，心想这种修身养性的稳健性格绝不是他的长处，但他的勇气十足。于是子路就问，孔子当三军统领会带谁一起作战，以为能借此机会突显自己骁勇善战的一面。哪想到，孔子教训了他一番，并表示不愿与一个有勇无谋的人一起上战场！

《史记·仲尼弟子列传》中提到，子路在卫国从政，内战时遇难。死前，子路冠上的缨带被砍断，却谨记“君子死而冠不免”的礼仪，把缨带系好后从容就义。就在孔子得知卫国战乱时，便说：“嗟乎！由死矣！”果然子路殉难，孔子伤感说道：“自吾得由，恶言不闻于耳。”表示自从子路成为孔子的学生后，找孔子麻烦的人愈来愈少，因为子路一向就是冲锋陷阵的鲁莽个性，遇到有人对老师不敬，一定是挺身辩护。师生之情，溢于言表。

历久弥新说名句

西楚霸王项羽在司马迁心中，虽然是快速窜起，称霸一方，但有勇无谋，恣意独行，最后是众叛亲离。司马迁评断项羽，认为他是只讲蛮力不尚智谋的霸王而已，所以在《项羽本纪赞》中，批评他：“自矜功伐，奋其私智，而不师古，谓霸王之业，欲以力征。”

既然有“暴虎冯河”之士，当然也有智勇双全的英雄。看看大文豪歌德如何赞许拿破仑的军事天才：“拿破仑是古来最富生产力的人，非常的伟业所借以升起的那种神奇的光明，往往是青春与生产力相互结合的成果。”（《歌德对话录》）这个被誉为“由花岗岩打造成的人”，拿破仑的天才伟业，不仅因为他将身体锻炼如岩石般，能在酷热或者雪地中少食少睡，体能耐力一流，还因为他时时保持着清楚镇定的决策能力，并贯彻执行。拿破仑的英雄本色，流露于他临死前的名言：“我将毫无惧色地走向上帝的审判椅。”

德国近代作家海涅希·曼（Heinrich Mann）说，他喜欢读拿破仑动荡传奇的一生：“我喜欢阅读这部回忆录，因为它囊括着全部，世界与精神的全部尽在其中……我将它视为精神的基督受难曲，如同别人阅读着新约全书。”英雄足矣！辉煌的天才功业与其精神，如此常驻世间。

子不语：怪、力、乱、神

名句的诞生

子不语[1]：怪[2]、力、乱、神[3]。

——述而·二十

完全读懂名句

1. 不语：不谈论，不肯定也不否定。2. 怪：反常的事。3. 神：神异之事，与迷信有关的事物。

孔子不讨论有关于反常的、逞勇斗狠的、悖乱的、神异的事情。

名句的故事

三国时代魏国著名的儒者王肃解释孔子为何不语怪力乱神，他说怪指的是怪异难得发生的事，力指的就像大力士举起千金之重，乱一如子杀父、父杀子，神指的是鬼神的传说，对于教化民众无益。

虽然孔子自己不讲怪、力、乱、神，但是在他人述及孔子的生平故事中，却仍少不了这些色彩，晋朝王嘉的《拾遗记》提到，孔子在出生前，有一头麒麟来到他家院子，口吐玉书，说他是“王侯之种”，但却“生不逢时”，这就是所谓“麟吐玉书”的传说，孔子也被认为是“麒麟子”。

《公羊传》里记载，孔子老年时听到有人猎获一只怪兽，以为是麒麟，便认为自己的寿元将尽（“吾道穷矣”），《春秋》一书就写不下去，不久便过世了。

根据《史记》，孔子也曾用卜卦的方式来化解疑难与困惑。由此可知，孔子并不否定怪、力、乱、神的存在，只因与教化民众、导正世风无益，所以不讲。

历久弥新说名句

此章引发后世不少议论，争辩孔子是否为“无神论者”，或为“实用的理性主义者”。不过，孔子不语怪力乱神在春秋时代却是创举，因为唯独把人们的心力从鬼神转向人道，才能开展文化与教育。

子不语怪力乱神，而清代的才子袁枚却是反其道而行，他将自己所听到的神鬼、妖怪、狐仙，甚至奇人奇事，通通整理成册，并特意将书名取为《子不语》（又名《新齐谐》），表示所记所载皆为怪、力、乱、神之事，共有七百篇。

袁枚的说法堪称一绝，他说虽然“怪力乱神，子所不语也”，但是古代圣人的生平却有很多此类传说，此外左丘明的《左传》就充满了怪力乱神，而且还写得特别详细。

关于怪力乱神的故事，袁枚在《子不语》的序中写道：“余生平寡嗜好，凡饮酒、度曲、樗蒱，可以接群居之权者，一无能焉；文史外无以自娱，乃广采游心骇耳之事，妄言妄听，记而存之，非有所惑也；譬如嗜味者，餍八珍矣，而不广尝夫蚳醢葵菹，则脾困。”

他的意思是怪力乱神的故事就像是很特别的食物，经史子集虽然是营养丰富的正餐，但天天吃也会腻，偶尔也要尝点不一样的东西，因此偶尔读一读吓人的传说，当成自己的休闲娱乐，他姑妄言之，读者就姑妄听之了。

他还举了唐代的颜真卿、李泌为例，他们两人“功在社稷”但好谈鬼怪，而韩愈以传圣人之道自许，但也喜欢“无稽之谈”。袁枚自称，虽然无法像这些人般建功立业，但可以跟他们有一样的嗜好，绝对不会妨碍正事的。

人之将死，其言也善

名句的诞生

曾子[1]有疾，孟敬子[2]问之。曾子言曰：“鸟之将死，其鸣也哀；人之将死，其言也善。君子所贵[3]乎道者三：动[4]容貌，斯远暴慢[5]矣；正颜色，斯近信矣；出辞气，斯远鄙倍[6]矣；笾豆[7]之事，则有司[8]存。”

——泰伯·四

完全读懂名句

1. 曾子：名参，字子舆，孔子弟子，以孝著称，后世尊为“宗圣”。2. 孟敬子：鲁大夫仲孙捷。3. 贵：注重、重视。4. 动：有所作为、开始做。5. 暴慢：放肆粗暴。6. 倍：与“背”同，谓背理也。7. 笾豆：古代祭祀时，用来盛祭祀品的竹器和高脚木器。8. 有司：管事的人。

曾子生病快死了，鲁国大家族孟敬子去探问他。曾子说：

“鸟快死时，鸣叫的声音发自内心，让人感到悲哀；人将死时说的话是善良的。君子为人处事看重三个道理：第一是容貌举止合乎礼节，就可以远离他人的粗暴傲慢；第二是面容表情端庄，容易获得别人的信赖；第三是言词语气表达得体，便能避免鄙陋不合理的事。而其他一般祭祀礼节与器用的事情，有专门负责的人依据一定的程序进行，不需要太操心。”

名句的故事

孟敬子是鲁国大夫仲孙捷，曾参卧病在床时，他前去探望。曾子的病情有多严重呢？根据《礼记·檀弓》记载，当时曾子的弟子、儿子、孙子，都围在床边，随侍在侧。曾子看孟敬子前来探问，便主动献言，他先提醒说：“鸟之将死，其鸣也哀；人之将死，其言也善。”意思是说，鸟因为恐惧死亡，发出的叫声凄厉而悲哀；人因为到了生命的尽头，回到自己生命的本质，所以说出来的话是善良的。曾子这番话十分慎重，肯定希望孟敬子能把他的话听进去。

为什么曾子需要这样提醒孟敬子呢？《礼记·檀弓》有一则小故事，可帮助我们认识孟敬子这个人。当时鲁国三家大夫，就是季孙氏、叔孙氏、仲孙氏的权势直逼鲁国君王。当在位的鲁悼公过世时，季孙家的季昭子便问仲孙家的孟敬子，这个时候应该要吃什么。孟敬子便回答，天下人都知道这时候应该要吃粥，不过天下人也知道我们这三家大夫是跟君王相抗衡的，如果要勉强

仁者，其言也讱

名句的诞生

司马牛[1]问仁。子曰："仁者，其言也讱[2]。"曰："其言也讱，斯谓之仁已乎？"子曰："为[3]之难，言之得无[4]讱乎？"

——颜渊·三

完全读懂名句

1. 司马牛：孔子弟子，姓司马，名犁，字子牛。2. 讱：忍也；言讱，忍而不言，引申为说话谨慎。3. 为：实践。4. 得无：能不、莫非。

司马牛问如何做才是实践仁德。孔子说："有仁德的人，说话时会有所忍耐，谨慎小心。"司马牛又问："说话时有所忍耐，谨慎小心，这样就算实践仁德了吗？"孔子说："做的时候都很困难了，说的时候又怎能不慎重，有所忍耐呢？"

名句的故事

孔子的学生司马牛，被史料形容为多言、个性急躁，他也是孔门里有名的性情中人，有所谓“司马牛之叹”。他曾经号啕大哭道：“别人都有兄弟，唯独我没有！”其实，他并非真的没有兄长，只是夸张地表达自己的苦楚，虽有兄长却如同没有一般。

他的哥哥是宋国的司马桓魋，桓魋企图谋害宋景公，于是身为弟弟的司马牛非常忧虑桓魋的谋反如果成功，那便是弑君篡位。但同时又担心，如果谋反失败，就会召来灭族之祸。因此，他陷入两难之境，忧心忡忡，不知如何是好。

一日，司马牛去见孔老师，并向他请教儒家思想的重点概念“仁”。以因材施教著称的孔子，便对多言、急躁的司马牛说：“仁者说话会非常慎重。”司马牛可能觉得“仁”怎么可能这么平凡无奇，忍不住又问：“说话慎重，就叫做仁了吗？”孔子进一步解释说：“付诸行动是很不容易的，因此说话的时候能不更加小心慎重吗？”

之后，桓魋谋反行动失败了，逃至卫，司马牛知道了就马上离开卫，前往齐。后来桓魋又到齐国，司马牛又立刻离开齐，跑到吴。因为他曾发誓从此不和他哥哥侍奉相同的君主。

历久弥新说名句

第二次世界大战后，生活普遍清苦，当时朱自清虽是教授，但每月薪资只能买三袋面粉，而面粉多半来自美援。当时美国扶植日本工业，使中国人感到不平，美国官员却认为中国大学生都靠美国施舍才能上学，为何要反对美国政策？为了维护民族尊严，朱自清宁可饿肚子也不吃美国面粉。去世之前，他还写信给妻子说："我是在拒绝美援面粉的宣言上签了名的，我们家今后不买配给的美国面粉。"朱自清因此有"文坛第一狷者"的称号。

此外，学贯中西的林语堂将他位于台北阳明山家中的书房，命名为"有不为斋"，便是从孔子这段话而来。林语堂说，会取此斋名也受到康有为的影响，康有为既然"有为"，必定"有不为"，正符合孟子的"唯有所不为然后可以有所为"的精神，也有道家"我无能为"、"我无所为"、"我乃无能为者"的意味。

狂者并非任意妄行，更非空口说大话而已，必须敢作敢为；狷者不是什么事都不做，更非隐忍放任不义的事情发生。如果理解有所偏差，便会变成鲁迅著名小说《狂人日记》和《阿 Q 正传》中的狂人与阿 Q。《狂人日记》透过一个有"被迫妄想症"患者的行为举止与他眼中看到的疯狂世界，指控封建社会的"礼教吃人"，隐喻伪君子的狰狞面目。《阿 Q 正传》的主角阿 Q 追求"精神胜利法"，投机取巧、吃软怕硬、贪小失大、麻木不仁。狂人与阿 Q 成了中国文化两大病态性格的典型人物。

邦无道，危行言孙

名句的诞生

子曰：“邦有道[1]，危[2]言危行；邦无道，危行言孙[3]。”

——宪问·四

完全读懂名句

1. 道：方法，这里指政治清明。2. 危：正直。3. 孙：音xùn，谦卑。

孔子说：“当国家政治清明的时候，说话要正直不阿，做事要端正；当国家政治黑暗时，做事依然要端正，说话却要谦卑、谨慎。”

名句的故事

春秋时代卫灵公无道，卫灵公的夫人从宋国嫁给卫灵公之后，却先后与宋国的公子朝、卫灵公的宠臣弥子瑕，做出“不守妇道”的事情。卫灵公不但无法阻止，还发生宁可重用宠臣弥子瑕却不用正直忠臣蘧伯玉的事。当时卫国的大夫史鱼已经重病在身，无计可施，决定以尸谏君。史鱼临终前告诉儿子，将他的尸体放在窗户下的床上，不要放在大厅，并要求卫灵公来看他，以完成他的心愿。

君王向臣子吊唁本来就不合礼，卫灵公却以为这必定有特别的意义，所以前往。当卫灵公看到史鱼躺在床上，并未入殓，觉得奇怪，就问他的儿子怎么一回事。史鱼的儿子告诉卫灵公，史鱼临终前交代，只要卫灵公重新任用蘧伯玉，就可以入殓。卫灵公终于被感动，重新任用蘧伯玉，罢退弥子瑕。

孔子后来便称赞史鱼与蘧伯玉，他说：“直哉，史鱼！邦有道，如矢，邦无道，如矢。君子哉，蘧伯玉！邦有道则仕，邦无道则可卷而怀之。”（《卫灵公·六》）意思是说：“好一个正直的史鱼！政治清明时他像箭一样直，政治黑暗时他还是像箭一样直。好一个君子蘧伯玉！政治清明时他做官，政治黑暗时他便隐退。”这段话与名句“邦有道，危言危行；邦无道，危行言孙”可以说是互相呼应的。

历久弥新说名句

三国时代，曹操因为任用了杜畿为河东太守，使得定天下的大计几乎完成了一半，杜畿的儿子杜恕承其父职，对于曹魏的辅政得失，向来也是直言不讳。他在一次上疏中便提到：“当官不挠贵势，执平不阿所私，危言危行以处朝廷者，自明主所察也。”（《三国志 · 杜畿传》）这句话的意思是说，做官的人不可以屈服在权贵或私欲之下，立足于朝廷要能说话端正、做事端正，这是圣明的君主可以观察到的。当然如果只是力求“容身保位”，保住自己做官的饭碗，圣明的君主也是会发现的。

然而，并非每个政治清明的世代都适合采用“危言危行”的标准，例如，历史上便曾出现过“文字狱”的白色恐怖。士大夫往往因为只字词组惨遭杀戮之祸，甚至是株连九族，清朝文字冤狱泛滥的情况又为历代少见。例如吕留良案，吕留良本人是康熙时期人士，但是该案却延续到乾隆王朝，吕留良最后甚至被戮尸。在这种政治环境的气氛下，“危言危行”得小心犯了皇帝的大忌，倒是清朝文人因应“危行言孙”的必要性，将讲求实证精神的“考据学”，发挥得淋漓尽致。

知其不可而为之，未必注定失败；而成功的个案，近年来最令人印象深刻的，当属2004年的美国职棒总冠军波士顿红袜队。

背负着八十六年没拿过总冠军纪录的波士顿红袜队，在美国联盟冠军赛时遇到了天敌纽约洋基队，纽约洋基队在七战四胜制中先声夺人，拿下了前三场的胜利，根据过去的历史，没有一支球队能在如此绝对劣势下反败为胜，许多球评视其为“不可能的任务”。

谈起红袜队的悲情史，曾任耶鲁大学校长、已故的大联盟会长吉亚玛提就曾一语道尽：“棒球让你伤心，它的设计就是让你伤心。”因为太久没有拿过总冠军，红袜队球迷总以“有风格的输者”（Stylish Loser）来形容自己。不过，波士顿人从来没有放弃过红袜队，对它的支持可说“生死以之，永矢不离”。

就这样，波士顿红袜队没有人放弃希望，在随后的四场比赛中步步为营、奋起直追，打败洋基队取得美国冠军，之后更以秋风扫落叶之姿击退国联冠军圣路易红雀队，夺得睽违将近一世纪的冠军金杯。“我们知道许多超过九十岁的球迷都希望在蒙主恩召前，再看着红袜赢一次世界大赛冠军。而今，我们做到了！”红袜老板维纳在赛后激动地说。

“知其不可而为之”不可解释为不看时机莽撞而行，这句话不是预设失败，而是不害怕失败，虽与“愚公移山”、“精卫填海”精神相似，但它更散发着不畏强逆的节操。

言不及义，好行小慧，难矣哉

名句的诞生

子曰：“群居终日，言不及义[1]，好行小慧[2]，难[3]矣哉！”

——卫灵公·十六

完全读懂名句

1. 义：道义。2. 小慧：私智。3. 难：很难走上正道。

孔子说：“一群人整天聚集在一起，讲的都是些无聊话，又喜欢卖弄小聪明，实在很难走上人生的正道。”

名句的故事

孔子除了曾对“群居终日，言不及义，好行小慧”者流，说过“难矣哉”外，在《阳货·二十二》里，也对“饱食终日，无所用心”的人，有同样的评语，认为他们将一事无成。

东汉儒者郑玄认为“小慧”是指小才小智，终究无法成就些什么，而朱熹解释“小慧”是基于私心的智能，言不及义者必定充满放辟邪侈的念头，只要有机会便会存着侥幸心理去冒险，最后难免造成祸害。

有人认为孔子发言的对象是学生，因为尽管孔子是有教无类，但毕竟还是有学生不受教，其中以“群居终日，言不及义，好行小慧”与“饱食终日，无所用心”两种人，最让孔子感到无能为力。

孔子这两段，得到明末清初学者顾炎武的共鸣，他在《日知录·南北学者之病》中写道：“饱食终日，无所用心，难矣哉，今日北方之学者是也。群居终日，言不及义，好行小慧，难矣哉，今日南方之学者是也。”

他认为明末南北学者因为受到了王阳明学说末流的恶劣影响，“束书不观，游谈无根”，读书人不真正看书只会整天聚在一起聊天吃饭，才使得明朝覆亡，因此他提倡“经世致用之学”，希望可以“挽狂澜于既倒”。

历久弥新说名句

孔子所感叹的情形，今日依然没有太大改变，尤其是八卦当道的现下，聊天、吃饭、喝酒，讲讲办公室、政治、演艺界与朋友圈的八卦，或是说说卖弄小聪明的冷笑话，依然是“群居终日，言不及义，好行小慧”与“饱食终日，无所用心”。

接近孔子所说“言不及义”的成语有“谈玄清议”，其所谈“与国计民生无关”。而西晋为何亡国，一般皆认为是亡于知识分子的“清谈误国”，史学家陈寅恪的说法最具代表性，“清谈之士若崇尚自然而不仕便罢，很不幸他们又出高仕且崇尚虚无，口谈玄远，不屑综理世务之故，否则林泉隐逸清谈玄理，乃其分内应有之事，纵无益于国计民生，亦必不致使神州陆沉百年丘墟也。”清谈之士如果只是崇尚自然不当官也就罢了，否则再怎么谈也不会影响国计民生，但他们却还是一个个都当大官，国家怎能不衰败呢？

然而，有人以为孔子在生活上采取“道德严格主义”，必须时时刻刻进德修业，连闲扯淡都不可以，似乎不近人情。其实，孔子这两段话并没有禁止聊天或休闲，而是不要“终日”就好。

君子不以言举人，不以人废言

名句的诞生

子曰："君子不以言举人[1]，不以人废言[2]。"

——卫灵公·二十二

完全读懂名句

1. 举人：推举、举荐一个人。2. 废言：轻视某人说的话。

孔子说："君子不会因为一个人说的话好，便举荐他，也不会因为一个人德性有缺，就不把他说的话当一回事。"

名句的故事

除了《卫灵公》记载有"君子不以言举人，不以人废言"，孔子在《宪问·五》也说过"有德者必有言，有言者不必有德"。孔子强调，有德行的人必定有嘉言，但是很会说话的人不一定有好的道德，所以对一个人，必须要“听其言而观其行”，不可相信片面之词，不应该“以言举人”，但也不可“以人废言”。

孔子非常厌恶一个人“言论君子、行动小人”，或是“言论巨人、行动侏儒”。历史上这类有名的例子有二，一是战国时代的赵孝成王“以言取人”，用了只会“纸上谈兵”的赵括，顶替实战经验丰富的老将廉颇。赵括自小熟读兵书、讲得头头是道，但首次带兵与秦国一战便大败，赵国差点因此亡国，而赵括也命送沙场。

二是“一生唯谨慎”的诸葛亮，同样犯了“以言取人”的毛病，用非常会说话的马谡当大将，结果失去了重要战略点街亭，最后只好以军法“挥泪斩马谡”，悔不当初。

历久弥新说名句

许多学者认为“君子不以言举人，不以人废言”，是孔子主张思想自由的篇章。然而，荒谬的是，小说家金庸的先祖查嗣庭在担任主考官时，便曾因以“君子不以言举人，不以人废言”为试题，而遭受文字狱之灾。

金庸考据出来的说法有好几种。

其一是清雍正年间，查嗣庭写了一本书《维止录》，也有可能是查嗣庭被派去做江西省正考官，出了试题“维民所止”，有一名太监向雍正说“维止”两字是去“雍正”两字之头，因此查嗣庭被雍正皇帝关进牢里。

其二是，查嗣庭在江西出了四道试题，第一题便是“君子不以言举人，不以人废言”，第三题是《孟子·尽心》中的“山径之蹊间，介然用之而成路，为间不用，则茅塞之矣。今茅塞子之心矣”。当时，清朝政府正在实行保举制度，朝廷认为他出这两道题是有意毁谤，批评朝廷“以言举人”，因此将他判刑。

也有学者认为，《论语》此章是要我们依据客观事实去看待人、事、物，不该受片面之词所左右，妄下判断。

与“不以人废言”意义接近的词语还有“不以言废事”、“对事不对人”，也可与孔子所说的“巧言令色，鲜矣仁”、“刚毅木讷，近仁”两段话相参照。

另外，有人提出“不以人废言”的态度更需落实于教育，尤其是爸妈、老师应该倾听小朋友的话。因为鼓励探索的文化，是允许犯错的文化，如此才能“大开言路”，让孩童不担心说错话而被耻笑，并从错误中学习。

君子有三戒

名句的诞生

孔子曰："君子有三戒[1]：少之时，血气[2] 未定，戒之在色[3]；及其壮也，血气方刚，戒之在斗[4]；及其老也，血气既衰，戒之在得[5]。"

——季氏·七

完全读懂名句

1. 戒：警惕戒备。2. 血气：意志体气。3. 色：女色。4. 斗：斗殴。5. 得：贪得。

孔子说："君子有三件事需要警惕戒备：年少时，血气还没有稳定，要警惕贪恋女色；到了壮年，血气方刚，要警惕争强好斗；到了老年，血气已经衰竭，要警惕贪得无厌。"

名句的故事

这则君子三戒，是孔子以人生经验归结出来的三大守则。在今日看来，不只是要修养成君子的人需要警戒，一般的养生之道也应该遵守。

孔子对人的生理、心理真是有相当细微的观察！少年时期，身心都处于发育生长阶段，加上青春期荷尔蒙改变的影响，许多年轻人对“性”充满了好奇和幻想，这时候最需要以理智来了解并掌握自己的身心，过早的亲密关系或婚姻，对生涯影响甚巨！

到了壮年的时候，由于精力旺盛，容易好勇斗狠，而做出悔恨终生的事情，因此“戒之在斗”。相传清代林则徐个性很强、脾气很大，他深知自己的弱点，所以就写了“止怒”两个字挂在墙上，时时警惕自己。

及至老年，也许是已至迟暮，所以想抓住一些什么来成就此生，于是有人贪恋权位，有人遍寻长生不老之道，这都是贪得的毛病，“晚节不保”便是肇因于此。孔子对于人性的观察及描写，可说是入木三分。

历久弥新说名句

年轻人对于“性”的好奇古今皆然，唐代诗人白居易在《琵琶行》中有诗句：“五陵年少争缠头，一曲红绡不知数。”李白的

《少年行》描写：“五陵年少金市东，银鞍白马度春风。”但是青少年若太放任自己的身体，一是心理年龄尚未准备妥切，无法面对随之而来的责任；二是沉溺于情色，辜负了年少最珍贵的时光，所以孔子说要“戒之在色”。

《水浒传》里梁山一百零八条好汉大多处于壮年，这时身体已臻成熟，但却容易争强。现今在街头常见一个小小的交通意外，车主双方便当街叫骂起来，甚至大打出手，偶还有酿成惨剧者。这都是好勇斗狠的结果，所以孔子告诫，这段时期要“戒之在斗”。

“贪”是老人家容易犯的毛病，《红楼梦》甄士隐注释的《好了歌》中有一句：“因嫌纱帽小，致使锁枷扛。”意思是因贪求更多，而汲汲钻营，所以犯法。在老年阶段，应该要思考如何完美退场，才是真正的人生哲学。

有人说孔子不但是教育家、政治家、思想家，而且还是养生学家。在当时的条件下，一般人的平均寿命可能还不到五十岁，但孔子却能享年七十三岁，就是因为他深谙养生哲学。其实，不管是戒色、戒斗、戒得，都是一生的功课，唯有能掌握自己的人，可保持心境平和愉悦，而这就是最佳养生之道。

乡原，德之贼也

名句的诞生

子曰："乡原[1]，德之贼也。"

——阳货·十三

完全读懂名句

1. 乡原：乡里谨厚之人，貌似君子而实伪善者。原，同"愿"，读作 yuàn，形容忠厚谨慎的样子。

孔子说："外表忠厚而内心巧诈的伪君子，真是戕害道德的败类啊！"

名句的故事

孔子对"乡愿"曾有进一步具体的说明。有一次子贡问孔子："乡人皆好之，何如？"曰："未可也。""乡人皆恶之，何如?”孔子曰：“未可也。不如乡人之善者善之，其不善者恶之。”(《子路·二十四》)。孔子认为，不能光靠局部人的赞誉或毁谤来断定一个人的善恶，他以为“好人喜欢，恶人憎恶”的人才是第一等人。在《卫灵公·二十七》中也传递进一步的想法：“众恶之，必察焉；众好之，必察焉。”也就是说大家都厌恶或喜欢的人事，情况不一定就真是如此，应要查明清楚才能下判断，不可人云亦云。

而那种人人都夸赞的人，孔子叫他“乡愿”。在《孟子·尽心下》中提到，孔子曾感慨地说：“过我门而不入我室，我不憾焉者，其惟乡原乎！乡原，德之贼也。”弟子万章就问孟子：“什么样的人是乡愿呢?”孟子进一步阐述乡愿的定义，他回答：“这些乡愿不愿落落寡合于世，认为人既然生在世上，就要做这世上的（俗）人，只要别人说声好就可以了。”最后孟子做结论，“乡愿”就是那些做事遮遮掩掩专想讨好世人的人。(“阉然媚于世也者，是乡原也。”)

历久弥新说名句

“乡愿”翻成白话就是“滥好人”，这种人标榜凡事该以“大局”着想，不仅自己避免和人冲突，也不允许他人意见相左；不仅自己奉行“明哲保身”的混世方法，当他人受委屈时，也要求别人要有“吃亏就是占便宜”的雅量。动不动就祭出“有容乃大”、“识时务者为俊杰”等法宝自欺欺人，说穿了不过是“墙头草，风吹两面倒”。

但令人气馁的是，你还真挑不出乡愿的缺点呢！孟子就曾找不出乡愿的毛病而气急败坏地说：“要非议他的不是，却举不出实例；要攻击他的毛病，他却没有明显的毛病；他与世俗同流合污。他的居心好像忠信，行为好像廉洁，以致人人都喜欢他，他也自以为是。但却不能进入尧舜的境界，所以说他是道德的盗贼。”（“非之无举也，刺之无刺也；同乎流俗，合乎污世；居之似忠信，行之似廉洁；众皆悦之，自以为是，而不可与入尧舜之道，故曰德之贼也。”《孟子・尽心下》）

孔子对于败坏道德的“乡愿”可说是深恶痛绝，他把这种人比成“似是而非”的“杂草”，他说：“恶似而非者：恶莠，恐其乱苗也；恶佞，恐其乱义也……恶乡原，恐其乱德也。”（《孟子・尽心下》）

“乡愿”不问是非，只会使出“和稀泥”手段，换取“委屈的完满”、“让步的妥协”。他的成全美名自然远播，但在美名之下，不知多少公理正义、道德勇气都荡然无存了。所以，那些不问对错，只是一味大唱“君子有成人之美”高论的人，也都属于“德之贼也”。

道听而涂说，德之弃也

名句的诞生

子曰："道听而涂[1]说，德之弃[2]也。"

——阳货·十四

完全读懂名句

1. 涂："道"和"涂"一样都是道路的意思。2. 弃：背弃，背离。

孔子说："听到传闻就到处散布，正是背离修养德性的行为。"

名句的故事

"道"与"涂"两字，都是路途、道路的意思。"道听而涂说"指在路上听到了某些传闻，马上又在途中说给别人听，孔子认为“传播马路新闻”相当不可取。

宋朝名相王安石认为说话要有德行，君子在开口之前就思考过，这句话是否偏离了道德，而道听途说就是没有德行的行为。

因“道听而涂说”受害的，包括孔子的弟子曾参。在曾参的故乡费邑，有一个人与曾参同名同姓。一天并非孔子弟子的那位曾参在外乡杀了人，而好事不出门，坏事传千里，“曾参杀人”的风声在费邑传得沸沸扬扬，邻人屡屡跑来跟曾参的母亲报信，前两次曾母都不相信，非常镇定地继续织布，到了第三次，曾母也惊慌失措地夺门而出。

因为道听途说多是捕风捉影，然后再加油添醋，即便像曾参以德行著称的君子，且曾母也非常相信自己的儿子，但在众口铄金、以讹传讹的情况下，也让曾母不得不开始怀疑曾参是否真的杀人了。

历久弥新说名句

“道听而涂说”换成现在的流行语就是“八卦新闻”、“街谈巷议”，有不少人以传播马路新闻为职志，说完张家说李家，一些知名人物甚且将谈论自己的流言蜚语，视为身价的象征。

不过，大部分人在散播八卦、逞一时口舌之快时，大概都没有想过这类谣言可以夺人性命！

一代红伶阮玲玉便是因为承受不了外界谣言的压力而自杀。上个世纪三十年代，阮玲玉可是红遍全中国的巨星，在大银幕中扮演过各种角色，但由于外界攻击她的婚姻与电影，二十五岁的她在留下了“人言可畏”的遗书后服毒自杀，香消玉殒。

然而在这个八卦谣言满天飞的时代，“谣言止于智者”的原则依然不会改变，不听、不信、不传谣言，就是现代聪明人需要修习的课题。

三国时代魏国司空王昶的家训中有这么一句：“救寒莫如重裘，止谤莫如自修。”王昶训示子侄后辈，解决寒冷的方法很简单，那就是多穿件大衣；而要阻绝他人说自己坏话的方法也不难，就是加强自身的修养。

此外，清朝康熙皇帝曾禁止御史大夫“风闻奏事”，便是不希望风闻对无罪的人带来负面影响，也避免凭着马路新闻来处理国家大事。

没想到两百年后的今天所谓“听说文化”居然大行其道，尤其在国会殿堂与 call in 节目中，政治人物与记者总爱说“我听我的朋友说”、“听说某某人如何如何”，但实际上不过是道听途说，拿不出真凭实据，反而制造许多不必要的口舌是非。

望之俨然，即之也温

名句的诞生

子夏曰：“君子有三变：望之俨然[1]，即之也温[2]，听其言也厉[3]。”

——子张·九

完全读懂名句

1. 俨然：庄重严肃的样子。2. 温：温和，和蔼可亲。3. 厉：严厉，一丝不苟。

子夏说：“君子的容貌仪态给人三种不同的观感：远远看他，颇为庄重严肃；然而就近接触时，感觉相当和蔼可亲；再听他说话，言词严正，一丝不苟。”

名句的故事

宋朝理学家程颐认为子夏所说的君子，就是他的老师孔子，而一般人无法集“俨然”、“温”、“厉”三者于一身，如果是看似“俨然”，就无法兼顾“温”；如果看似“温”，也就无法兼顾“厉”，唯独孔子能三者兼具。

学者谢显道解释君子并非要“三变”，而是“俨然”、“温”与“厉”可并行不悖，就像一块玉能从不同角度看到色泽的变化。

也有学者认为子夏说的君子不是孔子，而是拥有权位者。强调君子有三变，是因为子夏心目中的君子有权术、有心计，不再是孔子所倡导“温文尔雅”、“坦荡荡”的儒生，这已经显现出法家善用智术谋略的精神。

不过，也有可能子夏与孔子其他弟子所认为的“君子之道”有所不同，连子夏的再传弟子荀子也认为子夏城府深沉，“正其衣冠，齐其颜色，俨然而终日不言”，形容子夏每天都穿得很整齐，神情严肃而沉默寡言，看起来非常有威严。

子夏注重理论的实际应用，之后著名的政治家、军事家如李悝、吴起、商鞅、荀子、李斯、韩非，都是子夏的学生与再传弟子。

历久弥新说名句

许多知名学者的晚辈或学生，常运用子夏形容孔子的名句来歌颂师长，如哲学家方东美的学生便以这“望之俨然，即之也温，听其言也厉”来回忆他，借以描述老师有温和也有严厉的一面，让人又爱又怕又尊敬。

因为《论语》说君子有三变，后世不少读书人便以“三变”为其字号，最著名的应该是宋朝词人柳永，自称柳三变。因为有人向宋仁宗推荐他当官，宋仁宗回答“且去填词”，从此他便以“奉旨填词柳三变”名号行走。

还有不少读书人以“望之俨然，即之也温，听其言也厉”自况，鲁迅的“横眉冷对千夫指，俯首甘为孺子牛”，被视为其心灵写照，现常用来形容一个人在外要面对各种不如意的事，但是回家就是慈祥的好爸妈。

这两句原出自鲁迅的《自嘲》，原诗全文为：“运交华盖欲何求，未敢翻身已碰头。破帽遮颜过闹市，漏船载酒泛中流。横眉冷对千夫指，俯首甘为孺子牛。躲进小楼成一统，管他冬夏与春秋。”

若用口语的白话，就是：“交了倒霉运，不敢有所奢求；躺在床上不敢翻身，却还撞个满头包；用破帽子遮住脸上大街，我感觉自己就像是载着酒行至河中心的漏船，随时可能会被江水吞没。然而，在外我冷眼横眉面对众人指责，在家甘心让小孩当牛骑，躲在屋里的小世界，外面发生什么事，我都不想管。”

“即之也温，听其言也厉”应当是“外柔内刚”，绝对不是“外厉内荏”，后者外表坚强但内心怯懦，两者不能混为一谈。

不学诗，无以言

名句的诞生

陈亢[1] 问于伯鱼[2] 曰：“子亦有异闻[3] 乎？”对曰：“未也。尝独立[4]，鲤趋[5] 而过庭。曰：“学诗乎？”对曰：“未也。”“不学诗，无以言。”鲤退而学诗。他日又独立，鲤趋而过庭。曰：“学礼乎？”对曰：“未也。”“不学礼，无以立。”鲤退而学礼。闻斯二者。”陈亢退而喜曰：“问一得三，闻诗，闻礼，又闻君子之远[6] 其子也。”

——季氏·十三

完全读懂名句

1. 陈亢：字子禽，孔子弟子。2. 伯鱼：孔鲤，孔子的儿子。3. 异闻：特别的教诲。4. 独立：指一个人站着，左右无人。5. 趋：疾走。6. 远：读作 yuàn，没有偏私。

陈亢问伯鱼说：“你有没有听到你父亲特别的教诲呢？”伯鱼

答说："没有特别的。有一天，父亲独自站在厅堂，我很快地走过庭院。父亲就问我："你学《诗经》了吗？"我说："还没有。"父亲就说："不学诗，怎么能与人交往谈话呢？"我就退下去读《诗经》。隔了一阵子父亲又一个人站在厅堂，我很快地穿过庭院。父亲又问："你学《礼记》了吗？"我回答："没有。"父亲就说："不学《礼记》，怎么在社会上立身处世呢？"我就退下去读《礼记》。我所听到的教诲，就只有这些。"陈亢回去后很高兴地说："问一件事却得到三件道理：知道学诗的道理，又知道学礼的道理，还知道君子对自己的小孩也没有特别偏私。"

名句的故事

《史记·孔子世家》记载，孔子十九岁娶妻，隔一年便生下他的独子，当时在位的鲁昭公"使人遗之鲤鱼"，"遗"的意思是赠送，也就是鲁昭公派人送一条鲤鱼给孔子祝贺，孔子因此将孩子取名为鲤，字伯鱼。遗憾的是，孔鲤年五十岁时，便早孔子一步离开人世。本文的这段话，是孔子对伯鱼的教诲，孔子认为学习《诗经》与《礼记》，方能与人交往并懂得立身处世之道。

陈亢是孔子的弟子，他以为孔子会偏爱自己的小孩，因此问伯鱼有没有受到孔子特别的教诲。伯鱼回答说没有特别的，然后陈述他与父亲孔子之间的日常对话。孔子先告诉伯鱼："不学诗，无以言。"为什么读通《诗经》就可以与人交往谈话呢？因为"事理通达，而心气和平，故能言"（朱熹《论语集注》）。《诗经》记载许多人文、民俗、庆典、宗教、自然等等事物，学习之后，自然能够明白事理，心平气和地与人交往、谈论事情。孔子又一次告诉伯鱼：“不学礼，无以立。”为什么学《礼记》可以懂得立身处世之道呢？因为“品节详明，而德性坚定，故能立”(朱熹《论语集注》)。《礼记》记载着各种礼节的道理与仪式规矩，了解透彻后，对人的品德会产生潜移默化的作用，自然处世稳重。

伯鱼所说的传达了孔子对于基础学问养成的重视。显然陈亢之前曾怀疑孔子对自己的孩子保留一手，教另一套，没想到听完这番话，不仅要感到惭愧，并立即扫除心中疑虑，还非常高兴得到三个意外的收获：“闻诗，闻礼，又闻君子之远其子也。”

历久弥新说名句

春秋战国时代贵族、士人的精神生活是很丰富的，举凡吟诗、唱歌、听乐、跳舞，从日常生活，到君臣相处、外交往来、宗庙祭祀，都可以看到。《墨子·公孟》便记载有：“儒者诵诗三百，弦诗三百，歌诗三百，舞诗三百。”原来读书人对于《诗经》三百首，能够背诵出来、能够用乐器弹奏出来、会以歌唱形式表达出来，还能够用舞蹈来表现。孔子更是将《诗经》融入在教学中，《史记·孔子世家》记载：“三百五篇，孔子皆弦歌之，以求合韶、武、雅、颂之音。”便是说明孔子运用《诗经》来作曲吟唱了！

这段“不学诗，无以言；不学礼，无以立”的故事不仅被后世传颂，根据文献《孔府档案》记载，孔子的后裔便自称“诗礼世家”。在第五十三代衍圣公孔治时，建造诗礼堂，堂前种有银杏树两株，苍劲挺拔，果实硕大丰满。而后世皇帝为推崇孔子的教育地位，授予孔门后裔勋爵，后来还有孔府宴的产生，是孔府接待贵宾、袭爵上任、祭日、生辰、婚丧时特备的高级宴席。其中有一道菜肴称为“诗礼银杏”，这道菜的基本材料是：白果、白糖、蜂蜜、猪油。首先将白果剥壳处理、泡碱水去皮，入滚水锅去苦味，再将之煮烂取出备用。接着，起油锅，用猪油加白糖翻炒至变色后，加水、蜂蜜调成糖汁，再放入白果熬煮至浓稠，起锅前可再淋上白猪油，然后盛入盘中即可。这道“诗礼银杏”据说非常鲜甜入味，就是由这句佳言的典故与银杏树的结合而来。

君子成人之美

——待人接物

犬马，皆能有养；不敬，何以别乎

名句的诞生

子游问孝，子曰："今之孝者，是谓能养[1]。至于犬马，皆能有养[2]；不敬，何以别[3]乎？"

——为政·七

完全读懂名句

1. 养：指晚辈供养长辈。2. 至于犬马，皆能有养：有两种解释，一是指"犬守御，马代劳"，都能侍奉人；二是指犬马也有人养着。3. 别：区别，分别。

子游问："怎么样才算是孝道？"孔子说："现在所谓的孝，只要能奉养父母就称为孝。然而，就算是狗跟马，一样有人养着，如果对父母没有一片敬意，两者又有什么分别呢？"

名句的故事

对于孔子这番有关孝的见解，同样由寡母抚养长大的孟子深有所感，孟子曾说："食而弗爱，豕交之也。爱而不敬，兽畜之也。"（《孟子·尽心上》）即子女如果只是奉养饮食却没有敬爱，就跟养畜生没有两样，是"犬马之养"而非"人子之养"。

孔子重视孝道，并认为敬爱重于物质。孔子三岁时，父亲就撒手人寰，十七岁时，含辛茹苦养育他的母亲病死，孔子虽事母至孝，但总怀有无限遗憾。从今天的角度来看，孔子与孟子都是单亲家庭的小孩，对于独立抚养他们的母亲特别孝顺。孔子好礼，孟子好学，都是受到母亲的熏陶，终身奉行母亲的教诲，并光大之。

有人认为此章发问者子游对父母可能只有犬马之养，而缺乏敬意。南宋儒者胡寅认为孔子只是提醒而已，他说因为父母爱护儿女，儿女们常常"恃宠而骄"，甚至"骑到爸妈头上去了"，不过子游应该不至于如此。

宋代大儒朱熹也认为养而不敬，可称为罪。他说犬马等人喂养食物，如果养亲却没有敬意，算是犯了罪。证严法师认为所谓的"孝顺"，要"孝"也要能"顺"。早年社会中，子女服从父母，在言行上充分表现"顺"，现在子女往往只着重物质的奉养而不顾虑父母的感受，没有"顺"，也算不上"孝"。

历久弥新说名句

孔子这句话于后世衍生出许多相关成语。“犬马之养”为子女谦称供养父母；“犬马之劳”为下属谦称对上司、团体的贡献；“犬马之决”指臣僚的果敢决断；“犬马之疾”是谦称自己的疾病；“犬马之报”为谦称对他人的真诚报答。在这些成语中，犬马都是有“犬守御，马代劳”的意思。

在驯化的动物中，狗和马的温和忠诚是有名的。马能奋力拉车，狗能看门打猎，因此在下位者常把自己比喻为犬马。三国的刘备在白帝城托孤给孔明时，孔明便有“效犬马之劳”之称，以表达效忠效劳的心意。

过去，东方社会“积谷防饥、养儿防老”的观念根深蒂固，但是现代社会中，大多数人恐怕只能自求多福，期待老年时，儿女都能自立，不需继续操烦。不过，也有人开玩笑地将饲养宠物称做“犬马之养”，尤其是在宠物店或是网络的宠物主聊天室中，他们对待宠物有如家人，像宝贝一般地呵护、“视如己出”，那可是充满真心爱意的“犬马之养”呢！

有事弟子服其劳

名句的诞生

子夏问孝。子曰："色难[1]。有事弟子服[2]其劳，有酒食先生馔[3]，曾[4]是以为孝乎？"

——为政・八

完全读懂名句

1. 色难：有两种解释，一是指儿女难以从父母的脸色，得知父母的心思，二是侍奉父母，以能和颜悦色为最困难的事。2. 服：操执之意。3. 先生馔：先生，指父兄或长者。馔，饮食也。4. 曾：乃，就。

子夏问孝道。孔子说："子女保持和颜悦色事亲，这是最困难的。如果有事情要处理，由年轻人操劳，有酒菜饭食，请年长的人先享用，这样就可以算是孝吗？"

名句的故事

小戴《礼记·祭义》篇有段话，呼应着此章关于孝的说法，“孝子之有深爱者，必有和气。有和气者，必有愉色。有愉色者，必有婉容。”意思是说，孝顺父母必定出自自己的真心，所以一定是态度和气、神情愉快，不可能板着一张臭脸孝顺父母的。

朱熹解释孔子这段话，指出事亲之际，唯色为难，只有服劳奉养未足以为孝。钱穆认为色难即是心难，因为人的面色，是内心的真情流露，想装也装不了。

《论语》的《为政》篇中共有四章问孝，孔子的回答各自不同，后世学者也有不同的见解。程颐的看法是，发问者皆可能孝道有亏，孔子针对各人的缺失因材施教。孔子对孟懿子说明“无违”、“生，事之以礼；死，葬之以礼，祭之以礼”，其实是告诉众人同样的道理。他对孟武伯说的“父母唯其疾之忧”，应该是孟武伯常常生病，让父母担心害怕。而子游可能奉养父母失于尊敬，孔子才会说：“今之孝者，是谓能养。至于犬马，皆能有养，不敬，何以别乎？”而子夏奉养父母，但脸色不够温和，于是孔子才说：“色难。有事弟子服其劳，有酒食先生馔，曾是以为孝乎？”

历久弥新说名句

问孝于孔子的子游、子夏是孔子学生中以文学著称的，但所谓文学并非仅是“咬文嚼字”与“起承转合”，子夏与子游都把孝顺父母当学问看待，也许才会失于尊敬或脸色僵硬。

“色难”不只指“和颜悦色”侍奉父母，也要懂得对父母“察言观色”。《孔子家语》记载，有一回曾子不小心弄断了父亲曾皙从吴国觅来的瓜种，曾皙气得用锄柄将曾子打昏了。曾子醒来后问父亲是否消气，还弹琴给父亲听，表示自己没事。孔子后来对曾子说：“小杖受，大杖逃。”如果发现父母气过头，还让父母将自己打伤，其实也是不孝。

在现代社会家居生活里，“有事弟子服其劳”可以解释为儿女应分摊家事，不要让父母太过劳累。“有酒食先生馔”也不一定指父母要先吃，而是等父母一起开动，不要自己先吃，却让父母吃剩菜剩饭。对父母而言，这些可能不是最重要的，重要的是子女的心意。

另外，此段话中的“色难”，曾被认为是最难对仗的上联。有人说明成祖朱棣以此考解缙，有人说乾隆皇帝曾要纪晓岚对下联，两人皆对之“容易”，一开始皇帝有点生气，后来才莞尔一笑，这也被认为是绝妙之对。

视其所以，观其所由，察其所安

名句的诞生

子曰：“视其所以[1]，观其所由[2]，察其所安[3]。人焉[4]廋[5]哉？人焉廋哉？”

——为政·十

完全读懂名句

1. 所以：所做的事。2. 所由：做这件事的方法。3. 安：心之所安。4. 焉：怎么。5. 廋：读作 sōu，隐藏。

从大体看他所做的事，从小处看他做这件事的方法，从心理上看他情之所安。这个人的为人怎么还能隐藏得住呢？

名句的故事

老子说：“知人者智，自知者明。”因为“人心隔肚皮”，所以我们往往无法了解他人。但是“知人”却又是如此重要的事，交朋友要选择，公事上要知人善任，找另一半也要睁大眼睛瞧。其实早在两千多年前，孔子就建议我们一套实用的“识人学”，方法就是“视其所以，观其所由，察其所安”。“视”、“观”、“察”三个字在今日都可以解释为“看”的意思，但在古代，可是大有学问的哟！

《说文》：“视，瞻也。”《谷梁传·隐公五年》：“常事曰视，非常曰观。”一般的看称为“视”，要用心去了解的称为“观”。在《尔雅·释诂》还提到：“察，审也。”这说明了，更细致地去明辨叫做“察”。

孔子的这套识人学并非由他自创，而是出自《大戴礼·文王官人》：“考其所为，观其所由，察其所安。”若能遵循这三个步骤：先看一个人的行为如何；再看他做事的方法、态度；最后看他的居心所在，如此，一定可以相当程度地了解这个人。

历久弥新说名句

关于识人，古往今来的圣贤哲人提出过许多理论。孟子说：“存乎人者莫良于眸子。眸子不能掩其恶。胸中正，则眸子瞭焉；胸中不正，则眸子眊焉。”这里强调的就是所谓“观其眸子”。眼睛是灵魂之窗，往往会不由自主透露出内心的情感，所以有人说：“婴儿的眼睛是清澈的，青年人的眼睛是热烈的，中年人的眼睛是严峻的，老年人的眼睛是睿智的。”美国著名作家杰克·伦敦在作品《一块牛排》中曾以眼神为主题，出色地描述过这样一个人：“他简直像个野兽，而最像野兽的部分就是他那双眼睛。这双眼睛看上去昏昏欲睡，跟狮子的一样——那是一双准备战斗的眼睛。”

除此之外，三国蜀相诸葛亮根据前人的经验和自己的实践，更精细地归纳出识别人才的七种方法，他说：“知人之道有七焉：一曰间之以是非而观其志；二曰穷之以辞辩而观其变；三曰咨之以计谋而观其识；四曰告之以祸难而观其勇；五曰醉之以酒而观其性；六曰临之以利而观其廉；七曰期之以事而观其信。”意思是说：识别一个人是否为人才，可以在大是大非前看他的志向，在山穷水尽时看他的变通，在各种办法前看他的抉择，在祸难临头时看他的勇气，在酩酊大醉中看他的本性，在物欲诱惑下看他的清廉，在分配任务后看他的信用。

也有人说要在牌桌上选女婿，因为从输赢之间的脸色中，可以判断一个人的品性与修养。

看来，孔子的“视其所以，观其所由，察其所安”，还真是最简单明了的识人办法呢！

是可忍也，孰不可忍也

名句的诞生

孔子谓季氏[1]："八佾[2]舞于庭，是可忍[3]也，孰不可忍也？"

——八佾·一

完全读懂名句

1. 季氏：春秋鲁国大夫季孙氏。2. 八佾：佾，读作 yì，行列的意思。古代舞以八人为列，天子八佾，六十四人，诸侯六佾，大夫四佾，士二佾。季孙氏在家庙的庭院中作八佾之舞，则是以大夫僭用天子之礼。3. 忍：容忍。

孔子评论鲁国大夫季氏："季氏在自己家庙的庭院，举行了天子所专享八人八列的八佾之舞。如果这种僭礼之事都可以容忍，那么还有什么是不可容忍的呢？"

名句的故事

鲁国自从宣公之后，政权便操在季孙、叔孙、孟孙三家大夫手上，史称“鲁国三桓”。鲁昭公初年，三家瓜分鲁君的兵权，三桓以季孙势力最大，此章的季氏，指的是季平子。

季平子在家庙举行了天子专用的八佾舞，此时孔子已从周朝首都洛邑学习周礼回来，对此种破坏礼制的行为提出严厉谴责，这件事也让鲁昭公相当难堪，但却又无能为力。

古代以礼分贵贱，僭越之罪甚大。宋朝儒者范纯夫认为无礼之后必定无父无君，因此孔子为政，先正礼乐。学者谢显道也认为，如果可以忍受季平子如此嚣张的行径，他日后必定有恃无恐，恐怕连犯上弑君的事也敢做。

果不其然，之后鲁国国君为首的贵族与季平子为首的三桓大动干戈，史称“斗鸡事件”。原由是季平子与贵族昭伯比赛斗鸡，季平子的斗鸡输了，他恼羞成怒，强占了昭伯的住宅。鲁昭公介入仲裁，并趁机出兵攻占季平子府宅，不料其他两桓派兵相助季平子，鲁昭公大败，逃亡齐国，鲁国陷入了一片混乱。

历久弥新说名句

在今天“是可忍也，孰不可忍也”常用来表示已经忍无可忍，再继续忍下去就“颜面扫地”。所谓“士可杀不可辱”，《礼记·儒行》中便提到：“儒有可亲而不可劫也，可近而不可迫也，可杀而不可辱也。”意思是读书人可以与之友好，但不能强迫他；可以与之亲近，但不可胁迫他；可以杀了他，但不能羞辱他。

宋朝是中国历代知识分子地位最高的朝代，皇帝想杀读书人都不能一意孤行。根据宋人侯延庆《退斋笔录》记载，宋神宗想将一名犯了错的转运使（高级地方长官）处死，宰相蔡确反对，理由是“自从开国以来，朝廷没杀过读书人”，于是宋神宗想将这名转运史发配边疆充军，门下侍郎章惇认为，“如果是这样，还不如杀了他”，原因是“士可杀不可辱”。

不过，虽然世上有诸多“孰不可忍”的事，但是有时“小不忍则乱大谋”，最好的对策还是忍忍忍。

五代时的冯道，曾经当过好几个朝代的宰相，他的修养功夫有“宰相肚里能撑船”的风范。据说曾有人在街上牵着一匹驴子，用布写着“冯道”二字，挂在驴子的身上，他路过看见了也不生气。朋友问他为何不动怒，他答道：“天下同姓名的不知凡几，不是每个冯道都是我，可能是这个人捡到一匹驴子，正在寻访失主。”正因为有此忍耐的功夫，所以能够屹立不倒于乱世的官场，被现代史家称为专业政治经理人的第一人。

礼，与其奢也，宁俭

名句的诞生

林放[1] 问礼之本。子曰："大哉问！礼，与其奢[2] 也，宁[3] 俭；丧[4]，与其易[5] 也，宁戚[6]。"

——八佾·四

完全读懂名句

1. 林放：鲁国人。2. 奢：奢侈，浪费。3. 宁：宁愿。4. 丧：丧葬，丧礼。5. 易：治理，此处指熟悉丧礼节文。6. 戚：哀伤，难过。

林放向孔子请教礼的本意。孔子说："问得好极了！关于一般的礼，与其过于奢侈浪费，宁可俭约素朴；关于丧礼，与其仪式上治办周备，不如内心真正哀戚。"

名句的故事

春秋以后，周王室衰落，各诸侯国自行称王，为展现自己的威势，诸侯们都喜欢铺张排场，或者大搞隆丧厚葬，形成一种社会风气，甚至连老百姓也都倾家荡产地办丧葬。

本篇孔子听到林放的发问，还大大称赞了一番，认为真是问了个好问题。孔子认为，礼的根本在于内在，与其过于注重形式，进行奢侈浪费的仪式，还不如俭约素朴，以保持礼的本心。（“礼，与其奢也，宁俭。”）

同样的，丧葬本质是在于悼念往生的人，因此，内心真诚的哀戚、吊祭，应该比形式上的奢华葬品、繁文缛节更为重要。（“丧，与其易也，宁戚。”）

鲁国曾发生大夫季康子祭祀泰山的僭礼事件。依据周礼，只有天子与诸侯才有资格祭祀名山大川，季康子不过是鲁国的大夫却也跑来祭拜。孔子听到消息很生气，就把在季康子那里当家臣的冉求叫来询问：“你难道不能纠正此事吗？”冉求无奈地摇摇头。孔子十分失望地感叹道：“难不成有人以为泰山之神还不及林放懂礼，会接受你们这不合规矩的祭祀吗？”（子曰：“呜呼！曾谓泰山不如林放乎？”《八佾·六》）

历久弥新说名句

今日发掘出土的古代陵墓，有不少是春秋战国时期隆丧厚葬的产物。然而，即使在当时奢华的社会风气之下，依然有简约朴实之人。

春秋时代齐国的宰相晏婴就是这样一位人物。《晏子春秋》记载齐景公看到晏婴的房子低湿狭小又靠近市场，就对晏婴说："把你的房子换到干爽且高一点的地方吧！"晏婴辞谢道："小人家里靠市场近一点，容易打听、买到比较便宜的东西。"

后来晏婴出使在外，齐景公偷偷命人更新他的住宅。晏婴回来后，新宅已经落成。然而，晏婴拜谢完，居然将新宅给拆毁了，重新恢复成原来的样子。晏婴每天上朝穿的是粗布衣服，乘坐的是老瘦的马拉着的旧车，三餐食物，少有鱼肉，不过求饱。齐景公三番两次送他大车和骏马，也都三番两次碰了钉子。

齐景公心中不悦，便对晏婴说："你不接受车和马，那我以后也不再乘坐了。"晏婴说："您让我统辖全国官吏，我要求他们节衣缩食，行事节俭，成为人民的模范。即便如此，我都还担心大家做不到。现在如果连我自己都出入大辂骏马，如此一来，全国官吏岂不是要上行下效，最后奢侈成风，等到那时才去匡正就来不及了。"因为有晏子的以俭治国与以身作则，很快地齐国就步上富强之路。

父母在，不远游，游必有方

名句的诞生

子曰："父母在，不远游[1]，游必有方[2]。"

——里仁·十九

完全读懂名句

1. 远游：出远门。在古代，游可指游学或游仕，皆须长期从事，另外也有游历与游玩等意义。2. 有方：方，去处，方向。有方，有一定的去处。

孔子说："父母健在的时候，子女不出远门；如果一定要出远门，就必须有一定的去处。"

名句的故事

孔子事母至孝，也曾经远游诸国，所以此章当是有感而发。

儒家著名经典《孝经》便是孔子与曾子相问答、明孝道以及孝治之义的书籍。孔子周游列国时，妻子与儿子都留在鲁国，而与他一起周游列国的学生，也都有家人父母，孔子便曾派遣子路回家给家人与鲁国子弟的父母报音讯，在他找寻实践理想的国度时，也没有忘记不要让家人担心。

远古时代，人们“逐水草而居”，到了商代，才正式有“居民”的出现，开始有“安土重迁”的观念。孔子批评过弟子“士而怀居，不足为士矣”（《宪问·十四》），也就是说，读书人必须“读万卷书，行万里路”，不相信“秀才不出门，能知天下事”，足见当时还是重视游士游居的时代，但若想兼顾家庭、事业，就要“游必有方”。

宋代大儒朱熹认为，一旦远游必定离开父母，很难“晨昏定省”，所以不轻易远游，一是自己放心不下父母，也是不让父母担心。而所谓“游必有方”，就是告诉父母往东边，就不到西边去，没有增添不必要的担心。

历久弥新说名句

俗谚说：“儿行千里娘担忧。”不管是在古代，或是在现代，父母担忧儿女的心情永远不变。也就是说，此章的前半段在农业时代适用，但是放在当代却不合时宜，不过后半句不管古今在哪一个国家，都是普世通行的道理。

因为个人的志向、城乡的差距，当今的父母要儿女不远游，已经不可能，但是子女让爸妈与家人知道自己身处何方，却比古代简单太多。不管是邮政、电话、手机、电子信箱，都十分方便，可说“天涯若比邻”，子女绝对可以做到“游必有方”。

此段话也常被引申作为临别赠语，希望离别者常保联系。

另外，此名句也经常运用于提醒对方绝不能失去联系，例如报社主管希望记者、医院希望医生、军队希望军官即便休假，都必须确实做到“不远游，游必有方”。

最近有一则广告，年轻的母亲不时呼喊：“你在哪里?”玩着游戏中的小孩则响应：“我在这里!”每次，母亲都能很快看到小孩子，这几幕可说是“游必有方”的最佳生活实践。

犁牛之子，骍且角，虽欲勿用，山川其舍诸

名句的诞生

子谓仲弓[1]曰："犁牛[2]之子，骍且角[3]，虽欲勿用，山川[4]其舍[5]诸？"

——雍也·四

完全读懂名句

1. 仲弓：即冉雍，孔门中以德行著称。2. 犁牛：指毛色驳杂的牛，耕田的牛。3. 骍且角：骍，读作 xīng，赤色，即红色。角，角周全端正。表示适合祭祀。4. 山川：指山川之神。5. 舍：舍弃。

孔子评论仲弓："毛色驳杂的牛生的小牛，居然是纯正的赤色而且头角端正，即使有人不想用它来祭祀，难道山川之神会舍弃它吗？"

斯人也而有斯疾也

名句的诞生

伯牛[1]有疾，子问[2]之。自牖[3]执其手，曰："亡之，命[4]矣夫！斯人也而有斯疾也！斯人也而有斯疾也！"

——雍也·八

完全读懂名句

1. 伯牛：姓冉，名耕，字伯牛。2. 问：探视。3. 牖：音 yǒu，窗户的意思，这里是指南边的窗户。4. 命：指天命。

伯牛身染重病，孔子前去慰问他。孔子从窗外握住伯牛的手，叹息说："如果无法复原，真是天命啊！这样好的人，怎么会生这种怪病！这样好的人，怎么会生这种怪病！"

名句的故事

冉伯牛原名禾兔，出身贫寒，在进入孔门受教之前，是个奴隶。幸得他躬逢孔子主张“有教无类”，“耕”这个名字便是孔子为他改的，并取字为“伯牛”。在孔子的熏陶与提拔下，冉伯牛依圣人标准修养品德，从奴隶阶级翻身成为鲁国的中都宰。

孔子周游列国的十四年中，伯牛始终陪在身旁，当孔子结束游历、回到鲁国后不久，冉伯牛居然得了“麻风病”，从此一病不起。

孔子知道伯牛染上了恶疾，某日与弟子们出门时，决定顺路去探望他。因为疾病症状的影响，冉伯牛自惭形秽，不肯与人接触，孔子前来探望，也不肯开门让孔子进入房里。朱熹在《论语集注》中提到，根据《礼记》记载，生病的人应该躺卧在北边的窗户旁，如果有君主来探视，就必须把病床移到南边的窗户下，让君主可以居南面看到自己。而“居南面”就是做大官的意思。

伯牛的家人便是用迎接君主的礼节来接待孔子，但是孔子不肯接受，因此从窗外握住伯牛的手，安慰他，并且叹息说：“如果无法复原，真是天命啊！这样好的人，怎么会染上这种怪病！这样好的人，怎么会染上这种怪病！”后来伯牛成为继颜回之后，比孔子先行离开人世的学生。

历久弥新说名句

在《梁书·列传》中记载，以《千字文》流传于世的周兴

名句的故事

根据《左传》，司马牛的家族在宋国是领有封地的世家。他的哥哥桓魋很得宋景公的信任与重用，然而桓魋不但不报答君上的恩情，反倒伙同几个弟弟子颀、子车等一起谋反。后来叛乱失败，司马牛家族犯了灭族之罪，全部逃亡在外，此事发生在鲁哀公十四年。

司马牛在家族还未叛乱之前便先离开宋国，四处逃难、忧惧不已。他对兄弟的作为相当气愤，认为这种兄弟“有不如无”，所以有《颜渊》第三、四、五章的三问。根据子夏劝解的语气研判，当在事变发生之前。

朱熹解释“死生有命，富贵在天”时，认为子夏说这些话是为了宽慰司马牛，子夏说天命之于有生命的东西，不是我们能够预测或改变的，只有接受，并在安于命之后不断地修养自己的德行，所有人将爱你敬你，就像亲兄弟一样，自然会“四海之内，皆兄弟也”。

宋代经学家胡安国认为子夏“言不由衷”，因此语气中有点“勉为其难”，孔子便没有这种情况。后来子夏因为丧子过于悲痛，而哭到眼瞎，并不能实践自己所说的这段话。

历久弥新说名句

“四海之内，皆兄弟也”，不但是两千多年来中国历代英雄豪杰的信条，并被篆刻高悬于联合国的总部正厅，选取这句话为宗旨，是此语最符合联合国成立的精神，祈求人间和平、公共道德提升，缔结“四海一家”的情谊，使地球成为一村。

在联合国各项宣言中都见得到“四海之内，皆兄弟也”的词句，例如《儿童权利宣言》第十条中有：“儿童应受到保护，使其不致沾染可能养成种族、宗教和任何其他方面歧视态度的习惯。应以谅解、宽容、各国人民友好、和平以及‘四海之内皆兄弟’的精神教育儿童，使他们充分意识到自己的精力和才能应奉献于为人类服务。”

此外，武侠小说家金庸曾以“我的武侠世界”为演讲主题，形容他的武侠世界，“四海之内，皆兄弟也”一句话就可贯通，至于其他部分，是读者自己的事，读者把他的书读完，不就清楚他在写什么了吗！

“四海之内，皆兄弟也”，其意义可说是历经千载而愈来愈深邃美丽，现在的网络世界更让这句话成为真实，许多透过网络推动的国际援助，就是最好例证。

爱之欲其生，恶之欲其死

名句的诞生

子张问崇德[1]，辨惑。子曰："主[2]忠信，徙义[3]，崇德也。爱之欲其生，恶之欲其死；既欲其生，又欲其死，是惑也。"

——颜渊·十

完全读懂名句

1. 崇德：尊崇品德。2. 主：亲近。3. 徙义：趋于义。

子张问怎样提高品德，辨别疑惑。孔子说："亲近忠信的人，让自己趋近于道义，就是提高品德。喜欢一个人时，就希望他好好活着；厌恶一个人时，便希望他快快死去，既要他活着，又要他死去，这就是迷惑。"

名句的故事

"爱之欲其生，恶之欲其死"直指人性的矛盾，它出现在我们生活周遭，也在孔子的时代上演。

孔子在卫国三年，期间发生一桩骇人听闻的大事——卫国太子蒯聩刺杀生母南子。南子是宋国公室女儿，嫁与卫灵公，因宋南于卫，因而名南子。南子生得极美，也很能干，甚得卫灵公宠信。但南子一直念念不忘儿时青梅竹马的恋人公子朝，以致郁郁寡欢。自宋国陪嫁来的婢女，便为南子解忧——既然南子返家省亲与礼不合，请宋国家亲来访，当然可行。这家亲就是公子朝，因为南子是独身女，只有公子朝这门远房表亲。只是这一见面，就一发不可收拾，而卫灵公一直以为只是乡亲会面。然而东窗事发，南子与卫灵公之子蒯聩，经过朝歌的路上，听到流传不堪入耳之言，就要侍卫戏阳速刺杀南子和公子朝。后来形迹败露，蒯聩逃到宋国避难。

本来亲恩似海，南子和蒯聩从母子演变成仇敌，怎么不是“爱之欲其生，恶之欲其死”呢！

历久弥新说名句

张爱玲和胡兰成，这对文坛鸳鸯曾有婚书一张：“胡兰成与张爱玲签订终身，结为夫妇，愿使岁月静好，现世安稳。”才子佳人陷在爱情泥沼里，那种“欲生欲死”的感受，全写在胡兰成的《民国女子》里。

张爱玲这个民国世界的“临水照花人”，在她笔下，《倾城之恋》里的白流苏和范柳原厮守，就能够“改写历史”：“也许就因为要成全她，一个大都市倾覆了。成千上万人死去，成千上万人痛苦着，跟着是惊天动地的大革命……”只是当她和胡兰成走进爱情里，历史却不能因他们也改写。张爱玲说：“生得相亲，死亦无恨。”很能作为这段感情的脚注。只是，时事更迭后，两人的一切张爱玲绝口不提，不知是不是“爱之欲其生，恶之欲其死”。

爱与恶的界限有时就是这样模糊不清。德国剧作家布莱希特（Brecht）在《颂爱人》中，实实在在地描写出爱恶之间的矛盾：“当时她见我就生气，但爱我仍坚定不移。”既爱又恨，人类的情感就是这么回事。瑞典国宝级导演柏格曼（Bergman）所执导的影片中，男女永远活在相互憎恨的婚姻生活里。柏格曼最钟爱的剧作家史特林堡（Strinberg）说：“还有什么比一对男女相互憎恶来得更可怕呢？”看来，只要这个世界存在一天，“爱之欲其生，恶之欲其死”的剧码就会继续上演。

君子成人之美，不成人之恶

名句的诞生

子曰："君子成[1]人之美[2]，不成人之恶。小人反是[3]。"

——颜渊·十六

完全读懂名句

1. 成：成全，成就。2. 美：与恶相对，指善。3. 反是：与此相反。

孔子说："君子成全别人的善行，不帮助别人做坏事。小人恰恰与此相反。"

名句的故事

关于"君子成人之美，不成人之恶。小人反是"，朱熹解释说，君子与小人的差异在于心地，君子喜欢行善，而小人不会鼓

忠告而善道之，不可则止

名句的诞生

子贡问友[1]。子曰："忠告[2]而善道[3]之，不可则止，无自辱[4]焉。"

——颜渊·二十三

完全读懂名句

1. 友：指交友之道。2. 忠告：劝告朋友何谓是非对错。3. 道：同"导"，开导。善道，以善劝导。4. 自辱：自己招致侮辱上身。

子贡问孔子交友之道。孔子回答说："朋友如有不对的地方，应该诚心地给予忠告，委婉地开导他；如果朋友不能听从，就要停止劝告，不要自取其辱。"

名句的故事

子贡在孔子众多弟子中算是人缘很好的，即使如此，他仍有一些缺点。《史记·仲尼弟子列传》记载，子贡“喜扬人之美，不能匿人之过”，即是他喜欢赞扬别人的优点，却也常常大肆批评别人的过错。

孔子去世后，鲁哀公前来致哀，子贡就忍不住大声批评：“老师活着的时候，你不好好重用他，现在他人死了，你才来说一些给死人的颂词，这算哪门子的礼！”（“生不能用，死而诔之，非礼也！”《左传·哀公十六年》）

或许正因为子贡这种咄咄不饶人的个性，孔子才特别提醒说：“朋友如果有不对的地方，应该诚心地给予忠告，委婉地加以开导；如果朋友不能听从，就要立刻停止，若仍咄咄逼人，那反而是自取其辱了。”

子贡的缺点，恐怕也是许多人的毛病——“得理不饶人”。“不饶人”往往会让原本的善意，变得面目全非。“不可则止，无自辱焉”，可说是处理人际关系非常细致的方式。

历久弥新说名句

在古代，水患一直是个让为政者非常头痛的问题。春秋时期，谷、洛二水又泛滥成灾，连王宫也受到洪水的威胁。周灵王准备采用围堵的方法，年仅十四岁的太子晋听到后，则马上大声

名句的故事

在孔子的弟子中，子贡（端木赐）和大白天睡觉的宰予同被归为言语类的人物，意指他们有口齿便给的长才。当年，孔子一行人被困在陈蔡之途时，孔子就是派遣子贡当使者，前往楚国讨救兵。口才好自然有利于处理外交事务，与人交际。

根据记载子贡的人缘非常好，到底好到什么程度呢？不少认识子贡的人甚至认为子贡比孔子更优秀。姑且不论子贡是否真有可能比孔子优秀，但由此至少可以知道一点，说这些话的人肯定非常称许、喜欢子贡。

子贡的好人缘，也是经过他后天努力学习、经营得来的。本篇就是子贡向孔子请教，究竟怎样才称得上是个好人。子贡问："难道众人都喜欢的人，就是好人吗？"孔子回答："未必。"子贡又问："那么难道众人都讨厌的人，就是坏人吗？"孔子又回答："那也不一定。真正的好人应该是，好人喜欢而坏人讨厌的人。"不知子贡听完这番话，是否紧张地马上计算一下，喜欢自己的人当中有多少好人，多少坏人呢？

历久弥新说名句

由本篇"如何分辨好人与坏人"，我们可以发现孔子重"质"更甚于"量"，也就是说，他并不以赞成人数的多寡来做判定。

这似乎与现代社会的民主制度，以投票人数多寡来作决定的方式不同。现代民主制度重“量”不重“质”的结果，有时就会出现黑帮大哥成为首席“立委”的荒谬现象。

孔子不赞成以人头数作为唯一评量的判准，清代《幽梦影》中有一篇《官声与花案》，也传达相似的看法。其中谈到如何判断官员的好坏，有两种人的评鉴肯定不能听，一种是有钱的人（豪门望族），另一种是没钱的人（寒乞人士）。前者希望做官的顺他们的意、讨好他们，因此凡是听话的就是好官；而后者，则是希望拍官员的马屁、讨好官员，因此，也只会说一种话，那就是好话。（“官声采于誉论，豪右之口，与寒乞之口，俱不得其真。”）

道家判断好人坏人的看法，似乎又跟儒家不同，明太祖朱元璋在注释老子的《道德经》时，就曾经感到迷惑，明明孔子教导“不如乡人之善者好之；其不善者恶之，于斯人可取”，但是，为什么老子却说：“善者吾善之，不善者吾亦善之。”（好人我会对他好，坏人我也还是一样对他好。）道家的看法是玄妙了点，究竟好人与坏人要如何去分辨、面对呢？或许你有独特的第三种看法！看来，凡是与人有关的事情都是没有标准答案的！

像是息事宁人。

涉及政治、法律等层面，往往会有从怨、从德的问题。所以，孔子主张“以直报怨，以德报德”，谈的就是统治的艺术，讲求公平性、中庸之道，例如“君使臣以礼，臣事君以忠”（《八佾·十九》），就是一种君臣之间相互公平的回报。老子在《道德经》第七十九章主张：“和大怨，必有余怨，安可以为善？”意思是说，即使天大的仇怨都化解了，人民心中还是会留有一些余恨，这怎么能算是妥善的办法呢？所以老子认为，最好不要使人民结怨。孔子是公平去处理发生的问题，老子则是避免怨恨的发生。

谈到“报”就不能不提宗教观点。索甲仁波切在《西藏生死书》中谈到：“业是一种自然而公正的过程。”“佛法告诉我们，如果不在这一世为自己负起一切责任，我们的痛苦将不只是持续己世而已，还将持续千千万万世。”在佛教中，业就是指有意志的行为，包括身体、言语和心识等三业，必须由人自己负责，而从怨、从德，人都是有“选择权”的。为了避免“冤冤相报何时了”，宗教鼓励人要从德，唤起自己慈悲的智能，去化解怨仇，让业的力量往正向发展。

温故而知新

——学习求知

学而时习之，不亦说乎

名句的诞生

子曰："学而时习之，不亦说[1]乎？有朋自远方来，不亦乐乎？人不知而不愠[2]，不亦君子乎？"

——学而·一

完全读懂名句

1. 说：同"悦"，高兴的意思。2. 愠：怨恨的意思。

孔子说："若能时时反复温习已求得的学问，不是很高兴吗？同道的朋友从远方而来，不是很令人欣喜吗？即使别人不知道我，也不会因此感到怨恨，这不就是一位修德有成的君子吗？"

名句的故事

孔子人生最大的乐趣，便在于学习与教学，《论语》第一篇

《学而》的第一章，就强调努力学习的重要性。此外《孟子·公孙丑》也提到孔子曾说："圣则吾不能，我学不厌而教不倦也。"表示学习与教学是他永不厌倦的两件事。在《公冶长·二十八》中则说："十室之邑，必有忠信如丘者焉，不如丘之好学也。"孔子认为到处都有像他这般忠信的人，但要找到和他一样好学的人，那就很少了。

关于孔子谈论学习经验的篇章，在《论语》全书中可说俯拾即是，例如《为政·四》中，孔子说他"十有五而志于学"，在《述而·十八》更提到，自己"发愤忘食，乐以忘忧，不知老之将至"，因为喜欢读书，常忘记吃饭、睡觉，甚至连自己快老了也不知道。

后世有学者认为，《论语》的编纂者将《学而》篇列为诸篇之首，便是要强调"学习"是《论语》的根本，其用心可谓深远。历代儒家也常引申这段话，宋朝的程颐便解释，学的人要实行其所学，习的人不断在脑海中寻绎，如此就能心生愉悦。

历久弥新说名句

孔子说"学而时习之"，明朝东林党人顾宪成则有名句："风声、雨声、读书声，声声入耳；家事、国事、天下事，事事关心。"这两句话原为顾宪成青年时期所写的对联，后来成为东林书院高悬的院训，表达读书应不忘关怀社会的理想，而顾宪成带领东林人士讽议朝政、评论官吏、匡正时弊，可说是这两句话的最佳实践者。

此外，父母、师长劝子弟读书，常把“开卷有益”挂在口头上。宋太宗在位时曾命臣子编纂一部大型百科全书《太平总类》，宋太宗非常关心这本书的进度，每天都要亲自阅读三卷，有时因国事繁忙来不及，次日一定补上，因此此书后改名为《太平御览》。有臣子觉得皇帝日理万机、政务繁忙，又要每天读这本大书，劝他少看一些，宋太宗回答说：“开卷有益，朕不以为劳也。”风行草偃，宋太宗喜欢读书，臣子纷纷效法，就连读书不多的宰相赵普也勤读《论语》，他曾对宋太宗说：“臣有《论语》一部，以半部佐太祖定天下，以半部佐陛下致太平。”也因此有了“半部《论语》治天下”的说法流传后世。

西方说“Leader is Reader”，宋太宗称得上是一范例。

行有余力，则以学文

名句的诞生

子曰："弟子[1]入[2]则孝，出[3]则弟[4]，谨而信[5]，泛爱众[6]，而亲仁。行有余力，则以学文[7]。"

——学而·六

完全读懂名句

1. 弟子：指后生晚辈。2. 入：指在家的时候。3. 出：指出门在外。4. 弟：友爱兄弟姊妹。5. 谨而信：遵循常道而行，有信用。6. 泛爱众：泛，广博。众，指众人。7. 文：指诗书六艺之文。

孔子说："青年人在家要讲求孝道，出外要友爱兄长，行为谨慎而说话信实，普遍关怀他人，并接近有仁德的人，做好这些事之后有余力，再努力学习书本上的知识。"

名句的故事

针对“行有余力，则以学文”，朱熹认为学文可将修德从私转向公，如果有余力却不学文，不知道古代圣贤的智能，容易流于粗俗。

也有学者认为，从这段话可看出孔子十分重视学与行的结合，“行”指的是修行孝、弟、信、爱等德行，《论语》将这些列入《学而》，提醒学子勿为学而忘行。

孔子认为一个人先要做到孝、弟、信、爱之后，才去学习诗书六艺。在《孝经》里，孔子更把“孝”提高到了“至德要道”的高度，他说：“夫孝，德之本也，教之所由生也。”即孝是道德与教育的根本，又说：“天地之性，人为贵；人之行，莫大于孝。”天地间最可贵的便是孝道。

孔子的弟子闵子骞，当是这段话的最佳范例，他以孝行著称，并向孔子学文。闵子骞原有兄弟二人，后来母亲过世、父亲再娶，后母又生了两个弟弟。然而后母却虐待闵子骞兄弟，父亲知道后要将她逐出家门，经闵子骞劝阻才留下。后母受到感动，视子骞兄弟如同己出。

历久弥新说名句

做到“孝亲”与“学文”，黄庭坚绝对是必提的人物。黄庭坚诗书画号称“三绝”，与当时的苏东坡齐名，人称“苏黄”。宋哲宗元佑年间，黄庭坚当到了太史，但他自幼孝顺，不因当了大官，就改变对母亲的孝心，每天晚上都亲自为母亲洗涤大小便用的马桶，正是“贵显闻天下，平生事孝亲，不辞常涤溺，焉用婢生嗔”。史称“涤亲溺器”，名列二十四孝之一。

林语堂在《人生的盛宴》中，批评世人忘记了孔子先学做人后学文的教诲。他首先写道：“好像古来文人就有一些特别坏脾气，特别颓唐，特别放浪，特别傲慢，特别矜夸。因为向来有寒士之名，所以寒士二字甚有诗意，以寒穷傲人，不然便是文人应懒，什么‘生性疏慵’，听来甚好，所以想做文人的人，未学为文，先学懒。”

林语堂又写道：“大概因为文人一身傲骨，自命太高，把做文与做人两事分开，又把孔夫子的道理倒栽，不是行有余力，则以学文，而是既然能文，便可不顾细行。……我想行字是第一，文字在其次。行如吃饭，文如吃点心。单吃点心不吃饭是不行的。现代人的毛病就是把点心当饭吃。”

林语堂“主张文人亦应规规矩矩做人”，强调文人必须先戒除种种恶习，才能够写文章告诉他人世间的道理，否则只是空谈。

温故而知新，可以为师矣

名句的诞生

子曰：“温故[1] 而知新[2]，可以为师矣。”

——为政 · 十一

完全读懂名句

1. 温故：复习所知道的事物。2. 知新：领悟新知。

孔子说：“能从温习旧知中开悟新知，就可以当老师了。”

名句的故事

朱熹针对孔子这段话的解释，历代以来皆被视为经典。朱熹指出此章宗旨在于，如果能够时常复习过去的知识，并有心得感触，那么所学都是自己的，且能灵活运用到其他方面，因此可以当别人的老师。如果只是死记硬背过去所学，那么所知必定有限，便“不足以为人师”。

孔子本身就是“温故知新”的最佳楷模，他整理六经，都属于从传统中创新的工作。例如，孔子虽然强调恢复周礼，仰慕制礼作乐的周公，但实际上，他所讲的礼已经与原来的周礼不尽相同，他整理周礼并赋予传统新的价值与意义，例如“克己复礼为仁”的观念，已与强调祭祀鬼神的周礼有所出入，可说是孔子的划时代贡献。

孔子温故但能知新，所以不拘泥，思想反倒走在时代的尖端，因此孟子才会称赞他是“圣之时者也”。

历久弥新说名句

作家龙应台曾告诉大学生，她每隔两年便要重读一次《庄子》，每次都会让她对生活、工作有新的认识与理解，而重读《韩非子》，常常惊觉自己想要表达的，韩非子在两千多年前便已写过。

而学者李泽厚与日本小说家井上靖，都在中老年之后重读《论语》，李泽厚发表《论语今读》，井上靖创作《孔子》，都让他们的事业更上层楼。

与“温故知新”相反的，则是食古不化，有人称之为“冬烘先生”或是“两脚书橱”，在西方是“有学问的笨伯”，而尼采则说这种人“离开了书本，便不会自己思考”。

历史上有同时具备改革创新与食古不化的矛盾人物，战国时代的赵武灵王即一例，他被后世的梁启超称为“黄帝后第一伟人”。

赵武灵王提倡“胡服骑射”，下令赵国军队抛弃不便作战的长袍，而改穿能在马上敏捷作战的胡服，当时此举震惊了中原各国。

开始时赵国臣子皆以“循法无过，修礼无邪”，即认为遵循古法绝对不会有错为理由，强加反对。然而，赵军进行改革后战无不胜，使原先羸弱的赵国一跃成为超级强国，各国纷纷起而效法。

为了思索攻打秦国的方法，赵武灵王将王位传给次子赵惠文王，惠文王将赵国管理得有条不紊。

但赵武灵王却囿于礼法，因未将王位传给大儿子而耿耿于怀，因此想分出一些领地给他，结果大儿子起兵作乱，赵武灵王被困于宫中三个月，最后竟活活饿死。

根据“温故知新”的解释，运用到现代可分为两个层次，一是阅读经典，二是重读自己过去曾经读过的书，后者能从新发现中找到可喜的收获。

学而不思则罔，思而不学则殆

名句的诞生

子曰：“学而不思则罔[1]，思而不学则殆[2]。”

——为政·十五

完全读懂名句

1. 罔：茫然无知的样子。2. 殆：一为危殆，迟疑不能肯定；二是疲殆，精神倦怠，一无所得。

孔子说：“如果只知读书学习，却不加思考，那么就会茫然无知，没有任何收获；如果只是空想而不知学习，那么就不能肯定所想而会有疑惑不安了。”

名句的故事

近代学者杨树达在其所著《论语疏证》中表示，这一章可与《为政·十一》的“温故而知新，可以为师矣”相互印证。他认为“温故而不能知新者，学而不思也；不温故而欲知新者，思而不学也”，即温习过去所学却没有新的启发，原因就是学而不思；不温习过去所学就想得到新知，就是思而不学。

孔子首先提倡学习与思考并重，对孔门弟子影响甚大。《论语》里还有两段关于学与思的章节，一是孔子在《卫灵公·三十》说：“吾尝终日不食，终夜不寝，以思，无益，不如学也。”孔子自称曾经整天不吃不睡，只是思考，结果连一点进步也没有，还不如去学习。另一段是在《子张·六》中，子夏说：“博学而笃志，切问而近思，仁在其中矣。”一般称为“博学近思”，即博学而志向坚定，有质疑的精神，有问题就研究清楚，从浅近处思索推敲，仁德就在其中。

中国上海复旦大学的校训便是这句“博学而笃志，切问而近思”。

历久弥新说名句

不止孔子认为学习与独立思考要并重，希腊哲学家苏格拉底也曾说过：“知识不是传授的，而是靠领悟，真正领悟的知识，才能为自己所拥有。”

西方哲学史中，关于思考的名言还有，笛卡儿的“我思故我在”与巴斯卡的“人是会思想的芦苇”。

名句的故事

孔文子是卫国的权臣，也是孔子与弟子们在卫国时最常接触的大官，后来子路还当了他的家臣。但是根据《左传》记载，他的品德相当有问题，子贡认为此人并不足道，所以对于他得到谥号“文”颇感不解，才会这样问孔子。

在《左传》中记载，孔文子逼迫太叔疾娶了自己的女儿，然而太叔疾喜欢的却是前妻的妹妹，并把她也娶了过来。孔文子相当生气，打算派兵攻打太叔疾。为求得胜，孔文子特地请孔子指点军事部署，而孔子不肯出谋划策，甚至想离开卫国。孔文子得到消息后，连忙赶来赔礼道歉、苦苦挽留，孔子才没有立刻出走。

朱熹解释，凡人只要是天性敏锐或是位高权重多半不好学，并以求教他人为耻。依据谥法，便将“勤学好问”称为“文”，其实要做到这点也不简单，孔圉得到“文”的谥号，也就是基于这个原因。

此外《述而·二十四》提到：“子以四教：文、行、忠、信。”“文”居于四教首位，但这并不代表“文”的重要性高于“行、忠、信”。从孔文子身上可以看到，有“文”者未必皆具备“行、忠、信”。

历久弥新说名句

许多人可以轻松做到“敏而好学”，但要能“不耻下问”往往需要较高的EQ。在现代，孔子这段话可引申为，不管什么行业、学历高低、经历多寡，其他人一定有自己不懂、不知道的技能，正如韩愈在《师说》中所言：“闻道有先后，术业有专攻。”要抛开身分地位的束缚，不以向他人讨教为耻，才能有所长进。

撰写《本草纲目》明朝的医学家李时珍，便可称得上因“不耻下问”成就了非凡事业的典范。李时珍长期行医，发现过去的医书谬误颇多，因此发愿进行重新整理与补充，为此他“渔猎群书，搜罗百氏”，把找得到的医书都拿来研读，并考辨异同，甚至“读书十年，不出户庭”，用功到了十年都没有离开家的地步。

读完所有医书后，李时珍决定亲自查访各种民间药材，足迹遍及大江南北，他虚心拜农民、渔夫、樵夫、捕蛇者为师，甚至冒着生命危险仿效“神农尝百草”，并实地了解各种药草生长与分布的情况，经过三十年写下了数百万字的笔记，终于整理出医学巨著《本草纲目》。

历久弥新说名句

孔子此章的说法接近“寓教于乐”的教学法，西谚中有言：“兴趣是最好的老师。”而美国当代知名的心理学家与教育学家布鲁纳（Jerome S. Bruner）就曾指出：“学习的最好刺激，乃是对所学材料的兴趣。”

孔子此章也被许多人视为座右铭，香港明河社重新出版全套港版金庸小说时，金庸题字的书签便是“知之者不如好之者，好之者不如乐之者”。武侠小说作家也深知其书迷抱持着好之乐之，而非仅知之的态度阅读他的作品。

1922 年，梁启超曾以“趣味教育与教育趣味”为题进行演讲，可说是《论语》此章的最佳诠释。梁启超告诉听众：“假如有人问我，你信仰的什么主义？我便答道，我信仰的是‘趣味主义’。有人问我，你的人生观拿什么做根底？我便答道，拿趣味做根底。我生平对于自己所做的事，总是做得津津有味，而且兴会淋漓，什么悲观咧，厌世咧，这种字眼，我所用的字典里头，可以说完全没有。我所做的事常常失败，但我不仅从成功里感到趣味，就是在失败里也感到趣味。”

梁启超演讲中最值得现代人思考的，便是从“失败中感到趣味”，因为唯有如此，才能超越失败，虽败但犹荣。

自行束修以上，吾未尝无诲焉

名句的诞生

子曰："自行束修[1]以上，吾未尝[2]无诲[3]焉。"

——述而·七

完全读懂名句

1. 束修：修是干脯，十脡为一束，束修为十脡干脯。2. 未尝：不曾，从来没有。3. 诲：教诲。

孔子说："凡是带着十脡干脯为礼来求见的，我从来没有不加以教诲的。"

名句的故事

此章的"自行束修以上"，各家解释不同，迄今莫衷一是，但共同的交集是孔子旨在说明自己有教无类，收学生不分贫富

述而不作，信而好古

名句的诞生

子曰："述而不作[1]，信而好古[2]，窃比[3]于我老彭[4]。"

——述而·一

完全读懂名句

1. 述而不作：述，传述旧闻。作，创始，创作。2. 信而好古：喜欢古人且相信古人的言论事迹。3. 窃比：私自比拟。4. 老彭：商代的贤大夫，其名见《大戴礼》，不过有学者认为老彭是两个人，老是老聃，彭是彭祖。

孔子说："我只传述而不创作，对于古代文化既相信又爱好，私底下我觉得自己很像商代的老彭！"

名句的故事

根据《汉书·儒林传》，孔子看遍了他那个时代的典籍，他整理《诗经》、《尚书》、《礼记》、《易经》、《乐经》、《春秋》等六经，因为这些都是古代贤人的教诲，所以他说自己“述而不作，信而好古”。

朱熹认为“创作并非孔子所不能”，只不过整理六经都是讲述古代贤王的道理，因此比较没有创作的空间。尽管孔子做的只是传述的工作，但可说是集古人之大成，并且折中归纳，其功劳数倍于创作。

六经中除了《乐经》已经散佚，其他五经都是历代读书人诵读并奉行的圭臬。《诗经》是中国最早的诗经总集，是孔子为了教导弟子所删定的，原有三千首，孔子将其删为三百，选诗的重要标准就是“思无邪”（《为政·二》）。《礼记》是孔子阐述周礼意义与功能的文献集。《尚书》原为中国最早的史书，孔子努力搜集夏、商、周的历史文献，按照时间顺序重新编撰，上自尧舜，下至秦穆公。

孔子还为《易经》做了注释，更从维护周礼的角度出发，重新整理鲁国的史书《春秋》，文字中寓意褒贬，记录评价历史中的人事，后世把这种写法叫做“春秋笔法”。孟子说：“孔子成《春秋》，而乱臣贼子惧。”也就是指孔子修改《春秋》，乱臣贼子都害怕孔子史笔如刀，他们因此要遗臭万年了！

历久弥新说名句

“述而不作”后被引申为忠实记录、不扭曲他人言语，某些

吾少也贱，故多能鄙事

名句的诞生

大宰[1]问于子贡曰：“夫子圣者与，何其多能也[2]？”子贡曰：“固天纵[3]之将圣[4]，又多能也。”子闻之曰：“大宰知我乎！吾少也贱，故多能鄙[5]事。君子多乎哉？不多也。”牢[6]曰：“子云：‘吾不试[7]，故艺[8]。’”

——子罕·六

完全读懂名句

1. 大宰：官名，大即太，大宰即太宰。根据《左传》与《说苑》的说法，此太宰为吴国的太宰嚭。2. 夫子圣者与，何其多能也：“圣”字在孔子之前所指相当广泛，而在孔子之后，儒家才开始称圣人为德之最高者。与，疑问语助词。多能：多才多艺。太宰如此问，是以多能者为圣。3. 纵：不加以限量的意思。4. 将圣：将，“大”的意思；将圣，即是“大圣”。5. 鄙：卑贱。6. 牢：孔子弟子，姓琴，名牢，字子开。7. 试：得到重用。

8. 艺：才能。

太宰问子贡："你们的老师是一位圣人吧？不然怎么竟有如此多的才干？"子贡回答说："这是天意要让他成为圣人，并且具有多方面的才干。"孔子听到这句话时说："太宰真的了解我吗？我因为年轻时贫贱，所以才学会了一些琐碎粗俗的技艺。君子需要具备很多才干吗？我想是不需要的。"牢说："老师曾经说，因为他没有被大用，所以才学得许多才能。"

名句的故事

孔子早年丧父，家道中落，根据《史记·孔子世家》记载，孔子年轻的时候贫且贱，十几岁时为了奉养寡母，不得不干些杂活。他曾经做过大夫季氏的家臣，职务是管理仓库，后来也放牧过牛羊，可说都是相当卑微的工作。不过，孔子并没有瞧不起这些工作，他管理仓库时账目清楚，放牧牛羊时牲畜肥壮，都做得相当认真。

朱熹认为孔子并没有以自己拥有多项才能而自傲，因为多能是额外的事，君子并不一定要如此。不过，"多能鄙事"成为古代耕读世家的基本修养。

在政治与学术上都有相当成就的曾国藩，写给儿子曾纪泽的信中，讲到祖父所留下的治家之法有四大要事，第一要早起，第二要打扫洁净，第三要诚修祭祀，第四要善待邻里。这四件事之

空空如也；我叩其两端而竭焉

名句的诞生

子曰："吾有知[1]乎哉？无知也。有鄙夫[2]问于我，空空[3]如也；我叩[4]其两端[5]而竭[6]焉。"

——子罕·七

完全读懂名句

1. 知：知晓、知识、智能的意思。2. 鄙夫：这里指见识浅薄的人，亦可俗称粗人。3. 空空：形容虚心诚恳的样子。4. 叩：抓住、贴紧、推敲之意。5. 两端：这里指事情的正反两面。6. 竭：穷尽、尽力的意思。

孔子说："我有智能吗？我实在是没有啊！若有一个粗人来问我事情，他的态度那样诚恳，我会推敲他所提问题的正反两面，然后尽力详细地回答他。"

名句的故事

孔子说："吾有知乎哉？无知也。"这句话也可以解释为："我什么都知道吗？我没有啊！"此处孔子强调，每一个人不是一出生就什么都知道、什么都认识的，他也并非特别地有智能，他只是很努力地去学习、追求知识。这是孔子为学的谦虚态度。

"有鄙夫问于我，空空如也；我叩其两端而竭焉。"这里描述，当孔子面对一个新的问题、新的事物时，能够摒除已知的观点，透过对问题反复的征询与考量，再归结出答案，这个答案必定是客观的。当然，从中也可以看到孔子有教无类的精神，即使是一个鄙陋无知的人，仍是竭尽全力为他解惑。

孔子在出仕方面可以说是失败的，但是在教育方面却有很高的成就。上述之言，是孔子告诫弟子，求知不分阶级。孔门便有许多学生出身贫贱，如颜渊、闵子骞、子贡、子路等。此外，作为一个笃信好学的人，要抱持谦虚诚恳的态度，不可自视太高，正是"知之为知之，不知为不知，是知也"（《为政·十七》）。

历久弥新说名句

孔子首先放空自己，表示自己知道的并不是很多，然后虚心广纳各方的看法，再激荡出答案，这不禁令人想到"西方孔子"苏格拉底。苏格拉底哲学的起点就在于承认自己的无知。当"德学习的，因为光费心思索，并不如借由读书学习获取知识来得有效。此章可与《为政·十五》孔子所说的“学而不思则罔，思而不学则殆”，以及《季氏·九》中的“生而知之者，上也；学而知之者，次也；困而学之，又其次也；困而不学，民斯为下矣”，相互对照参考。

继孔子之后，能够与此章精神相呼应的有《荀子·劝学》，它已成为规劝弟子向学的千古词章。其中荀子写道：“吾尝终日而思矣，不如须臾之所学也。吾尝跂而望矣，不如登高之博见也。”意思就是，虽然从早到晚都在思考，但所得却不如花一小段时间读书，这道理就像踮起脚跟向远方眺望，还不如登高所见来得广阔。荀子的结论是：“君子生非异也，善假于物也。”君子不是生来就比别人优异，而是善于学习利用前人的智能，而方法无他，就是读书。

历久弥新说名句

关于读书的成语、名言，可说是多得不胜枚举。至于为何要读书这个问题，《说苑》作者西汉刘向的话堪称一语中的，他说：“书犹药也，善读之可医愚。”书就是药，懂得读书可以医疗一种叫愚蠢的病。这种说法真是令人拍案叫绝！

刘向此语依据孟子所言：“人皆知以食愈饥，莫知以学愈愚。”即人们都知道吃饭可以饱肚子，却不知道要读书才能避免愚蠢。这句话后世便称为“以学愈愚”。三国名将吕蒙原本为一介武夫，学问教养都不足，被人视为“老粗”，后来就因为勤读书而改头换面，文武兼备，堪称“以学愈愚”的最佳范例。

根据《资治通鉴》的记载，吕蒙幼年家贫失学，因此书信与奏章都是口述，请别人代拟，东吴领袖孙权便劝他多读书，他以军务繁忙、没时间读书为由借口。孙权说：“我又不是要你当经学博士，而是要你读读书，知道历史曾发生过什么事而已。你说你军务繁忙，难道会比我还要忙吗？我小时候读过《诗经》、《尚书》、《礼记》、《左传》，遗憾没有读到《易经》，从政以来经常看兵书与史书，觉得获益良多。”

孙权继续规劝吕蒙：“你很聪明，读了书一定能有长进，为什么还不赶快去读呢？最好把《孙子兵法》跟《左传》读一读。孔子说：‘终日不食，终夜不寝，以思，无益，不如学也。’汉光武帝军务繁忙仍是手不释卷，曹操也自称老而好学，你为何不自我勉励呢！”

吕蒙听进了孙权的劝告，一有机会就勤读书，过了不久，连原本视他为大草包的文臣鲁肃，都称赞他“已非吴下阿蒙”。吕蒙则回答：“士别三日，刮目相看。”可见读书能改变一个人的力量有多大啊！

诗，可以兴，可以观，可以群，可以怨

名句的诞生

子曰："小子[1]何莫学夫诗？诗，可以兴[2]，可以观[3]，可以群[4]，可以怨[5]。迩[6]之事父，远之事君。多识[7]于鸟兽草木之名。"

——阳货·九

完全读懂名句

1. 小子：弟子。2. 兴：感发志意。3. 观：考见得失、体察民情。4. 群：合群，这里指与人交往、应对进退的模式。5. 怨：这里指谴责批评、抒发忧怨。6. 迩：近处、眼前。7. 识：记。

孔子说："弟子们为什么不学诗呢？学诗，能够启迪人的心志，能够观察民情风俗、政治得失，能够教人应对进退、沟通情感，能够批评时事、抒发个人忧怨。就近处来看，可以运用其中的道理侍奉父母；就远处来看，可以辅佐国君；还能多记识一些草木鸟兽的名称。”

名句的故事

诗原本是古代社会对于生活体验的口头创作，有了文字以后才把它记录下来，有些还有配乐，甚至编成舞蹈。《诗经》有哪些内容呢？首先是“风”，是音乐曲调，所谓“国风”，指当时诸侯国的地方乐曲、民俗歌谣。其次是“雅”，是天子诸侯朝会宴飨时的歌颂，分为大雅、小雅。最后是“颂”，是庙堂之歌，内容多为歌颂祖先功德的祭祀歌词。

我们可以说，《诗经》是中国历史文化的记录者，举凡古代社会的民俗、风土、庆典、宗教、情爱、政治、哲学、文学、艺术等等，都可以在当中找到蛛丝马迹，而且透过诗歌的内容可以了解社会万象，增广见闻。因此，《诗经》在孔门中是非常重要的教材，正如孔子训诫儿子孔鲤所说的：“不学诗，无以言。”（《季氏·十三》）而孔子在教学与问政上，就常常引用《诗经》的内容作为范例。

东汉·郑玄《诗谱序》中说：“论功颂德，所以将顺其美；刺过讥失，所以匡救其恶。”意即《诗经》中有评论君王的功绩、称扬君王的德政，后世可以学习这样的美德；《诗经》也会探究时弊、议论缺失，让人改正缺点。

历久弥新说名句

《毛诗序》中有这样一段颂词："故正得失，动天地，感鬼神，莫近于诗。"《诗经》的内容评论政治社会得失，能感动到天地鬼神。此外，它还有陶冶性情的功能，梁·钟嵘的《诗品》写道："使穷贱易安，幽居靡闷，莫尚于诗矣。"在贫穷清苦的时候，《诗经》能够让人得到心灵的安适，在静僻的时刻，也可以排解烦忧。所以，它不仅是古代事物的记录，还能抚慰人心。

古希腊哲学家亚里士多德，有著名的《诗学笺注》（姚一苇译注），便针对诗学进行深入浅出的探讨，在该书第九章谈到："盖诗人之所以为诗人乃基于其作品中模拟特质之功能……如果一个诗人要自真实的历史中取材，仍无碍他成为一个真正的诗人，因为历史上发生之事件亦可以构成盖然和可能的美好的秩序……"诗的丰富性正源自于人性，人性具有无限的创造因子，除了从历史取材、现实取材，人还可以从梦想取材。西方对于诗歌的应用，情感的抒发层面多于政治社会的评论，和孔子的"兴观群怨"，实各有千秋。

君子固穷

——人生志向

吾十有五而志于学

名句的诞生

子曰："吾十有[1]五而志于学，三十而立[2]，四十而不惑[3]，五十而知天命[4]，六十而耳顺[5]，七十而从心所欲，不踰矩[6]。"

——为政·四

完全读懂名句

1. 有：音义皆同"又"字。根据古文的句法，十有五，就是十五。2. 而立：有所成立，有所成就。3. 不惑：不困惑，不疑惑。4. 天命：上天的意志，命运，也引申为人生中一切当然的责任与道义。5. 耳顺：听到一个人说的话，便知道其微言大义，想要表达的是什么。6. 踰矩：矩是用来端正方形的工具，引申为法度、规矩。踰矩即逾越法度、规矩。

孔子说："我在十五岁时，立志学习。到了三十岁，已有所成立，建立起自我的价值观。四十岁时，对于一切事理，能通达不再迷惑。五十岁时，知晓自己所背负的天命。到了六十岁，听到别人所说的话，完全清楚他所表达的意思，并分辨真假是非。到了七十岁时，心里想什么便做什么，都不会违背法度规矩。”

名句的故事

根据东汉时代的史学家班固所著的《白虎通》，在周朝时，贵族的小孩八岁时入学，学习基础的礼乐知识与武艺，到了十五岁则进太学，学习处世为人、治理国家的道理。孔子志于学的年龄不算早，也不算晚。

司马迁在《史记·孔子世家》中描述了孔子的童年：“孔子为儿嬉戏，常陈俎豆，设礼容。”俎、豆是古代祭祀时盛祭品的器皿，这句说明孔子童年时求知欲便相当强烈，常常演练礼仪来当游戏。

从本章内容来看，孔子说这些话时，年纪应当已经超过七十岁，距离七十三岁辞世不远，才会总结自己一生的学习过程，同时勉励弟子不断努力，并明确指出学习的进程、各个阶段，以及最高标准，即达到随心所欲而不踰矩的自由境界。

此章也被认为是历史上最精简的自传。明朝中期著名儒者顾宪成认为，孔子从十五志于学，到四十而不惑，可称为“修境”，是还在修行的阶段。五十知天命是“悟境”，已经领悟了世间的常理。到了七十随心所欲则为“证境”，进入印证真理的境界了。

历久弥新说名句

后世从《论语》此章衍生出对不同年龄的代称，例如十五岁即“志学之年”，三十岁就是“而立之年”，四十岁为“不惑之年”，五十岁乃“知命之年”，六十岁即“耳顺之年”，七十岁是“从心之年”。

因为十五岁被称为“志学之年”，因此直到清朝，“吾十有五而志于学”还常是年轻学子必写的作文题目。在《红楼梦》第八十四回中，就有一段贾宝玉写这篇作文的故事。不过聪明顽皮的贾宝玉并没有像其他人一般，写自己要追比孔子、从此用功读书，他写下“夫不志于学，人之常也”，表明不想读书乃是人之常情，所以不用太逼他。接着又写“圣人十五而志之，不亦难乎”，即连孔子都是十五岁才志于学，由此可见读书不是件容易的事，所以他也可以晚一点再“志于学”了。

关于年龄的代称，孔子的这套说法在今天可说是相当普遍，但事实上不仅此一种。《礼记》中记载有：“五十杖于家，六十杖于乡，七十杖于国，八十杖于朝。”即根据周礼，一个人到了五十岁可在家拄拐杖，六十岁可在乡里间拄拐杖，七十岁可在诸侯前拄拐杖，八十岁则可以在天子的朝廷中拄拐杖。于是由此便衍生出了“杖家之年”、“杖乡之年”、“杖国之年”与“杖朝之年”，分别代表着五十岁、六十岁、七十岁与八十岁。

此外，因有“人生七十古来稀”之说，七十岁又称古稀之年，不过随着社会高龄化的发展，将来古稀之年的岁数可能会继续往上攀升吧！

君子固穷，小人穷斯滥矣

名句的诞生

卫灵公问陈[1]于孔子。孔子对曰：“俎豆[2]之事，则尝[3]闻之矣；军旅之事[4]，未之学也。”明日遂行。在陈绝粮[5]。从者病，莫能兴[6]。子路愠[7]见曰：“君子亦有穷乎？”子曰：“君子固穷[8]，小人穷斯[9]滥[10]矣。”

——卫灵公·一

完全读懂名句

1. 陈：读作 zhèn，阵也；军阵行列之法。2. 俎豆：俎，读作 zǔ，用以盛装牲体的木制台架，是祭祀等所用的礼器，借指宗庙祭祀的礼制。3. 尝：曾经。4. 军旅之事：就是军队作战的事情。一万二千五百人为军，五百人为旅。但历代军队编制又有所出入。5. 绝粮：粮食断绝、吃完。6. 兴：起。7. 愠：读作 yùn，生气、不悦。8. 固穷：固守困窘，安守困窘。9. 斯：就。10. 滥：溢也，泛滥，指胡作非为。

卫灵公问孔子关于兵阵的事情。孔子回答说：“关于祭祀的礼制，我倒是听说过；至于军队征伐，我却没学过。”第二天，孔子就离开卫国。到了陈国时，粮食断绝，随行的弟子们都饿病了，起不了身。子路生气地跑去见孔子并问：“君子也会有这种困窘吗？”孔子回答说：“君子即使遇到困窘，也仍能安于艰苦、坚守本分；而小人遇到困窘，则会开始动歪脑筋、胡作非为了。”

名句的故事

公元前497年，孔子确定没有领到最后一块“祭肉”（指祭祀过的肉，春秋时期，祭祀完国君会分送祭肉给官员，以表续任与尊重），在满怀失望的心绪下，他带着徒子徒孙出走鲁国。一行人浩浩荡荡，准备从陈国经过蔡国要到楚国。陈、蔡两国虽然不重用孔子，但是也不希望他效劳楚国，于是派了很多人把孔子围在荒郊野外。包围孔子的人，并没有加害孔子，只是使他们师徒无法行动。过了六七天，眼看携带的干粮就快吃光了，大家只好协议一天只吃一餐，于是一群人饿得两眼发昏、手脚无力。

看到这种情况，个性鲁莽的子路自然第一个跳出来，气冲冲地跑去质问孔子说：“君子难道也会让自己困窘成这样吗？”于是，孔子就回了他上面这一句话：“君子固穷，小人穷斯滥矣。”表示君子安于困窘，再困窘也能坚守节操、平静和乐，只有小人一遇困窘，就会动歪脑筋、为非作歹了。

这段孔子一行人“在陈绝粮”的故事，还引发不少孔子与弟子之间的精彩对话（见《卫灵公》三、四、五、六）。但究竟“绝粮”的最后结局是如何呢？当然，他们全都安全获救了（被楚国的援兵），要不然今天《论语》的名句就只能写到这里了。

历久弥新说名句

在孔门的众多弟子中，子路先生大概是最敢于对孔子“大小声”、批评质疑的人吧！他也算是全书中个性鲜明、有棱有角的人物。常常，子路的不拘小节、快人快语，连旁人都会一边忍俊不禁，一边替他捏把冷汗。

《史记·孔子世家》中记载，孔子周游到了卫国，卫国国君卫灵公的夫人叫南子，她有着美丽的容貌和糟糕的私生活。南子久闻孔子之名，想要一睹庐山真面目，孔子推辞不过，只好应约前往。这段拜会传到了子路的耳朵，藏不住话的子路先生自然又气冲冲地跑去兴“师”问罪，似乎认为孔子怎么可以去见像南子这种败德之人。孔子面对子路的指控，也非常激动，急得拿起拐杖指着天发誓说：“我如果真的做了不好的事情，老天会厌弃我！老天会厌弃我！”（“予所否者，天厌之，天厌之！”《雍也·二十六》）

想象孔子当时脸红脖子粗的发誓模样，现代读者必会莞尔一笑，孔老夫子也是人嘛！还好有粗枝大叶、不矫揉造作的子路，让我们得以窥见孔圣人喜怒爱乐、真性情的一面。真正的圣贤绝非道貌岸然、无情无性的人！

（《里仁·八》）可见孔子对“道”的执着。但是“道”是什么呢？《论语》中“道”这个字共出现六十次，指涉的意思略有不同，最常代表的则是道德、学术或理想，例如“本立而道生”的“道”是道德；“吾道一以贯之”的“道”是学术。这里“士志于道”的“道”，指的则是读书人的理想。

孔子认为追求理想，必须要专心一致，不能受到外界物质享受的干扰，要像子路，“衣敝缊袍，与衣狐貉者立，而不耻”（《子罕·二十七》），即使是一身破烂的棉袍，与穿着貂皮大衣的人站在一起，也不会感到不好意思；或是像颜渊，“一箪食，一瓢饮，在陋巷，人不堪其忧，回也不改其乐”（《雍也·九》），这样义无反顾的志学之士，才能够实现理想。

历久弥新说名句

儒家这种“志学”精神，影响了历代的知识分子，例如晋代陶渊明说：“不戚戚于贫贱，不汲汲于富贵。”（《五柳先生传》）唐代王勃说：“君子安贫，达人知命。”（《滕王阁序》）李白也说：“达亦不足贵，穷亦不足悲。”（《答王十二寒夜独酌有怀》）时代背景虽异，然而心情与孔子相互应和。

不过，追求理想的读书人难道就得永远穷困潦倒吗？孔子曾说：“君子谋道不谋食。耕也，馁在其中矣；学也，禄在其中矣。君子忧道不忧贫。”（《卫灵公·三十一》）意思是：如果只为了生计糊口奔波的话，那么永远都摆脱不了贫穷的境地，但是如果志于道、努力学习，所有的成果自然会如水到渠成而来，也就可以解决物质生活这些小问题了。

《史记·苏秦列传》提到，苏秦家贫，在外游历多年，都没有什么成就，被兄弟妻嫂耻笑，他想："一个读书人，既然决定要读书，却不能凭这些学问来取得尊贵荣宠的地位。那么，即使书读得再多，又有什么用呢?"于是，他挑出一本周书《阴符》，用心研习。一年之后，他写出了自己的理论，并开始游说各国国君。最后六国南北联合，苏秦是这个合纵盟约的领导人，也成为六国的宰相。

苏秦荣归故里后，兄弟妻嫂都惶恐恭迎，苏秦非常感慨地说："同样是一个人，富贵了，亲戚就毕恭毕敬；贫贱的话，就被轻视。更何况一般人对我的态度呢？假如我在洛阳附近有两顷良田，现在我还能佩挂着六国的相印吗?"（"此一人之身，富贵则亲戚畏惧之，贫贱则轻易之，况众人乎！且使我有雒阳负郭田二顷，吾岂能佩六国相印乎!"）

只要坚持下去，距离自己的"道"就能更近一步。

子的“志不强者智不达”，而孟子有“富贵不能淫，贫贱不能移，威武不能屈”，同样流传千古。

孔子若非意志力惊人，如何能够摆脱利益的诱惑，为了实践理想，奔波于战乱四起的春秋诸国之间呢？他说“三军可夺帅也，匹夫不可夺志也”，便是以匹夫自居，批评那些不肯以仁道治国的诸侯。

历代各家的注解认为，“匹夫”虽然“微不足道”，但是只要坚守志向，无人可以撼动。三军虽然“人多势众”，但是常常不能“上下一心”，一旦主帅被掳，全军随之涣散。所以说啊，可以被夺走的志向就不叫志向，只要真能立定志向，便可以“勇冠三军”！

历久弥新说名句

近代中国社会学和人类学奠基人之一的费孝通先生，在其知名著作《乡土中国》提到，老一代知识分子共通的精神特点，便是内心有个“志”，而此志就是爱国与献身学术，就是“匹夫不可夺志”的志。

“三军可夺帅也，匹夫不可夺志也。”这句话成为后世读书人处于逆境、面对强横时的自励之语。

三十年代，陈独秀被国民党逮捕关进牢里，左派文人声援他，当时一本刊物《涛声》公开陈独秀在狱中所亲书的“三军可夺帅也，匹夫不可夺志也”，表示抗议与对理想的坚持。

近代新儒家学派早期代表人物之一梁漱溟，身处逆境时，就以这段话表明心迹。

1973 年，中国如火如荼展开“批林（林彪）批孔（孔子）”运动，梁漱溟被逼发表看法。起先他拒绝响应，最后声明“不批孔，但批林”，引起激愤，被拉至人群中进行“公审”。

期间，梁漱溟一直保持沉默，后来被问到对群众批判的感想，他说：“三军可夺帅也，匹夫不可夺志也。”登时全场鸦雀无声，继而众人咆哮，场面几乎无法控制。

众人要求解释，他说：“我认为，孔子本身不是宗教，也不要人信仰他，他只是要人相信自己的理性，而不轻易去相信别的什么。别的人可能对我有启发，但也还只是启发我的理性。归根究底，我还是按我的理性而言而动。因为一定要我说话，再三问我，我才说了‘三军可夺帅也，匹夫不可夺志也’的老话。吐了出来，是受压力的人说的话，不是在得势的人说的话。‘匹夫’就是独人一个，无权无势。他的最后一着只是坚信自己的‘志’。什么都可以夺掉他，但这个‘志’没法夺掉，就是把他这个人消灭掉，也无法夺掉！”读书人的气节与不畏强权的勇气，在梁漱溟身上展露无遗。

岁寒，然后知松柏之后雕也

名句的诞生

子曰："岁[1]寒，然后知松柏之后[2]雕[3]也。"

——子罕·二十七

完全读懂名句

1. 岁：一年。2. 后：最后。3. 雕：同"凋"，凋零。

孔子说："要到每年天气寒冷的时候，才知道松树与柏树是最后凋落的。"

名句的故事

根据《孔子家语·在厄》记载，孔子应楚昭王的邀请，前往楚国。在半途中，孔子受到陈国官兵的阻挡，不准一行人前往楚国，就地困围他们"绝粮七日"。子路当时也跟孔子一起受困，他对于孔子平时“积德怀义，行之久矣”，却落此下场，深感不满。

孔子便告诉子路：“如果你以为有仁德的人必定会被信赖，那么伯夷、叔齐就不会饿死在首阳山；如果你以为有智能的人必定会被任用，那么比干就不会被剖心；如果你以为尽忠的人必定会获得回报，那么关龙逢就不会被求刑；如果你以为规劝的话必然会被听进去，那么伍子胥就不会被杀。”（《孔子家语·在厄》）从这些历史人物的譬喻中，不难发现孔子把自己放在哪个位置。

孔子接着说：“夫遇不遇者，时也，贤不肖者，才也。君子博学深谋而不遇时者，众矣，何独丘哉。且芝兰生于深林，不以无人而不芳；君子修道立德，不为穷困而改节。”意思是说，一个人有没有被赏识，与时机有关系，贤明或不贤，与人的才能有关，君子博学有才略却不被君王赏识的人很多，不只有我孔丘一人而已。芝兰生长在森林深处，不会因为没有人欣赏就不散发香气，君子修习道德学问、树立功绩，不会因为穷困而改变志向。

后来孔子脱困，回忆当时情景，便说：“岁寒，然后知松柏之后雕也。”来表达他心中的感触。清代刘宝楠在《论语正义》中阐述：“在浊世，然后知君子之正不苟容。”意思是说，在政治混乱时，才可以发现君子行为正直，不会随便与人同流合污。如同所谓“国家昏乱，有忠臣”（《道德经》第十八章）、“疾风知劲草，板荡识诚臣”（《旧唐书·萧瑀列传》）。后人则常用“松柏后凋”，比喻一个人品格坚贞，气节高超。

历久弥新说名句

松、竹、梅称岁寒三友，诸多优美的文章诗句，运用了松、竹、梅的元素。梁朝范云的《咏寒松》诗中有：“凌风知劲节，负霜见直心。”诗人便是以“劲节”、“直心”来歌咏寒冬中的松。又例如唐朝张九龄在《感遇》诗中描写：“江南有丹橘，经冬犹绿林。岂伊地气暖，自有岁寒心。”其中的“岁寒心”就是指具备松柏一样的性格。

大诗人李太白有一首《古风》，其中有诗句：“松柏本孤直，难为桃李颜。”松柏是李白的自喻，桃李指豪门权贵，表示他的个性孤傲正直，很难去附和那些豪门权贵。清朝的郑板桥在《竹石》中，笃定地写着：“咬定青山不放松，立根原在破岩中。千磨万击还坚劲，任尔东西南北风。”前两句是形容竹子的出身，挺立在高峻山崖中；后两句是说明竹子的生存原则，任凭狂风骤雨，都无法撼动它。以竹子比喻君子，和孔子以松柏比喻君子的意义是一样的。

君子疾没世而名不称焉

名句的诞生

子曰："君子疾[1]没世[2]而名[3]不称[4]焉。"

——卫灵公·十九

完全读懂名句

1. 疾：以为疾，遗憾。2. 没世：死亡。3. 名：名声。4. 称：称道。

孔子说："君子引以为憾的是，在死后没有好名声可以让人称道。"

名句的故事

司马迁在《史记·孔子世家》为此段话进行补充，孔子认为君子最遗憾的是死后没有留下名声，如果他的理想没有实践，要如何面对后世的人呢？

根据《昭明文选》的解释，古代的仁人志士害怕“马齿徒长”，时光一天一天流逝，却没有建立起好名声，因此晨兴夜寐，努力不懈，不敢稍息片刻。

“君子疾没世而名不称焉”代表着儒家积极入世的态度，但也有学者持不同的意见，认为这与《学而》第一章的“人不知而不愠，不亦君子乎”相矛盾。

不过，一般认为孔子讲“人不知而不愠，不亦君子乎”，是在中壮年时期，因此比较不在乎是否能被后人认同，说“君子疾没世而名不称焉”时，已是晚年，因此会忧虑身后名的事，所以修《春秋》，希望可以流传后世。

历久弥新说名句

三国时，年轻的曹丕见到天下发生瘟疫，死伤无数，他写信给大臣王朗提到，“生有七尺之形，死唯一棺之土。唯立德扬名，可以不朽”（《三国志注》）。也就是说，活的时候虽有七尺之躯，但死后只占据一棺木的土地，唯有“立德扬名”，才能够真正不朽。

汉代司马迁更把“君子疾没世而名不称焉”作为自己的座右铭，他认为历史上富贵者死后默默无闻者无数，立名才是人生在世的目标。司马迁为投降匈奴的李陵仗义执言，惨遭宫刑，虽然他一度企图自杀，但想起“文王拘而演周易，仲尼厄而作春秋。

屈原放逐，乃赋离骚。左丘失明，厥有国语。孙子膑脚，兵法修列。不韦迁蜀，世传吕览。韩非囚秦，说难孤愤。诗三百篇，大抵贤圣发愤之所为作也。”司马迁以周文王、孔子、屈原、左丘明、孙子、吕不韦、韩非等为例，此先辈前贤皆在逆境中发愤有为，留下千古名声与功业，因此他“忍辱负重”地活下来，写了不朽巨作《史记》，这可说是“君子疾没世而名不称焉”的最佳榜样。

《史记》的人物传记中，“名不虚传”、“名冠诸侯”、“名垂后世”等评语不胜枚举。

“名不虚传”原作“名不虚”。战国时齐国公子孟尝君爱好养士，门下食客多达三千人。司马迁撰写《史记》前曾到孟尝君的领地，发现当地民风强悍，与附近不同，一问方知这些人是孟尝君食客的后代，因此“龙蛇杂处”，可见与传说相符，司马迁说孟尝君“名不虚”。

“名冠诸侯”指的是魏国的信陵君，他与赵国平原君、齐国孟尝君、楚国春申君并称战国四公子，但他的名称却在其他三人之上，甚至远超过列国诸侯，因此司马迁称他“名冠诸侯”。“名垂后世”则是司马迁在《刺客列传》对刺客的赞词，说曹沫、专诸、豫让、聂政、荆轲等五位刺客，慷慨赴死的举动将留名久远，故称“名垂后世”。

当仁，不让于师

名句的诞生

子曰："当仁[1]，不让[2]于师。"

——卫灵公·三十五

完全读懂名句

1. 当仁：面对仁的时候。2. 让：谦让。

遇到人生正途上该做的事，即使对老师也不必谦让。

名句的故事

"仁"是中国儒家道德规范的最高原则，也是孔子思想体系的核心理论。什么是"仁"呢？孔子的学生樊迟曾经三次向孔子问这个问题，前两次樊迟对于孔子的回答都不能了解，第三次孔子做了最简单的解释："爱人。"孔子还说："泛爱众，而亲仁。"

（《学而·六》）孔子说的“仁”就是“博爱”的意思。

有一次那位喜欢“昼寝”（白天睡觉）的宰予故意跟孔子抬杠，他问孔子：“仁者，虽告知曰‘井有仁焉’，其从之也?”（“井有仁焉”的“仁”与“人”通用。）宰予的意思是：“夫子，您平时常说要仁爱，现在如果有人掉到井里，仁人是否也要一起跳下去救他呢?”孔子说：“何为其然也？君子可逝也，不可陷也；可欺也，不可罔也。”（《雍也·二十四》）这是说，孔子责备宰予：“你问这是什么傻问题？君子可以想办法把井里的人救出来，却不能跟着他跳进去；君子可能会被欺骗，却不能被蒙蔽。”

可见孔子的“仁”是有智能的仁爱，而非盲目的爱，而当学生遇到必须行仁义之事时，即使是老师在场，也不必谦让。后来这句话简化为“当仁不让”，意思扩大为对于应该做的事勇于承担而不推让。

历久弥新说名句

清末的康有为、梁启超是关系十分密切的师生。

少年时，梁启超就拜在康有为门下为弟子，两个人一起到北京参加科举考试，同榜中了进士。

后来两个人联合发动“维新运动”，并称“康梁”。维新变法失败后，他们又一起逃往日本。

之后两人的政治立场渐渐有了分歧。康有为继续鼓吹维新变法，坚持保皇保教，反对革命。梁启超由保皇转向革命，1902年，本着“吾爱孔子，吾尤爱真理；吾爱先辈，吾尤爱国家；吾爱故人，吾尤爱自由”，他公开发表文章，认为“教不必保，也不可保，从今以后，只有努力保国而已”，受到康有为的严厉批评。

民国成立后，康有为积极复辟。1917 年，康有为联合统率辫子军的张勋，趁国务总理段祺瑞和大总统黎元洪之间的府院之争，请溥仪重新登基做皇帝，史称“张勋复辟”。而梁启超则坚决维护民主共和，并参加武力讨伐，他还以个人名义发出反对的电报，有人担心这会破坏师生情谊，但梁启超只说：“师弟自师弟，政治主张则不妨各异，吾不能与吾师共为国家罪人也。”

西方古希腊哲人亚里士多德在柏拉图门下求学时，师生论学切磋很密切，但后来他们也在学术上看法分歧：柏拉图“唯心”、亚里士多德“唯物”；柏拉图为学重综合，亚里士多德重分科。在这样的背景下，亚里士多德说出：“吾爱吾师，吾更爱真理。”这句经常被引用的名言，恰与孔子“当仁，不让于师”的理念相呼应。

欲速则不达

——事物道理

成事不说，遂事不谏，既往不咎

名句的诞生

哀公[1]问社[2]于宰我[3]。宰我对曰："夏后氏以松，殷人以柏，周人以栗，曰使民战栗[4]。"子闻之曰："成事不说，遂事[5]不谏[6]，既往不咎[7]。"

——八佾·二十一

完全读懂名句

1. 哀公：鲁哀公。2. 社：土神。鲁哀公所问的社，是指社主而言。当时祭土神，要立一木，以为神的凭依，此木称为主。3. 宰我：孔子弟子，名予。4. 战栗：恐惧。5. 遂事：已经在进行的事，不能阻止。6. 谏：劝谏之意。7. 咎：怪罪，责罚。

鲁哀公请教宰我关于社稷神主的事情。宰我回答说："做社稷神主的木料，夏朝用松，殷朝用柏，周朝用栗，用栗的意思在于要使老百姓恐惧战栗。"孔子听了这段话，仅回答："已经发生的事情，多说无益；已经做的事，便无法再劝谏阻拦；已经过去的事情，就不用追究了。”

名句的故事

鲁哀公向宰我请教关于社稷神主的事情，宰我回答：“做社稷神主的木料，夏朝用松，殷朝用柏，周朝用栗，用栗的意思在于使人恐惧战栗。”宰我这里的最后一句，在孔子眼中是最不得体的。根据相关研究，古人为祭祀神明，会有一连串的祈祷，为了举行祈祷的活动，先要使神明有安居的处所，有人将神安置在高地、石头，也有安置在大树上；神被安顿在哪里，就象征神在哪里。“立社”的行动也隐含树立政治威权的意义。而春秋时期诸国相互争夺，早已不复周朝世风，如果鲁哀公有任何破坏现况的行为，都很容易引来战争。

针对这段，朱熹在《论语集注》中表示，孔子觉得宰我没有真正回答鲁哀公的问题，而回答的内容又恐引起鲁哀公的杀伐之心，可是事情都已经发生了，所以孔子仅说：“已经发生的事情，多说无益；已经做的事，便无法再劝谏阻拦；已经过去的事情，就不用追究了。”这是孔子告诫宰我，说话要谨慎。

根据当时历史背景来看，孔子所谓“成事不说”这件事情，是指鲁哀公失政、三家专权的局势形成已久，多说无用，所以不必再说了；所谓“遂事不谏”是指鲁国三家已经达到目的，宰我现在才对鲁哀公进谏，为时已晚；所谓“既往不咎”是指宰我对哀公的回复并不适当，但是已经说出，孔子也不追究宰我了。

历久弥新说名句

孔子对宰我的既往不咎，似乎是有些无奈。历史上有一个“既往不咎”并成就霸业的例子，那就是曹操。官渡之战，曹操战胜袁绍，曹操对于那些原先投靠袁绍的人“既往不咎”，因此获得许多人的支持，例如陈琳、张合、高览、许攸。曹操的“既往不咎”让他成为三国霸主当中获得最多英雄豪杰的人。

当代作家刘墉曾在《不能承受之轻》一文中写道：“成事不说，遂事不谏，既往不咎。选了就选了，走了就走了；既然选了，就无所谓对错；既然走了，就不要怨恨。”用来劝戒人们对于自己所选择的道路要有勇于负责的态度，回头路已经不是原来的路了。

同样的句子却有不一样的应用与效果，也指导我们不同的人生态度。

《走笔谢孟谏议寄新茶》一诗起笔就是："日高丈五睡正浓，军将打门惊周公。"诗人连"梦"字都完全省去了，周公此一历史人物变成了睡眠做梦的代名词。

事实上，各民族对于梦境，如梦中所呈现的人、事、物、生活经历、潜在意识，甚至是"预知"，均有一套解释的方法，而中国人的"周公解梦"就是一些民间解梦方法的集合。

此外，与梦有关的传奇故事也不少，例如唐朝李公佐的《南柯太守传》，主人翁淳于棼在"南柯一梦"中，被国王招为驸马，当上南柯郡太守，历经人世的沧桑与荣辱，醒来后发现自己躺在槐树下，而树旁蚁穴中的蚂蚁依然庸庸碌碌地奔忙着。"南柯一梦"比喻人世贵贱无常，就像浮云幻梦一般，不论贫贱富贵，到头来只是一场空。

另外，现代精神分析大师弗洛伊德直指，梦是通往潜意识的大道，经典著作《梦的解析》对梦所反映的真实生活，或伪装、或欲求、或转移作用，都有精辟的阐述，引领我们对于人的精神层面有更深的认识。

三月不知肉味

名句的诞生

子在齐闻韶[1]，三月[2]不知肉味。曰："不图[3]为乐之至于斯[4]也。"

——述而·十三

完全读懂名句

1. 韶：舜乐名。2. 三月：好几个月，"三"是虚数。3. 不图：想不到。4. 斯：代名词，指上文"三月不知肉味"。

孔子在齐国听到了韶乐，好几个月来，连吃肉都不知道滋味，他说："没想到韶乐居然到了这么感动人的程度。"

名句的故事

有一次，孔丘当起乐评人，比较"韶乐"和"武乐"的优

仰之弥高，钻之弥坚

名句的诞生

颜渊喟然[1]叹曰："仰之弥[2]高，钻之弥坚，瞻[3]之在前，忽焉在后！夫子循循然[4]善诱人，博我以文，约我以礼，欲罢不能，既竭吾才，如有所立，卓尔[5]；虽欲从之，末由[6]也已！"

——子罕·九

完全读懂名句

1. 喟然：叹息的样子。2. 弥：更加。3. 瞻：向前看的意思。4. 循循然：指循序渐进的样子。5. 卓尔：挺立的样子。6. 末由：不知从什么地方。

颜渊感叹说："关于夫子的学问，愈抬头看它就愈觉得高远，愈是钻研就愈觉得坚实艰深；眼看它在前面，忽然又到后面去了。夫子循序渐进地诱导弟子，教我阅读广博的典籍来充实，教我用礼节来约束自己，使我的学习想停下来也没办法。我尽了自己最大的努力，似乎看到夫子的道理就卓然树立在我面前，但想追随它，却又追不到。”

名句的故事

从这句名言中，我们看到颜渊对于孔子学问的推崇，然而这样的推崇之语，不只出自颜渊一人。

鲁国大夫叔孙武叔在朝廷上称赞子贡的德学超过孔子。另一位大夫子服景伯下朝后告诉子贡这件事，子贡一点都不惊讶地说：“譬之宫墙，赐之墙也及肩，窥见室家之好；夫子之墙数仞，不得其门而入，不见宗庙之美，百官之富。得其门者或寡矣！”（《子张 · 二十三》）这句话的意思就是说，“如果用宫室周围的墙做个譬喻，子贡的墙只有一个人的肩膀高，很容易可以看见屋子里面的全貌。而孔子的墙有好几仞，如果不从大门进去，就看不到屋子里面宗庙装饰的辉煌，文武百官的盛大。现在能够找到大门进入的人很少了！”子贡的言下之意是，因为叔孙武叔不认识孔子的真面目，所以他才会这么评论。

历久弥新说名句

在《史记 · 孔子世家》中记载，司马迁在拜读孔子的著作之后，十分向往，并且前往山东去观赏夫子庙的种种。他用《诗经》中的“高山仰止，景行行止”来称赞孔子，以高山比喻孔子处水所隐含的事物，解释成“道体”，这多少延伸了孔子的本意，并且增加了几分严肃性。根据《孔子家语》记载，孔子遇水必观，确实赋予水许多深刻意涵。

孔子认为，水像高尚的品德，它生生不息地孕育一切生物；水像义理，它循着理路，一定是向下而流；水像道统，它千支万流滔滔汇入江海，似乎永远没有尽头；水具备勇气，不论遇到山崖、石壁，都会勇往直前；水像法理，放一盆水，不管底部高低，水面一定是平的；水明察秋毫，因为它无孔不入、无处不到；水善导教化，万物只要经过水的洗涤，必然洁净。

不过，读到“逝者如斯”，总是最先联想到光阴岁月，它像流水般一去不复返。话说当年孔子回到故乡鲁国当官，已过半百之年。由于在鲁国掌握权势季桓子的儿子过世，季桓子的家臣阳货，想尽各种办法要和孔子讨论葬礼的事情，但总是碰一鼻子灰。后来阳货求见孔子多次被拒之后，他乘孔子不在时，送给孔子一头乳猪，孔子只好依照礼数回礼。有趣的是，孔子想乘阳货不在家时去答谢，没想到却在路上遇到他。

阳货直接问孔子：“怀其宝而迷其邦，可谓仁乎？”意即，把自己的本领藏起来而任由国家混乱，这样是仁者吗？阳货接着又问：“好从事而亟失时，可谓知乎？”意即，想为国家做点事情却屡屡错失机会，这样是智者吗？阳货最后说：“日月逝矣，岁不我与。”阳货告诉孔子，时光飞逝，岁月不饶人呀！孔子回答：

“诺，吾将仕矣。”终于答应出来做官。（《阳货·一》）孔子真正在鲁国做官，是阳货被逐出鲁国之后，当时孔子已经五十一岁了，真的是岁月一去不复返啊！

历久弥新说名句

除了孔子以外，老子也很推崇水，他说：“天下莫柔弱于水，而攻坚强者莫之能胜。”水是万物中最柔弱的，也是最刚强的，又说：“上善若水，水善利万物而不争。”（《道德经》第八章）水真是最好的事物，水善于滋润万物却不会与万物争夺。庄子则说：“君子之交淡如水。”（《庄子·山水》）君子之间的来往要像水一样平凡，才能长久。水对古人确实有莫大的启发。

此外，许多经典名句也与河岸边撼天地、泣鬼神的事迹相关。燕国太子丹为荆轲送行，宾客皆身穿白衣，就在易水岸边，众人垂泪涕泣，高渐离击筑，荆轲歌曰：“风萧萧兮易水寒，壮士一去兮不复还。”西楚霸王项羽被汉军重重围困于垓下，四面楚歌，与爱妾虞姬饮酒作别，诗云：“力拔山兮气盖世，时不利兮骓不逝，骓不逝兮可奈何？虞兮虞兮奈若何？”虞姬自刎，项羽杀出重围，至乌江时，因自觉无颜再见江东父老，自刎而死。还有，甄宓投河自尽后，七步诗人曹植于洛水上思念她，成就传颂后世的《洛神赋》，其中“凌波微步，罗袜生尘”、“翩若惊鸿，婉若游龙”等都是形容洛水神女的名句。诗人张继夜宿枫子贡说："管仲不算是个仁人吧？桓公杀了公子纠，管仲曾任纠的太傅，不能守节而死，反而辅佐桓公为相。"孔子说："管仲辅佐齐桓公，称霸诸侯，匡正天下，人民直到今天还受到他的恩惠；如果没有管仲，我们应该会像蛮夷一样披散着头发，衣襟向左边开了吧！难道真要像一般的小民那样拘泥于小节小信，在沟渠之中自杀而没有人知道才好吗？"

名句的故事

说到管仲，大家都会想到他辅佐齐桓公实践"尊王攘夷"、"九合诸侯"的功业。但是管仲也是个平凡人，有他的缺点。他在成为齐国宰相之前，跟鲍叔牙做生意，他分到的钱总是比较多；跟朋友一起出征，开打时他躲在人家后面，得胜时他走在前头。最为人诟病的是，管仲原本辅佐齐国的公子纠，公子纠被公子小白也就是后来的齐桓公杀掉之后，管仲非但没有跟着公子纠殉难，反而还倒戈成为齐桓公的宰相。这也是子贡为什么会怀疑管仲是否称得上仁人的原因。

针对子贡的疑问，孔子回答了这句有名的"微管仲，吾其被发左衽矣"。事实上，子路也有和子贡一样的质疑，于是孔子便告诉子路："桓公九合诸侯，不以兵车，管仲之力也。如其仁！如其仁！"（《宪问·十七》）孔子推崇管仲，不需要发动战争，就可以帮助齐桓公九次召集当时的诸侯，向周天子进贡，这就是管仲的仁德。

孔子当然是从大处去论断管仲的功业，因为他自己也对管仲的私人行为有些意见。孔子在《八佾·二十二》中说："管仲之器小哉。"认为管仲的器量狭小，并接着表示："管氏有三归，官事不摄，焉得俭？"女子出嫁称为"归"，"管氏有三归"就是管仲娶了三房，有三个家，这三个家的管理是互相独立的，生活怎么可能节俭呢？孔子还更不客气地说："管氏而知礼，孰不知礼？"因为当时只有国君可以在宫殿外立屏风遮门，管仲是个大夫，应该用帘子遮门，但他却也在门前立起屏风。还有，国君为了两国的邦交而设宴款待时，厅堂的两边会有供摆放酒杯的"坫"，就是当主客双方敬酒饮毕后，放回酒杯用的土台。而管仲宴客时，居然也有坫，因此孔子才会大叹："如果说管仲知道礼节，那么还有谁不知礼节呢？"不过虽然管仲在这些方面有偏差，但是他的功业足已奠下不可动摇的历史地位。

历久弥新说名句

这句名言提供两个历史文化讯息，一是古人对于头发的规矩，二是古人衣着的礼节。

首先，所谓"身体发肤，受之父母，不可毁伤"，古人无论男女都是留发的。再者，女人留发是为了"妇容"，古代女性如果蓄短发是很不得体的；古代男性则是把长发梳理整齐后，把它挽起来向上一总，并用簪子固定，这就是束发。头发的整理是古代服制的一部分，代表了身份，如果剃掉头发的话，就代表是罪不过在这之前的两章，都是关于孔子对颜回的评价，因此许多学者认为孔子所言的“苗而不秀”与“秀而不实”，指的仍是颜回。

这种解读以宋朝儒者邢昺所著的《论语注疏》为代表，其中写道：“此章亦以颜回早卒，孔子痛惜之，为之作譬也。言万物育生而不育成者，喻人亦然也。”即孔子痛惜颜回天才早夭，就像稻子、麦子成苗后却不吐穗，或是吐穗开花却结不出果实一样，令人惋惜。

晋朝的李轨提及“颜渊弱冠与仲尼言易”，表示颜回年纪轻轻就可以跟孔子讨论深奥的《易经》，聪明才智过人，因此孔子特别器重这名学生。而颜回死时仅有三十二岁，德业学业尚未有所大成，孔子深觉可惜。

因此，“苗而不秀”与“秀而不实”，还有由此延伸的“育而不苗”，曾用来表示对早夭儿童或青年的吊唁。竹林七贤之一的王戎儿子早死，《世说新语》便说其“有大成之风，苗而不秀”，指王戎儿子资质相当优秀，未来可能成为大人物，可惜天不假年，让白发人送黑发人。

不过，“苗而不秀”与“秀而不实”现指一个人资质颇佳，但长大后没有什么成就，已与上述意思有所出入。

历久弥新说名句

“苗而不秀”与“秀而不实”，现多用来形容神童变成了平凡人，类似的名言有“小时了了，大未必佳”，出自孔子的二十世孙孔融之口，为后人普遍应用。

与“小时了了，大未必佳”相反的是，童年时期相当普通，长大后却成就非凡，有人称“小时不佳，大时了了”，此外也有“大器晚成”或“大鸡慢啼”的说法。

清末民初的武术大师霍元甲，便是“大器晚成”的类型，他所创办的“精武门”，经过李小龙电影的宣传，名扬四海，李小龙在电影《精武门》中饰演的角色，便是霍元甲的弟子陈真。

霍元甲幼时体弱多病，父亲是当时名震一方的拳师霍恩第，他担心霍元甲学武会丢霍家的脸，因此不准他习拳。但是，霍元甲心存高远，趁着父亲教导三个哥哥时偷看偷学，并在家附近的枣林苦练，被父亲发现后，遭到痛骂，霍元甲以不跟人比武、不辱霍家门面，向父亲求情，父亲才让他跟哥哥们一起练武。

霍恩第没想到，霍元甲悟性远超过兄长，终于悉心传艺于他。霍元甲后来融合各家之长，创造出“迷踪拳”，成为一代武学大师。

小时了了也好，大器晚成也好，重点在于是否能够持之以恒，不努力的神童，也赢不过认真的平凡人！

历久弥新说名句

“过”或是“不及”都偏离中道常轨，并非做人处世最好的态度。警惕为事太过终将酿成悲剧的成语有“乐极生悲”、“善泳者溺”、“骄兵必败”，警惕不及的如“画虎不成反类犬”等，而西方讲述“过犹不及”的例子有希腊神话中伊卡鲁斯飞行的故事。

工匠狄德勒斯与儿子伊卡鲁斯被希腊诸神囚禁在克里特岛上，狄德勒斯利用蜡烛制造了两副精美的翅膀，一副给自己，一副给儿子。在利用翅膀飞离克里特岛前，狄德勒斯千叮咛万嘱咐儿子，因为翅膀是蜡做的，飞太低离不开岛屿，飞太高蜡会因太阳照射而融化。

伊卡鲁斯虽然了解父亲所说的道理，然而一旦翱翔天空却兴奋过了头，把父亲的话忘得一干二净，愈飞愈高，高到听不见父亲的呼唤与警告。最后他的翅膀在炙热阳光的照射下消融殆尽，伊卡鲁斯因而坠落，葬身大海。

因此，后世便以“伊卡鲁斯”来告诫人们不可过与不及，否则后果难料。

文犹质也，质犹文也

名句的诞生

棘子成[1]曰："君子质[2]而已矣，何以文[3]为？"子贡曰："惜乎，夫子[4]之说君子也，驷不及舌[5]！文犹质也，质犹文也。虎豹之鞟[6]，犹犬羊之。"

——颜渊·八

完全读懂名句

1. 棘子成：春秋卫国大夫。2. 质：实质，事物的本来面目。3. 文：文华，文采。4. 夫子：古代大夫可以被尊称为"夫子"，所以子贡这样称呼棘子成。5. 驷不及舌：驷，四匹马，古代用四匹马驾一辆车。驷不及舌，形容一旦话说出口，即便是四匹马拉的车也追赶不上。此为"一言既出，驷马难追"的语源。6. 鞟：读作 kuò，指去掉毛的皮，即革的别称。

棘子成说："君子质朴就可以了，何必要什么文饰呢？"子贡说："可惜啊！先生您竟这样来解释君子。一言既出，驷马难追。文饰与质朴的本质一样重要，质朴的本质与文饰一样重要。如果去掉毛色花纹，虎豹的革和犬羊的革就没有什么区别了。"

名句的故事

孔子主张"文质并重"，曾说过："质胜文则野，文胜质则史。文质彬彬，然后君子。"（《雍也·六》）如果一个人的内在质朴远多于外在的文采，那么就会显得粗鄙野蛮；如果外在的文采远多于内在的质朴，就会像是官府中掌管文书的官吏。唯有两者协调，才是君子。

卫国的大夫棘子成并不赞成孔子的看法，而主张"质"胜于"文"，他认为君子只要有良好的本质、高尚的人格就行了，外表的文采、表面的仪式与礼节只是肤浅的装饰。

孔子的学生子贡是站在老师这一边，并且十分惋惜棘夫子的话已出口，就算四匹最快的马所驾的车也追不回来了。

子贡进一步解释"文质"需要"并重"，良好的本质应当要有适当的表现形式，否则，本质再好，也无法显现出来。这就好比如果把虎豹、犬羊身上有纹路的皮毛去掉，虎豹和犬羊的革将难以区分。

总之，儒家主张"表里如一"、"文质并重"，与道家的"返璞归真"、"扬质抑文"，看法不同。

历久弥新说名句

西汉刘向所著的《说苑》记载了先秦到汉代的轶闻琐事，其中有一个关于“外在美”（文）与“内在美”（质）很有趣的故事。

有一天，孔子去拜访子桑伯子，子桑伯子常常衣冠不整。孔子的学生知道自己的老师要去见这种人，相当不高兴：“老师，您干么要去见这种人呢?”孔子回答说：“其质美而无文，吾欲说而文之。”孔子认为子桑伯子的内在是很美丽的，唯一的不足之处，就是太不注重外在的形式与礼仪，因此，他要去说服子桑伯子改变外表的邋遢。

有趣的是，子桑伯子的门人听见其主人答应接见孔子，也相当不高兴。子桑伯子说：“其质美而文繁，吾欲说而去其文。”他认为，孔子的内在是很美丽的，只是太注重外表的形式与礼仪，因此他要说服孔子去掉这些装饰。

这场会面的结果，是谁也没改变了谁。只有质与文的争论，仍一直持续着。

欲速则不达，见小利则大事不成

名句的诞生

子夏为莒父[1]宰[2]，问政[3]。子曰："无[4]欲速，无见[5]小利。欲速则不达，见小利则大事不成。"

——子路·十七

完全读懂名句

1. 莒父：父，音 fǔ。莒父，鲁国一个城邑。2. 宰：邑长。3. 问政：请问为政之道。4. 无：不要。5. 见：只顾。

子夏要到莒父这个地方当邑长，向孔子请教为政之道。孔子说："不要求快，不要只顾小的利益。如果求快，往往不能达到目的；只顾到小的利益，反而使得大事不能成功。"

名句的故事

子夏，姓卜，名商。子夏和子游以文学（古代文献典章制度之学）著称，孔子经常和子夏讨论学问与德行的问题，由于子夏聪颖敏悟，孔子有时深受启发，曾说："起予者商也！"（《八佾·八》）也就是说："能给我启发性思考的，大概就是子夏了吧！"

这一章提到子夏被指派去担任鲁国莒父这个地方的行政长官，临行前，子夏来跟老师请教如何才能把一个地方治理好。孔子告诉子夏：政事有先后本末，主政的人必须按部就班，光求快，是不能达到目的的。而且主政的人，要有远大的理想，如果处处顾到小利益，大事业就无法成功。换句话说，就是告诉为政者，不能短视近利。

子夏后来在莒父改革旧制，大幅改善了老百姓的经济状况。孔子去世之后，子夏到魏国西河地区（济水、黄河之间）讲学，有弟子三百多人，成为"西河学派"一代宗师。但是子夏晚年丧子，哭到失明，晚年生活十分凄凉。

历久弥新说名句

"欲速则不达，见小利则大事不成。"这句话所包含的道理不仅可针对政治，同样也适用于个人处事之道。心理学上有所谓的EQ，这种能力包括有耐力延迟享受，也就是不求快、不只求眼前小利。心理学家曾对四岁的小朋友做实验，把他们个别带到房间里，发给每个人一个棉花糖，让他们选择可以立即吃掉这个棉花糖，或是等研究人员再次回来，小朋友便可以获得两个棉花糖。多年以后，这些孩子长大了，研究发现，能够忍受一时诱惑而得到两个棉花糖的小朋友，长大后多半较受欢迎、较能适应环境、富冒险心、有自信、值得信赖；而受不了棉花糖诱惑的小朋友，长大后则显得较孤单、固执、易受挫折、不敢面对挑战。所谓“欲速则不达”，也表示要以理智战胜冲动的情绪，这也是 EQ 比较高的表现，如同南朝梁·萧绎之言：“物速成则疾亡，晚就而善终。”也可理解为“延迟享受”的道理。

俗话说：“利字身旁一把刀。”面对伸手可及的利益时，很少人能不心动。但是如果政府官员收受了不当的利益，清廉便毁于一旦；如果记者以利益来取决资料来源，公信力将荡然无存。面对利益时，何妨“见利思义”一下？所谓的“义”就是合宜，做了不合宜的事，总有后悔的一天。工作和事业的发展是长期累积的过程。“登高必自卑，行远必自迩”，只有脚踏实地、步步为营，才能谋大事、立大业。

工欲善其事，必先利其器

名句的诞生

子贡问为仁。子曰："工欲善其事，必先利其器[1]。居是邦也，事其大夫[2]之贤者，友其士[3]之仁者。"

——卫灵公·九

完全读懂名句

1. 利其器：使工具锐利，准备好完善工具的意思。2. 大夫：官位，一解作长官。3. 士：官位位于大夫之下者。一解做一般人。

子贡问行仁的方法。孔子说："工匠想要妥善完成工作，一定要先使工作所需的器具锐利。居住在某一邦国中，必然选择奉事此邦国大夫中的贤能者，结交士人中的仁者为友。"

名句的故事

孔子巧善譬喻行仁的方法和工匠完成工作的要诀。无独有偶，孟子在《离娄》篇用了一个极为相似的论述："离娄之明，公输子之巧，不以规矩，不能成方员，师旷之聪，不以六律，不能正五音。尧舜之道，不以仁政，不能平治天下。"离娄相传是黄帝时代之人，眼力极佳，就算是百步之外的细小物，也逃不过他的法眼。而鲁国工匠公输班，手艺精巧，曾为楚惠王制作云梯来攻打宋国。但孟子说，这两人，如果空有奇佳眼力，或者高超的工艺技巧，却没有画圆的圆规和画方的曲尺，是不能精确地画出方形和圆形的。

传说师旷在音乐上有奇特天赋，他擅长吹奏号角，到了可以呼风唤雨的地步。但孟子说，就算师旷这般的音乐奇才，如果没有六律作为基准，就不能校正乐器的五音。因此，无论是离娄，还是公输子、师旷，都需要"工具"的辅助，否则不足以成就事物的完满性。

政治上更是如此，"尧舜之道，不以仁政，不能平治天下"，孟子认为尧舜有治国之术，若未施行仁政，同样不可能治理好天下。

历久弥新说名句

孔子、孟子，两人强调工具、规范的重要性，但擅长以寓言讽刺时政的柳宗元，却另有一番看法。

他在《梓人传》中说有一梓人（工匠），虽备有尺、圆规、墨线……家中却没有磨利工具的器材，但夸下海口说，没有他，工人就无法盖好一栋房子。更可笑的是，梓人房里的床缺了脚，自己不会修理，还得找其他的工人来修理才行，柳宗元心想此人应是个无能却贪财者。后来，京兆尹修理官署，让柳宗元见识到这名梓人规划官署、指挥工人、按图建造楼宇的高超技术，柳宗元不禁赞叹道："彼将舍其手艺，专其心智，而能之体要者欤！"即梓人应是个舍弃手艺、专用心智又能体会工作要诀的人吧！

在西方，哲人培根对工具的发明运用，有深切体认，他在《新工具》一书的前言写道："印刷术、火药、罗盘，这几样发明……改变了全世界的面貌和发展。"的确，印刷术带来知识的普及；火药促使战争、侵略的可行性大大提升；而罗盘，让航海的领域不断扩张。由此看来，人类的历史，真是写在"工欲善其事，必先利其器"的智能里！

道不同，不相为谋

名句的诞生

子曰："道[1] 不同，不相为谋[2]。"

——卫灵公·三十九

完全读懂名句

1. 道：志向。2. 谋：策划事情。

孔子说："各人的理想志向不同，彼此便不能在一起谋划事情。"

名句的故事

根据司马迁在《史记·伯夷列传》的说法，孔子指的是他与伯夷这类型的人"道不同，不相为谋"，因为彼此追求的理想不同，所以也就没有同谋的可能。伯夷是出世的隐士，孔子坚持人世救世，所以可以相互欣赏，但是无法共事。

在《史记·老庄申韩列传》中，司马迁又认为“道不同，不相为谋”指的是儒家与道家二派思想。因为学习老庄学问者，必定不相信儒家所言，而学习儒家学问者，也无法相信老庄的言论，两家可说没什么交集，因此不相为谋。

孔子这句话，历代儒者都解释为，君子之间因为理想或是彼此的学术领域不同，很可能“道不同，不相为谋”。但一般人使用时，倾向指君子与小人不相为谋，对此钱穆解释，“君子与小人有善恶邪正之分”，所以绝难共同为谋。

《易经·系辞》据称为孔子所作，有“方以类聚，物以群分”之说，后世常有人改为“物以类聚，人以群分”，即强调社会是由各种小团体所组成，而不同团体之间的纠纷龃龉，也多由“道不同，不相为谋”而起。

当代学者傅佩荣对“道不同，不相为谋”的看法是，人各有志，选择的人生理想因而未必相同；孔子一方面深信自己把握的是正道，同时也不否定别人有各行其道的自由，这是宽容与尊重的态度。

历久弥新说名句

原本是朋友，但后来因“道不同，不相为谋”，导致最后分道扬镳，历史上的例子有“割席断交”的管宁和华歆。

管宁和华歆是东汉灵帝时人，两人原本是形影不离的好朋友，“焦不离孟，孟不离焦”。然而，有一天管宁和华歆一起除草，突然掘到一块金子，管宁对这块金子视而不见，但华歆却忍不住心动，把金子捡起来放在一旁。之后，两人一起读书，有一位官员坐轿子从他们门前经过，管宁视若无睹，但华歆却忍不住跑去外面张望，一脸羡慕的样子。于是，管宁割断了两人一起坐的席子，然后对华歆说：“从今天起，你不再是我的朋友了！”

不过，“道不同，不相为谋”，但不一定就要成为仇敌，有时只是想法与个性冷热不同，就像十八世纪法国哲学家伏尔泰所说：“我不赞同你的话，却誓死捍卫你说话的自由。”

法国前总统戴高乐便是此句话的实践者。1970 年时，法国政府镇压阿尔及利亚人民的独立运动，作家沙特公开反对法国政府的军事行动，并支持阿尔及利亚脱离法国独立。当时右派人士强烈要求戴高乐政府以叛国罪逮捕沙特，但戴高乐却表示：“我们不能逮捕伏尔泰！”（沙特实践伏尔泰）

因此，虽然“道不同，不相为谋”，但要能“容纳异己”，才是真正的民主风范。

唯上知与下愚不移

名句的诞生

子曰："唯上知[1] 与下愚不移[2]。"

——阳货·三

完全读懂名句

1. 知：同"智"。2. 移：转移。

孔子说："只有最上等的智者和最下等的愚人是不能改变的。"

名句的故事

"唯上知与下愚不移"因为只有孤立一句，没有上下文说明，历来有很多不同的解释。有人认为，孔子有封建思想，主张贵族阶级是天生的"上知"，而一般老百姓则是永远的"下愚"，上智统治下愚是理所当然的。这样解释未免过于断章取义。“唯上知与下愚不移”可以理解为孔子的教育思想，孔子曾说过：“生而知之者，上也；学而知之者，次也；困而学之，又其次也；困而不学，民斯为下也。”（《季氏·九》）

从这句话中可以看出，孔子的“上知”指的是生而知之的人，“下愚”则是就算遇到困难也不去学习的人。生而知之的人无待教导，而困而不学的人根本没有学习动力，所以是不可能改变的。除了某些残缺之外，一般人的本质都差不多，很少有人是“上知”，也很少有人是“下愚”，至于成就会到什么地步，与个人学习的勤奋程度大有关系。孔子说：“自行束修以上，吾未尝无诲焉。”（《述而·七》）就算是“下愚”的人，只要愿意学习，孔子还是会传授他知识的。

历久弥新说名句

教学，顾名思义，有人教也要有人学，有强烈学习动机的人效率一定比较好。《礼记·学记》中有一段话：“善待问者如撞钟，叩之以小者则小鸣，叩之以大者则大鸣。”学生如果勤奋学习、经常提出问题，老师会教得多；学生如果兴趣缺缺，老师却一味要灌输，会变成填鸭式教育，坏了读书的胃口。

这世界上真的有“生而知之者”吗？孔子当时的人认为圣人就是生而知之者，不过连孔子都表示自己不是，他说：“若圣与仁，则吾岂敢？抑为之不厌，诲人不倦，则可谓云尔已矣。”孔子认为，若说他是圣人、仁者，他不敢当，他不过是在这方面不厌地学习，并且不倦地教诲人罢了。

《淮南子·人间训》曰：“愚者有备，与智者同工。”天资驽钝的人，如果努力准备的话，也能跟聪明人一样有成就，这句话也就是我们后世所说的“勤能补拙”。每个人天生的禀赋不同，所谓“三分天注定，七分靠努力”，人人都有自己的长处，领导学大师约翰·麦斯威尔（John C. Maxwell）说：“成功是清楚地知道自己一生的目的，发挥最大的潜能，散播能造福他人的种子。”所以尽力去认识自己，发现自己的长处，努力开发学习，对人类有帮助，这就是成功。

毕竟上智与下愚这两种极端是少见的，大多数人都落在宽广的中间区域，所以孔子主张“因材施教”，教育也因此有其可能性。上智的人固然生而知之，但普通人立志向前，也有可能超越；同样地，下愚的人只要有学习的心与动机，每天一点一滴地吸收，一定能够摆脱下愚的境地。所以，虽然每个人的资质不相同，但是比起一分的天赋，九十九分的努力绝对占了影响人生的大部分。

往者不可谏，来者犹可追

名句的诞生

楚狂接舆[1]歌而过[2]孔子，曰："凤兮[3]！凤兮！何德之衰[4]？往者[5]不可谏[6]，来者[7]犹可追[8]。已而[9]！已而！今之从政者殆[10]而！"孔子下[11]，欲与之言。趋而辟[12]之，不得与之言。

——微子·五

完全读懂名句

1. 楚狂接舆：楚国的贤人，假装为狂人避世，真实姓名已无从可考，以其接近孔子之车而歌，故称他为接舆。2. 过：经过。3. 凤兮：灵鸟，古代认为世有道则可见凤鸟，世无道时则隐藏不可见。此处是比喻孔子。4. 何德之衰：接舆以凤比孔子，世无道但他却不能隐，是为道德衰败。5. 往者：过去的事情。6. 谏：更改，纠正，挽回。7. 来者：未来的事情。8. 犹可追：还能够补救。9. 已而：已，止的意思；而，语助词，也就是"罢了"。10. 殆：危险。11. 下：下车。12. 辟：同避。

楚国一位狂放不羁的狂士接舆，唱着歌经过孔子的马车旁，他唱的歌是：“凤凰啊！凤凰啊！你的德性为何如此衰败？过去的已经无法挽回，未来的还来得及把握。算了吧！算了吧！现在从事政治的人都很危险啊！”孔子听他如此唱，下车想跟他说话，那狂士却急行避去，孔子终究无法与他交谈。

名句的故事

根据《史记·孔子世家》，孔子六十岁时，吴国讨伐陈国，他与弟子一行人在陈、蔡之间受困，因此绝粮七日。这是孔子一生最艰难困顿的时候，许多学生纷纷饿倒生病，虽然孔子依然讲述不止、弦歌不断，但连子路等忠心耿耿的弟子都对老师开始感到怀疑。

后来，孔子一行人由楚昭王出兵迎接救出，楚昭王原本想将书社地七百里封给孔子，但被楚国臣子所阻止，后来昭王过世，孔子还在楚国时，遇到了狂士接舆。

除了接舆外，孔子在楚国遇到的还有长沮、桀溺与荷莜丈人等隐者，同样劝孔子学他们一样，归隐山林、不问世事，但孔子仍然坚持要入世救世，不肯学隐士与飞禽同住、与草木同枯。

孔子并非没有避世的想法，虽然他屡屡在不得志时表示想归隐，例如在《宪问·三十九》中有：“贤者辟世，其次辟地，再次辟色，其次辟言”（贤者看见天下无道，避世隐居；其次，离开这个地方到另一地；再其次，看见别人不重视礼而避去；又其次，听见别人跟自己意见不合而避开）；在《公冶长·七》说："道不行，乘桴浮于海"；在《子罕·十三》里表示"欲居九夷"，都有抛弃一切、到蛮荒之地终老的念头，不过他至死都未曾如此做。

历久弥新说名句

"往者不可谏，来者犹可追"，表示认识到过去虽有错误，但现在改正还来得及，或是过去来不及做的事，现在仍有机会追上，可普遍用于政治、环保、经济等公共领域，也适用于课业、事业、感情的个人领域。

晋代田园诗人陶渊明的《归去来辞》中也有类似的名句："悟已往之不谏，知来者之可追，实迷途其未远，觉今是而昨非。"在这里，诗人领悟昨非今是，迷途知返，决定及早归返田园，回到老家耕种荒芜的田地。

与"往者不可谏，来者犹可追"遥相呼应的，还有明朝袁了凡在《了凡四训》中所说的"从前种种，譬如昨日死；以后种种，譬如今日生"。《了凡四训》指的是，"立命之学"、"改过之法"、"积善之方"以及"谦德之效"等四训，为袁了凡以自身经验告诫儿子为人处世的道理。

在文章中，袁了凡陈述他年轻时曾算过命，预言他几岁会中秀才、中举人，以及名次是第几，而且是命中无子。因为后来无不一一应验，所以他也就随浪浮沉，不是很振作，一切听从命运的安排。

后来，他遇到一位禅师开导他说，只有凡夫俗子才会接受命运的制约，而袁了凡也就是因为盲信盲从，才会未中进士、未有子嗣。他听了之后恍然大悟，于是痛改前非、积德行善，下定决心“从前种种，譬如昨日死；以后种种，譬如今日生”。此番态度上的改变打破了算命的预言，之后不但考上进士，并且还喜获麟儿，传下这《了凡四训》。

虽蛮貊之邦行矣

名句的诞生

子张问行[1]。子曰："言忠信，行笃敬[2]，虽蛮貊[3]之邦行矣。言不忠信，行不笃敬，虽州里[4]行乎哉？立[5]，则见其参[6]于前也；在舆[7]，则见其倚[8]于衡[9]也。夫然后行。"子张书诸绅[10]。

——卫灵公·五

完全读懂名句

1. 行：古代"行人之言"的行，也就是外交工作。行人：官名，掌管朝觐聘问，即外交事务。2. 笃敬：忠厚、恭敬。3. 蛮貊：蛮，古称南蛮；貊，古称北狄。蛮貊都是古代对偏远地区民族的称呼。4. 州里：指近乡本土，与蛮貊相对。五家为邻，五邻为里，五党为州。5. 立：站立。6. 参：列，显现。7. 舆：车。8. 倚：紧靠着。9. 衡：车辕前用于套牛马的横木。10. 绅：束在腰间的大带。

子张问怎样在外交事务上四处通达。孔子说："说话要忠诚、信实，做事要忠厚、谨慎，那么虽然处在蛮荒落后的国家，也能无所阻碍。反之，如果说话不忠诚信实，做事不忠厚谨慎，那么即使是近在自己的乡里，又如何能通达无碍呢？站立时，忠信诚实这几个字就好像在眼前；坐车时，这几个字就好像在辕前横木上。做到这样，便能四处通达、受欢迎了。"子张听完便将孔子的话记在腰带上。

名句的故事

春秋时期，孔子与弟子们周游列国，进行最早的户外教学。他们去过不少国家，"子张问行"这段对话据说（《史记・仲尼弟子列传》）是发生在陈、蔡两国之间的旅途中。这趟"户外教学"并不如想象中的顺利平安，一下子传言有人（宋国的司马桓魋）要暗杀孔子，另一会儿团长孔子又因迷路而脱队，自己一个人无助地在异国街头东张西望，还被没同情心的当地人取笑为"丧家之犬"。最后，又遇上"绝粮事件"。

这时，老老少少一群人开始知觉到，可不是每个国家都会高高兴兴地张开双臂，欢迎你去拜访的。喜欢政治、人又聪明的子张第一个意识到期待的落差，于是，他抓住机会，恭敬地向老师请教，究竟要如何与外国交往。

"言忠信，行笃敬，虽蛮貊之邦行矣。"孔子从从容容地说出这一句话。不管走到哪里，道理都是一样的，必须以诚信相待，如果无诚无信，别说是外国了，即便是在自己的国家也是不受欢迎的。这个回答，子张想必是非常地认同，一听完，便立刻认真地把这句话抄写在自己的衣服上了！

历久弥新说名句

据说当初荷兰人来到台湾，向新港社的原住民首领提出，愿意用十五匹粗布，买一块牛皮大小的土地，来堆放货物。原住民点点头，答应了请求。然后，他们眼睁睁地看着“高鼻子的”把牛皮剪成一条长长的细丝，一下就圈去了几百亩的土地，原住民这才学到了什么叫“欺骗”。

然而，在南美洲、在非洲也可以听到几乎一模一样的传说，这种“言不忠信”的故事，几乎变成一个原型，勾勒殖民时代西方人与当地人的“第一次接触”。

当西方人来到东方的中原之地，故事又是如何发展呢？读过孔子书、背过孔子语的清末名将曾国藩有这么一段小故事。有一天曾国藩与学生李鸿章讨论到“外患”问题，他问李鸿章如何与外国人打交道。

李鸿章回答：“门生也没有什么主意。我想，与洋人交涉，我只打‘痞子腔’。”（“痞子腔”是安徽中部土语，即油腔滑调之意。）

曾国藩以五指捋须，良久不语，徐徐开口说：“呵，痞子腔，痞子腔，我不懂如何打法，你试打与我听听？”

李鸿章急忙改口："门生信口胡说，错了，还求老师指教。"

曾国藩于是说："我看来，还是用一个'诚'字。诚能感动万物，我想洋人亦同此人情。圣人有言：'忠信可行于蛮貊'，这是不会错的。如果没有实在力量，虚强造作，仍教人一眼看透。不如推诚相见，凡事说道理，总之，信用必须站得住脚，脚踏实地，蹉跌亦不至过重，想来总比'痞子腔'靠得住些，不是吗？"

"是，是。"李鸿章听到这一番话，点头不已。

君子之德，风

——领导风格

譬如北辰，居其所而众星共之

名句的诞生

子曰："为[1]政以[2]德，譬如北辰[3]，居其所[4]而众星共[5]之。"

——为政·一

完全读懂名句

1. 为：治理。2. 以：凭借。3. 北辰：北极星，古人认为是天的中心。4. 所：位置。5. 共：同"拱"。众星拱之，指围绕北极星旋转运行。

孔子说："政治领袖以道德来治理国家，就像是北极星一样，安居在它应有的位置上，其他星辰便会围绕着归向它。"

名句的故事

针对孔子这段话，宋代的学者程颐、范纯夫与朱熹都将它与君王不尽君道，臣子不尽臣道，父亲不尽父道，子不尽子道，就算有俸禄粮饷，我能够安心享用吗？”

名句的故事

根据《史记·孔子世家》记载，孔子见齐景公时是三十五岁，因鲁国内乱，孔子才前往齐国。为了接近齐景公，孔子还做了齐国贵族高昭子的家臣。

到了隔年，齐景公向孔子问为政之道，孔子表示“君君，臣臣，父父，子子”，以及“政在节财”。孔子会如此说，是因为当时齐国由陈氏大夫独揽大权，搞得君主不像君主、臣子不像臣子，齐景公有许多小老婆，又不肯立太子，因此人心浮动、国无宁日。

齐景公相当赏识孔子，想要封一块地给他，但因当时齐国宰相晏婴从中阻挠，于是作罢。之后，孔子回到鲁国，渐渐得到倚重，由中都宰升任司空，五十几岁时做到可以参与国政的大司寇，使得鲁国显现“励精图治”的气象。

不过，这使得一心想把鲁国当成附庸的齐国大感不安，齐景公派遣使者前往鲁国，要求与鲁定公夏天时在夹谷（今山东莱芜）会盟。原本齐景公打算在两国会盟中压迫鲁国屈服在齐国武力之下，因有孔子的据理力争，鲁国反倒将过去被齐国强占的大片土地争取回来，是鲁国史上少有的外交胜利。

齐景公终究没有听进孔子“君君，臣臣，父父，子子”的劝告，后来因为继承人不定，招致陈氏弑君篡国的灾祸。

历久弥新说名句

历史上，属于“君不君”的还有明武宗朱厚照，就是戏曲《游龙戏凤》里的正德皇帝。他生性桀骜不羁、喜欢放鹰猎兔，不但不理朝政，任由宦官刘瑾把持朝政，自己只顾着饮酒寻欢，甚至在皇宫中养起豹来。

他还讨厌当了皇帝便不能够再“加官晋爵”，因此在明朝好不容易打败北方的鞑靼后，竟然封自己为“威武大将军”、“太师镇国公”。当宁王在江西起义时，他也以威武大将军的名义讨伐，只不过是带着十多万人游玩作乐、荒唐奢靡，战争还是由别人去打。

汉代董仲舒将“君君、臣臣、父父、子子”发展成“三纲五常”，但后世某些腐儒却曲解为“君要臣死，臣不得不死；父要子亡，子不得不亡”。明末的王夫之认为岳飞便是受到这观念的误导，而由南宋的“昏主奸臣”宋高宗与秦桧剥夺军权与生命，留下一段令人扼腕的历史！

至，天下顺之。”平时常见的“得道多助”便是出自孟子的这段话。它的意思就是：如果站在正义的一方行事，就能得到许多协助，相反的，就会失道寡助。寡助到最后，甚至连亲戚都会背叛你，而如果得道多助至于极点的话，天下人都会来归附，自然可以得到民心。

百姓就像水，“水能载舟，亦能覆舟”，得民心的话，施政就像顺水行舟，自然“近者说，远者来”；但如果不得民心的话，施政将如同在急流中行舟，困难重重。关于为政者要如何使近悦远来，《老子》六十六章强调：“欲上民，必以言下之；欲先民，必以身后之。”意思是，想要处于领导人民的上位，一定要成为在下人民的喉舌；想要在人民之先领导人民，就要把自身的利益放在人民之后。《晏子春秋》中也有云：“节欲则民富，中听则民安。”对于这样把百姓的利益放在前头，又能倾听人民声音的领导者，人民自然“乐推而不厌”，这不就是“近者悦，远者来”的境界吗？为政之道，首重民心，这道理在任何需要管理的情境中都是颠扑不破的。

以不教民战，是谓弃之

名句的诞生

子曰："以[1] 不教[2] 民战，是谓弃[3] 之。"

——子路·三十

完全读懂名句

1. 以："用"的意思。2. 教：教导，训练。3. 弃：抛弃。

孔子说："用未经过训练的人民组成军队去作战，就等于将人民送给敌人、舍弃他们不顾。"

名句的故事

孔子身处春秋之世、列国争霸之际，对于战争军事不可能完全避而不谈。《史记·孔子世家》记载，鲁定公在位时，孔子担任大司寇一职，对于鲁国的政事有诸多建树，而当时齐国强势，

名不正，则言不顺

名句的诞生

子路曰：“卫君[1]待子而为政，子将奚先[2]？”子曰：“必也正名[3]乎？”子路曰：“有是哉？子之迂[4]也！奚其正？”子曰：“野[5]哉由也！君子于其所不知，盖阙如[6]也。名不正，则言不顺；言不顺，则事不成；事不成，则礼乐不兴；礼乐不兴，则刑罚不中[7]；刑罚不中，则民无所措[8]手足。故君子名之必可言也，言之必可行也。君子于其言，无所苟[9]而已矣。”

——子路·三

完全读懂名句

1. 卫君：指卫灵公的孙子出公辄，辄的父亲蒯聩是太子，因罪逃往国外，灵公卒，由辄继为卫君。后来蒯聩回国，取得君位，辄则出奔，因此称为出公辄。2. 奚先：指以什么为先。3. 正名：名指名分，当时卫出公在位，但其父蒯聩出亡在外，却不得继位，父子君臣的名分有待导正。4. 迂：远于事情，不切实际，指不是今日之急务。5. 野：不明白事理。6. 阙如：阙，缺少、没有的意思。如，语助词。7. 中：公正不偏不颇。8. 措：安置。无所措手足，就是连手脚都不知怎么放。9. 苟：苟且、将就。

子路说："如果卫君有意请您去治理国政，您要从哪一件事开始做起？"孔子说："首先必须导正名分吧！"子路说："有这个必要吗？您未免太过不切实际了吧！这名又如何导正起啊！"孔子说："你真是不明事理！君子对于自己不懂的事，就应该保留不说。名分不正，那么说出来的话就不合理；话不合理，什么事也办不成；事情办不成，便不能推行礼乐；礼乐不能推行，单用刑罚，刑罚就不会公正；刑罚不公正，民众就会手足无措。因此，君子定下名来，必定要能说得出口，说得出来一定要能够行得通，君子对于自己的言论，没有一丝苟且。"

名句的故事

《左传》记载，鲁定公十四年，卫灵公的儿子蒯聩因为痛恨母亲南子淫乱，派人想杀死母亲不成，而逃到宋国。这一年卫灵公过世，南子立了蒯聩之子辄为卫国的君王，之后晋国派兵帮助蒯聩意欲夺回政权，并且攻陷了卫国数座城池，他的儿子辄不答应退位，历史家称他们父子争国。

根据《史记·孔子世家》，孔子说这段话时为辄在位为卫君的第四年，当时孔子弟子高柴、子路等皆在卫国当官，辄希望孔子辅佐他，因此请子路来问孔子这段话。孔子说“必也正名乎”，就是希望辄能先将王位还给应该继承王位的父亲，做不到就免谈。

不过，辄并没有将王位还给父亲，孔子所预言的悲剧还是发生了，蒯聩最后攻下卫国成为卫君，而辄也逃亡了。在这场战事中，孔子的弟子子路因此丧命，让孔子伤心不已。

历久弥新说名句

“名不正，则言不顺”，现在多简称为“名正言顺”，儒家相信，有正确的、稳固的名实关系，才会有安定的秩序，一旦名实关系出现错乱，必须根据一定的原则进行“正名”。有人误以为正名后就一切水到渠成，然而这只是第一步。

“名正言顺”现常被用于婚姻与政治，前者指的是必须有真名实份，才算是真正的夫妻，而后者是指要有正当的理由，才能从事某些政治或军事行动。

在张爱玲的《倾城之恋》中便曾出现婚姻名分的吊诡。“柳原现在从来不跟她闹着玩了。他把他的俏皮话省下来说给旁的女人听。那是值得庆幸的好现象，表示他完全把她当自家人看待——名正言顺的妻。然而流苏还是有点怅惘。”

《三国演义》写到诸葛亮劝刘备在四川自立为帝时说：“今大王名正言顺，有何可议？岂不闻天与弗取，反受其咎？”就是指刘备原为汉室后人，称帝乃是“名正言顺”，不称帝反而会招致天怒人怨。

而僭越本分、以下犯上，司马昭当属“代表人物”。三国末年，魏国大权掌握在大将军司马昭之手，魏帝成了傀儡。有一天魏帝召集侍中王沈和尚书王经商量对付司马昭的方法，他说：“司马昭之心，路人皆知也。”司马昭想杀死魏帝篡位的念头，连路人都知道。然而，王沈和王经两人却倒向司马昭，魏帝随即死于非命。此后，“司马昭之心”便指一个人不安本分、野心极大。

不在颛臾，而在萧墙之内也

名句的诞生

孔子曰："求！君子疾夫：舍曰欲之[1]，而必为之辞[2]。丘也闻有国有家者[3]，不患寡而患不均，不患贫而患不安[4]。盖均无贫，和无寡，安无倾。夫如是，故远人[5]不服，则修文德以来之[6]。既来之，则安之。今由与求也，相夫子，远人不服而不能来也；邦分崩离析[7]而不能守也，而谋动干戈[8]于邦内。吾恐季孙之忧，不在颛臾，而在萧墙[9]之内也！"

——季氏·一

完全读懂名句

1. 舍曰欲之：心中是贪图利益，但是嘴上却不说。2. 辞：掩饰的话。3. 有国有家者：有国者指诸侯，有家者指食邑之卿、大夫。4. 不患寡而患不均，不患贫而患不安：依照清朝俞曲园所著《古书疑义举例》，"寡"和"贫"两个字应该互调，因为"贫"和"均"指财而言，"寡"与"安"指人而言。不均是指贫富悬殊，不安是说上下不协。5. 远人：远方的人，依照朱熹的说法，是指颛臾。6. 修文德以来之：修是整治；文德指礼乐文教；来是招徕，使来归附的意思。7. 分崩离析：内部四分五裂、支离破碎。8. 动干戈：干和戈均是古代武器的名称，此处用来指发动战争。9. 萧墙：萧是肃敬，墙是屏门。古代君臣相见之礼，至屏而肃敬，所以萧墙，用来比喻内部或至近之地。

孔子说："求！君子最痛恨的就是：有意隐瞒自己的贪欲，却还一味地为自己说些牵强的话来搪塞。我曾经听说过，有国有家的国君不愁土地、人民太少，只愁不能使人民安定；不愁贫乏，只愁不能将财富分配平均。如果能各得其分，使财富分配平均的话，就不会有贫乏的情形；彼此和洽，就不会嫌人民少；上下相安，就不会有倾覆的危险。能这样，远方的人还不顺服的话，我便整顿礼乐文教去感化他们。当他们前来归附时，便要安抚他们。现在由和求两人做季氏的家臣，远方的人不顺服，而不能使他们归附，国家分离瓦解，又不能保持完整，却还想在国境之内妄动军事，我恐怕季孙的祸患不在外面的颛臾而在是在自家里面啊！"

名句的故事

在公元前 659 年，季友立公子姬申为国君，也就是鲁僖公。同年，季友迫使莒国将乱臣庆父交还鲁国。由于季友对鲁国王室忠心耿耿，并对鲁国的安定有所贡献，僖公把汶水北方的土地以及费这个地方赐给他，并命季氏世代为上卿。于是，费地成为季氏的私邑，而季友的子孙被称为季孙氏。而颛臾在商代即是方国，周成王时颛臾是鲁国附庸，位于鲁国首都曲阜和季氏采邑费城之间，周王室授权它祭祀蒙山。现在季孙氏竟以颛臾靠近费邑，将来会给子孙带来威胁为借口，打算对这在鲁国疆域之内的附庸国大动干戈，孔子十分反感，并反对他的擅自征伐。这时，子路和冉求分别担任季孙氏的家臣和费邑宰，他们把这个消息告诉了老师之后，孔子说明季氏不应攻伐颛臾的理由，最后这句“吾恐季孙之忧，不在颛臾，而在萧墙之内也”，真是一语道破了季氏伐颛臾的真正原因啊！

萧墙原指宫室内当门的小墙或屏风，但这里的“萧墙之内”则暗指鲁君。当时季孙氏把持鲁国朝政，担心有朝一日鲁君收回主权，颛臾会帮助鲁君，于是打算先下手为强，消灭颛臾。所以孔子的意思是，季孙之忧不在颛臾，而在鲁君（萧墙之内）。之后，这句话就演变为“祸起萧墙”或“萧墙之变”，喻指祸患出于内部。

历久弥新说名句

“不在颛臾，而在萧墙之内也”或是“祸起萧墙”，让人联想到“兄弟阋墙”这句成语，指兄弟内部失和，源自于《诗经·小雅·常棣》：“兄弟阋于墙，外御其务。每有良朋，烝也无戎。”

意思是说，兄弟在家里虽然争吵不休，一旦遇有外侮，却能共同抵御，而平日的好朋友，遇到事情却不会来相助。后来“兄弟阋墙”，也用来比喻团体内部不和睦。

“墙”这个字在日常生活中是很普遍的，指区隔内外或划分空间之物。在欧洲曾有一座硬生生区隔人类自由灵魂的围墙“柏林围墙”，第二次世界大战过后德国分为东、西德，东德政府就在 1961 年 8 月 13 日于柏林建了一道围墙，以防止东德人逃到西德，结果西柏林被围成孤岛，从此，柏林被分为东西两部分，这就是冷战的开头。直到三十多年后，1989 年 11 月 4 日，东柏林举行五十万民众的大游行，东德领导人在和平示威的压力下终于辞职并宣布新法令，使东德人民享有自由旅行权利，并拆除柏林围墙结束了东西德多年的敌对局面。今天在柏林还可以看到围墙遗迹以及墙上的涂鸦，纪念这段充满血泪的历史。而现在也有人用“如柏林围墙的倒塌”一语，来比喻胜利在望。

恶紫之夺朱也，恶郑声之乱雅乐也

名句的诞生

子曰：“恶紫[1]之夺朱[2]也，恶郑声[3]之乱雅乐[4]也，恶利口[5]之覆[6]邦家[7]者。”

——阳货·十八

完全读懂名句

1. 紫：以黑加赤而为紫，中间色、杂色。2. 朱：红色，古人以朱为正色，喻正统。古人认为的正色尚有黄、蓝、白、黑。3. 郑声：指郑国的音乐，即相对于典礼祭祀音乐（雅乐）的地方俗乐，喻淫靡之声。4. 雅乐：先王的雅正之乐，中正和平，能调和性情。5. 利口：具口才的小人。6. 覆：倾覆，毁灭。7. 邦家：国家。

孔子说：“我厌恶紫色夺去了红色的光彩；厌恶郑国荒淫的音乐，扰乱了先王的雅正之乐；厌恶花言巧辩颠倒是非，使国家倾覆灭亡。”

名句的故事

孔子虽然是商族后裔，但却极为推崇周朝的礼仪、服色、音乐。随着周王室中央政权的衰落，周朝的“礼乐”自然也开始崩坏。魏文侯就曾经公开宣称不喜欢听古乐（雅乐），当他听到新的流行乐曲时，还会入迷地手舞足蹈起来。

看到这些现象，孔子无法手舞足蹈，而是痛心不已。孔子是一位理想主义者，他心目中一直存在着一幅完美的社会蓝图。那图像是古典、高雅的，色调是浑纯、正直的红，音乐是庄重、和谐的正统之乐，人物长幼有序、谦卑有礼。

而孔子自己所身处的现实环境自然不是这幅景象。春秋各国混乱无序，可说是“朱不朱、乐不乐”，对孔子来说，是一种异端取代正统、劣币驱逐良币的堕落。因此他严厉地批评道：“我厌恶那混杂的紫色迷乱人眼，取代了纯正的朱红；我厌恶那轻浮的郑国音乐迷惑人耳，取代了庄重的雅乐。我更痛恨那邪说妖言扰乱是非，颠覆家国秩序。”

历久弥新说名句

痛恨“紫之夺朱”者，可不只孔子一人。明末清初文人徐述夔就曾引诗暗讽清朝之夺取明朝：“夺朱非正色，异种亦称王。”明朝皇帝即姓朱，而“异种”则指清朝统治者原是外来民族，而非汉人。结果，这两句诗被人检举通报，大大兴了一场文字狱。

而据传著名的武侠小说家金庸笔下也借用了“紫之夺朱”的典故，而为其小说《天龙八部》中的两位女主角命名为阿紫与阿朱，暗示两人的命运与纠葛。

姑且不论此“紫朱”究竟是否为彼“紫朱”，虽然朱色为古代的正色，具有正统的崇高地位，但是随着历史的发展，紫色后来已经得到认可而成为官方的代表颜色。《汉书·百官公卿表》就记载：“相国、丞相，皆秦官，皆金印紫绶，掌丞天子助理万机。”

历史上，听到庄重祥和的雅乐就昏昏欲睡，听见活泼生动的地方俗乐（如郑声等）就想跳舞的也不只魏文侯一人。后来地方音乐渐渐地被采纳改制为宫廷音乐，例如汉高祖的《大风歌》：“大风起兮云飞扬……”

暂且不论究竟郑声等地方音乐是否真的是败坏人心的靡靡之音，可以确定的是，孔子心目中尽善尽美、净化人心的治世之乐——周朝雅乐，它反映出某一时代欣赏音乐的品味，而品味是会随着岁月而改变的。

Paul Millerd

The Pathless Path

Imagining a New Story for Work and Life

無路之路

你的人生怎麼可能有前例？
商業類罕見傳奇，工作與生活的新解答

保羅・米勒 著　沈聿德 譯

這就是無路之路。
將引領你，走向內心最深的真實。

——拉姆・達斯（Ram Dass），美國心理學家

目次

第二部　無路之路

一條沒既定方向，需要不斷探索的「無形」道路。
因此才能抵達，你內心真正想去的地方。

給台灣讀者的話

保羅・米勒

二〇一八年到台灣時，我正在逃避之前的人生。有一部分的我，很渴望能暫時脫離老家的壓力，那種從不間斷、一定要成功的壓力。有一部分的我，越來越確定自己過的是錯誤的人生，要採取應對措施才行。

儘管心神難安，我卻意外地在台灣找到了安身之處。倒不是因為這個島特別適合有存在危機的人來，或是工作文化比較好。而是因為遠離了家鄉，處在一個不熟悉的環境，再加上原本的尋常模式被打亂，讓我得以有了呼吸與思考的空間。

實際從之前的人生中抽離，我才頭一回看清了它的樣貌。那些我已經內化的工作與成功的說詞，開始動搖；隨著腳步放緩，我開始放開自己，生存的方式也變了。

我就是在台灣時，決定不再逃避之前的人生。我頭幾個月就找到了值得繼續向前的理由：一個是我後來愛上的女人，另一個是讓我感覺活得充實的寫作工作。起初的急著逃跑，搖身一變成為我後來所謂的「無路之路」。

這本書的重點，不是要你辭去工作。這本書討論的是更根本的東西：學會聆聽你內心納悶著「我想過哪種人生？」的那個微弱聲音。從這本書二〇二二年問世之後，我就一直收到世界各地讀者的回饋，他們都對這個問題很有共鳴。有些人一邊繼續工作，一邊重新想像自己與工作的關係。有些人則出乎意料地人生轉了彎，打造著在傳統履歷上不合邏輯的人生。

我們每一個人都面對著某種形式的「破壞」。舊的成功故事（累積資歷、往上爬、追求金錢）對許多人來說越來越不足。寫下這本書，就是我質疑舊故事、想像新說法的過程。

正如我的行動創造了質疑的空間，讓我得以探究工作在人生裡的角色，這本書也邀請你這麼做。你的人生是不是靠著自動導航在前進呢？你是否承襲了對你不再有用的成功故事？又有什麼冒險之旅正在召喚你？

無論你的答案是什麼，屬於你的無路之路，即將出現……

第一部

預設之路

一條多數人認為有前途的「正確」道路。
似乎只要照著走，就能安穩抵達成功？

1 序章

我緊張極了。修了一學期華語的我，被老師點到名字時，開始心跳加速。我深吸口氣，開口分享自己的故事：我提到自己辭掉工作、決定搬來台灣，邂逅了現在的妻子，接著創了線上事業，還住過五個不同國家。那是我第一次用別的語言談自己的故事。講完之後，一股平靜感襲來。過去三個月以來，我感覺自己真真正正地活著（學習、創造東西、解決問題、跟妻子探索台北），而今已告一段落。

這是我五年前住在紐約想都想不到的事。當時我還單身，時間用來工作、出去吃飯、跟朋友聚會、交往約會，總想著要減少工作量，不然就是完全不工作。我在顧問公司上班，年薪近二十萬美元，替世界最知名的CEO們做事。我很成功，還在朝更成功的未來前進。

二十幾歲時，我滿腦子想的都是要出人頭地，所以造就了這種結果。很多人對此熟悉得很。用功讀書、拿好成績、找到好工作；接著永無止盡地繼續埋頭苦幹。這，就是我所謂的「預設之路」。

從小我一直以為，一年賺十萬美元就是有錢人了。我二十七歲首度賺到這樣的年薪，當時，雖然覺得再也無所欠缺，我卻依然選擇不畫地自滿。畢竟我身邊的每一個人，可都無時無刻不往下一個目標邁進啊。

正是因為追逐成就，才會來到紐約和CEO們一起工作，那也是我決定放下一切離開前的最後一份工作。當時我常常早上進了公司就坐著，連開始工作都有問題。我會看著辦公桌前來來去去的人們，納悶他們是不是也跟我一樣，覺得人生卡住了。

我終歸會開始做事，著手協助各公司的董事會，評估他們的資深高階管理人員，決定該讓誰當下一個CEO。我會一一讀完公司上下人員的意見回饋報告，整理出每一個高階管理人員的優缺點，做成簡報。我們會以為，只要「爬上高位」就終於能做自己了，可是，就那些公司選擇的人來看，顯然在公司待得越久，就越可能變成公司要的樣子。我很清楚那不是我要的。

那十年間，我花了兩年讀研究所，然後任職過五間公司。我工作一個接一個換，深信下一站就是終點站。

我選擇的這條路徑，盡是威風的名字和了不起的成就，所以很容易就可以隱藏起自己的不安，而且選這種路，沒人會問你：「你為什麼要做這個？」我花了很久才看出盲點，也才有勇氣開始認真問自己那種更深入的問題。

這麼一問，讓我決定離開。不對——是跑開，我甚至退回兩萬四千美元的簽約獎金，還錯失了原本再撐九個月就有的三萬美元獎金。我離開時本打算當個不靠行的自由顧問，但那套說法很快也開始出現破綻。不久，我就明白自己一直走在一條不屬於我的路徑上，而要找出一條往前的新路，就必須踏入未知。

步上未知之路大約一年後，我無意中發現了一個詞彙，方得暫停腳步，沉靜下來。在大衛．懷特（David Whyte）的書《三種婚姻》（*The Three Marriages*）裡，我讀到了「無路之路」的概念。對懷特而言，無路之路是一種悖論：「我們連看都看不到這條路，也認不出來」。[1]對我來說，無路之路是一句讓我安心的箴言，讓我知道自己不會有事。這種冥冥之中的盲信，對於人生前三十二年隨時都活在計畫裡的我，是一種前所未有、讓人害怕又期待的概念。懷特說，我們第一次接觸無路之路的概念，「不懂意思是正常的」。

不過，對我來說，這概念的意思無所不包。

無路之路，是預設之路外的另一種選擇，代表欣然接受不確定與不安。在這個要你我當乖乖牌的世界裡，是對冒險的召喚。我認為，它也是一種溫柔的提醒，要我在事情似乎要失控時，大笑置之，還要全心接受，無常的未來不是我們要解決的問題。

說到底，這個概念是思考人生該怎麼走的一種新說法。

隨著世界不斷改變、科技不斷重塑生活，那些在人生路上引導我們前進的說法也會過時，變得有所欠缺。人們開始覺得，以往自己所學到的世界運作方式，和自己的體驗銜接不起來。就算你努力工作，也還是會被炒魷魚。你的人生看似完美，卻沒有時間享受人生。退休時坐擁幾百萬元存款，卻不曉得要幹嘛。

一直以來，我不自覺地追逐著成就，而無路之路，就是我的脫身之法。這樣我才能離開一個追求超前進步的人生，轉而專注於活著的人生；我才有辦法解決想裝作不存在的人生難題；我也才得以接受最難的問題往往沒有答案，然後繼續過生活。

無路之路的概念，對我的最大助益之一，就是讓我能重新想像自己跟工作的關係。我離職之時，對工作的概念很狹隘，只是一心不想工作。而在這條無路之路上，我的概念拓展了，我得以看見真相：包含我在內的大多數人，都有一股深深的渴望，想做自己覺得重要的事，展現出內在的自己——卻因為受限於預設之路的邏輯，才無法看見這有實現的可能。

我一直遵循保證會幸福快樂的人生公式。然而這個公式沒用。因為困惑，讓我在一條不屬於自己的路上，待了超過十年之久。一路上，我學會怎麼玩這場功名的遊戲，卻從未停下來弄清楚自己真正要的是什麼。我身邊都是企業領袖，不過，與他們共處一室的我卻格格不入。我待在不對的房間，問著不對的問題，想弄清楚人生要怎麼過。

預設之路是什麼？

本書不會倡導或反對任何特定的過人生的方式，卻會挑戰預設之路是**唯一方式**的說法。

我所謂的預設之路，指的是大家眼中成功人士必須要做的一連串決定，以及必須擁有的成就。定義取決於你所在的國家，但在美國，我們叫這「美國夢」，也就是擁有好工作、房產、以及家庭的人生。

學者多爾泰・本森（Dorthe Berntsen）和大衛・魯賓（David Rubin）研究所謂的「人生腳本」，根據他們的說法，就是「文化上，在典型的人生歷程裡，大家對於生命事件發生之順序與時間的期待」。[2]研究結果發現，各國的人對於自己人生要發生的事件，期待都極為一致。時間點大多都在三十五歲前發生：畢業、找到工作、戀愛、結婚。[3]

這表示對許多人來說，人生的期待都集中在，年輕時發生的少數幾個正面事件。至於剩下的人生，大多沒有腳本，而且在免不了挫敗時，也沒人教他們該怎麼思考、感受。雖然現在很少年輕人期待一輩子只做一份工作，但多數還是活在預設之路的邏輯，以為在二十五歲前，就要把一切搞清楚。這麼一來，我們的想法就會受限。包含我在內的許多人，便內化了經濟學家梅納德・凱因斯（Maynard Keynes）說的那種「世俗智慧」，也就是「用傳統的方式失敗，似乎勝過用標新立異的方式成功」。[4]

我從二〇一七年起，就跟世界各地的人，針對工作與生活，進行過幾百次的線上「探知對談」。我見過人們被無預警裁員的羞愧、頻繁換工作而導致的恐慌症發作，以及在自己以為該走的道路上無法成功的失望。更重要的是，人們會羞於跟其他人談論這些情緒。

這種焦慮不是年輕人的專利。有越來越多在傳統職涯上屆臨退休的人告訴我，他們對預設的退休一點都不期待。他們渴望與周遭的世界連結，只是不曉得作法。根據二〇一八年的資料，已開發國家中男性與女性的預期退休期為將近二十年。[5]隨著嬰兒潮世代帶著空前的財富，以前所未聞的健康狀態和活力，進入了這個新的人生階段，他們就需要尋找新的人生故事。

這些故事讓我有動力進行自己的探索旅程，也提供了充分的寫作素材。我無意間成了智庫，懂得許多道理，曉得人生要如何前行、如何改善人與工作的關係。我在對談中獲益良多，進而成就本書。

我全心接受無路之路之前，是大家碰到職涯困境時會找的那種朋友。我有個工作上很緊密的同事，是年約二十五歲的專業人士，他當時很想放掉那份工作。談到職涯選項時，他跟我說，他不是繼續在現在的公司繼續往上爬，成為合夥人，要嘛就是到客戶的公司工作，套句他的話，「輕鬆度日」。

「只有這兩個選項嗎？」我問他。「是啊。」他答道。我列出了他也認為可行的其他選項，他卻說：「我認識的人都沒那樣做過。」許多人都會掉入這種陷阱，我們深信，往前的唯一道路，就是一直以來走的那條，不然就是其他同儕做過的事。這是一種沉默的共謀，限制了你我人生的可能性。

我認識那位年輕專業人士的時候，正好試著把職涯教練當成副業。對方厭惡自己的工作，想有所改變。等他在另一家公司找到新職務，就再無動力繼續跟我一起探索對他重要的事了。

我很無奈。我希望他看見我所見的可能性。話說回來，在我自己的人生裡，我也跟他一樣。每換一個新工作，我就說服自己相信，我發展得越來越好。但我其實只是想辦法逃避那種人生卡關的感受。

我太怕跟自己深入對話——那種可能把我送上不同人生的對話。

你的潛能，比想像更大

我這輩子有種天賦：總能看見別人了不起的地方。所以看見有人人生卡關，或者沒法追求夢想，就會很難過，想盡己所能協助這些人。撰寫這本書的過程裡，我才明白，這其實和我父母有很深的關聯。

我是個幸運兒，父母用他們的人生，盡可能為我和兄弟姊妹打造了最好的童年。他們知道自己最擅長什麼，接著全心全意投入。

我的母親擅長當個積極參與的媽媽。她總能直覺知道我的需求，也給我空間，讓我能自己做決定、學會為自己的人生負責。她協助我移除掉路上的障礙，讓我長成有自信的大人。這一路上，正因為母親滿滿的慈愛，我每踏一步，都有下一步的勇氣。

我的父親把工作擺第一，我對此有許多年都難以理解，因為我希望他有更多時間陪我們。但隨著年紀增長我才明白，他也不願意，卻別無選擇。

父親十九歲時，找到一份製造公司的工作，接下來的四十一年，他都沒想過要換公司。在職業生涯裡，他始終告訴自己，必須比其他人更加努力。為什麼？因為他沒有大學學位。他往上爬，獲得升職，同時發現身邊的人都有了不起的文憑，所以要趕上的壓力就更大，他卻從未有怨言。他每天早上五點起床，一天工作十二小時，對別人有求必應。他也因此職涯亨通，確保我和兄弟姊妹有更多選擇，而不像他一樣。

母親也認為她沒有大學學位，所以發展受限——她是對的。我大學畢業兩年後，幫她申請應徵另一所學校的獎助學金部主任，甄選委員會說她的求職信「是他們讀過最好的」，還說她是最適任人選，但因為沒有大學學位，他們要把這份工作給別人。

我知道後難過極了。我母親既聰明又能幹，她對這世界的貢獻無關乎大學學位。對我的父母來說，他們能選的最佳選擇，就是預設之路。預設之路對他們的效果奇佳，所以捨棄才如此困難。我知道他們做出了多大的犧牲，才讓我有更好的職涯選擇。但他們真正給我的，不只是在學業和工作上成功的能力。他們還給了我編織夢想、勇於冒險、探索人生更多可能的空間。

許多人都因為沒人相信自己，覺得人生很難做出改變。我有相信我的爸媽、叔叔姑姑阿姨舅舅、祖父母、老師，還有公司主管。他們的支持讓我有優勢，也因此，想做好他們眼中的那個人，成為我最大的動力。我深受作家李奧．羅斯敦（Leo Rosten）的主張啟發：生命的目的就是「當個有用、高尚、慈悲的人，為自己活過，並且有作為地好好活過這一遭」。[6]無路之路讓我得以明白，辭掉工作根本不是為了逃避工作或輕鬆度日，而是利用父母給我的才能造福他人。

幫助別人勇敢過人生，讓他們大鳴大放，是這世上最重要的事之一。我想看到人們過上真正有能力過的生活，而不是只過著他們以為的人生。

我寫這本書，目的就是要讓你們明白，這是辦得到的。

在無路之路，我一路走來慢慢釐清了這個道理，也協助世界各地無數的人明白。

那好，接下來換你們了。隨後的內容不是一套簡單的腳本，而是邀請你加入我的行列，在無路之路上，和我一起想像新的故事，看看會有怎樣的結果。

準備好了嗎？

2 人生勝利組

「懷有抱負的容易之處，在於可以解釋給別人聽；但抱負的弊病也正在於，可以輕鬆解釋給別人聽。」

——大衛・懷特

世界級的跳圈者

「跳圈者」（hoop-jumper）是前耶魯大學教授，作家威廉・德雷西維茲（William Deresiewicz）所創的詞，用來描述學生的行為——比起用這段世界頂尖大學的在學期間，追隨自己的求知欲，他們似乎更在意成績拿A，為履歷表多添亮點。[1]

這些學生們滿心想找到好的實習機會或工作，或得到研究所入學許可，所以他們選擇課程與活動時的準則，就是提高獲選的機會。很多這種學生，一輩子都在這場競賽中拼搏，背後是爸媽的高度期待在推動，他們會從一所菁英學校換到下一所菁英學校。

我雖然最後也參與了這場比賽，但我的童年卻非常不一樣，因為我沒有壓力，爸媽總是放牛吃草，而且，我還真心熱愛上學。我高中時是頂尖學生，卻從沒想過申請頂尖的大學。我只想讀家鄉的康乃狄克大學。最主要的原因？這樣我就可以只花五塊美元的門票，坐在學生區看男子籃球賽了。

得到入學許可後，我獲選進入榮譽學程，並且被安排跟同樣學程的學生們一起住在同棟宿舍。當時我不曉得這會大大影響我的未來，但事後證實，確實如此。身邊的人都抱負遠大又成就斐然，有人SAT（學術水準測驗考試）考了滿分，有人拿了全額獎學金，還有人獲得五年一貫攻讀學、碩士的資格。聽到有些人大費周章挑選學校的過程，要在獎學金、學校排名、工作機會、研究所入學規畫做權衡取捨，我真的好訝異。我只不過想看籃球賽而已。

但這些人成了我的朋友，我也開始想要他們想要的東西。他們體現了一種**成功準則**，專注把當下的成就最大化，替未來創造出更棒的選項。我開始埋怨自己讀的高中，輔導老師竟因為「工科很難」就建議我選別的科系。**為什麼大家不逼我逼緊一點？我當初該申請更好的學校嗎？**

那些新朋友們多年來追逐成就，其中許多人似乎都背負著焦慮與壓力，而我這個遲來的參賽者倒沒有那些包袱。有些人會拼命到力氣耗盡，課表滿到負荷不了，我對此震驚不已。我不想競爭到那種地步，但我希望能跟得上大家，於是，我開始努力搞清楚這場比賽的規則，想用最省力的方式，達到最棒的效果，鑽制度的漏洞。

讀大學的第一學期，我就用Excel做出往後四年的課表。接著再交叉比對RateMyProfessor.com這個網站的資料，如此一來，我就可以知道哪些老師給分最鬆，排出最佳課表。大學二年級時，我成功向校方申請到可以不受最多十八學分的限制，加修輕鬆拿高分的課——我們稱這些課為「A保證班」。

剛進大學時，課堂成績拿A是我們這些榮譽學程學生的必備條件。這是幾十年來成績通貨膨脹的結果。二〇〇〇年代中期，有四二%的大學生課堂成績拿A。[2]與當時差異很大的是，一九六〇年代時，大學生最有可能拿的課堂成績是C和B，A排在第三位。對榮譽學程的同學和我來說，既然拿得到A、我們也認為自己該拿到A，所以，比起用功準備考試，我們會花更多時間，找出能提升成績的漏洞。

鑽漏洞這種事我很喜歡。雖然工科和商科的雙聯學位已經不好修，但找對漏洞的話，就能繞過最難的工程學。我也會修一些開課時間奇怪的課程，因為那些教授的評分寬鬆。我的目標依然是優秀畢業生這種了不起的學業成就，但我挑的卻是不會逼太緊的論文指導教授，修的也是不會壓力過大的課。每拿到一份實習機會、每獲頒一次院長榮譽獎、每得到一次獎學金，我全身上下就有一股成功的美妙感。我覺得一切都在我的計畫之中。

當時的我，就跟德雷西維茲在耶魯大學的學生一樣，變成跳圈者，內心完全認同教育就是「做回家作業、解題、考試拿高分」。那時我還沒意識到，德雷西維茲所謂「更重要的東西岌岌可危」所指為何，我只是這場學生比賽的參賽者，沒心多加思索。[3]

光環最閃亮的工作

大三結束前，我已經拿到很高的GPA（學科成績平均積點），完成了好幾份實習，還得了好幾次獎。不過，升上大四後，我才決定要朝向第一個值得我懷著抱負去「跳圈」的目標邁進。當時的我打定主意，非要擠進策略顧問的菁英領域。

策略顧問是美國一八〇〇年代晚期製造業大幅成長下的產物。像弗雷德里克・泰勒

（Frederick Taylor）、亞瑟·D·黎拓（Arthur D. Little），以及愛德溫·布茲（Edwin Booz）等人起初被叫做「顧問工程師」，幫製造工廠一起提升工廠的效能與獲利。[4]他們後來協助創立了最早的顧問公司，這些公司在整個二十世紀逐步進化，擴張了目標與規模。我大學畢業時，這個產業已經在全球有幾百家公司、市值幾十億美元。這些公司跟CEO和管理階層一起解決重大問題。對有抱負的年輕人而言，這產業等於是跳過「一階一階往上爬」，一畢業就能馬上接觸最有意思的企業問題。

一開始這些公司只找哈佛、耶魯這種菁英學校的學生，後來顧問業擴張，招募對象也隨之變廣，但還是很挑剔就是了。康乃狄克大學不是它們招募新血的對象，反倒是所謂的「非目標」學校。我知道要擠進顧問業很困難，但依然想試一試。

達成這個目標，成了我的使命，我因此不把從學校進入「現實世界」的龐大焦慮感當一回事。我沒知識也沒經驗，不知道如何度過這個人生的重要階段，只能借鏡當時身邊所有人都在做的事：選一條路。

現代社會提供了好多條路可以走，這在某個層面上很棒。工業體系與其帶來的繁榮，為世界各地的人創造機會，使得可以選的路徑很多。不過路徑激增也帶來了問題。

選項如此多，我們可能會忍不住挑一條有肯定結果的路，而不願花功夫弄清楚自己真正想要什麼。

我有個朋友朗吉．賽姆比，畢業後沒走法律而是從事軟體開發，他跟我說，法律這行讓他感興趣的原因是「步驟都已經列出來給你了」。法律相關職業傳達給大家的意思就是「他是個認真又聰明的人」。只不過，在這條路待的時間越長，他才明白一直以來這條路應允的是「用肯定的結果，換掉生命的存在恐懼」。[5]

吸引我和朗吉的那些路徑還提供了其他的東西：名聲。雖然名聲很難定義，但你可以把它想成，自己做了別人眼中了不起的事時所得到的關注。這樣的關注，在身為無數年輕人職場導師、同時也是一家新創孵化器創辦人的保羅．葛拉漢（Paul Graham）眼中，是一種陷阱。他認為，名聲「是塊強大的磁鐵，連你認為自己喜歡的東西，都會被它扭曲」。[6]

諸如策略顧問與法律業這類名聲響亮的工作，給人的印象就是很了不起，這種說法的力量強大，我跟朗吉都深受影響。奮發向上，想把學業成就轉化為明確的故事讓大家看到的年輕人，會覺得這些路徑美好到讓人難以置信。禪學大師艾倫．沃茨（Alan

Watts）主張「對安全感的渴望與不安全感，是一樣的」，而「我們尋找這種安全感的方式，就是窮盡一切辦法築起堡壘，把自己關在裡面。我們希望能被自己的『獨一無二』與『特別』保護」。[7]而這些，完全就是當時我在尋覓的。

升上大學四年級，我深受渴望名聲的影響，開始想方設法要克服自己這個「非目標」應徵者的身分。

擠進贏家的「內部小圈圈」

大家都知道，一九四四年C・S・路易斯（C. S. Lewis）在國王學院（King's College）演講時，細述了所謂的「內部小圈圈」（inner ring）。而我真正想要的，就是成為其中一員。路易斯說：「……在特定人生階段，驅動所有人最強烈的元素，就是想進入內部小圈圈的渴望，還有不要被排除在外的恐懼。」[8]

大四上學期還沒開學前，我就弄好了一張試算表，列出各家顧問公司與人們認為名聲很好的其他工作。這就是我在意的內部小圈圈。除了顧問公司，我還列了投顧銀行、科技新創公司、避險基金。我不太挑剔工作類型，只希望大家會覺得了不起。我大四上學期大多處在一種瘋狂的狀態下，搜尋有沒有遺漏了什麼公司，忙著拓展人脈網絡，寄自薦信，想辦法爭取面試機會。可惜我費的這些功夫，大多都被快速回絕。我的資歷雖然很棒，但大部分的公司已經從更好的學校找到了目標對象。

在兩百家公司當中，我成功爭取到一些面試機會，從而得以一窺內部小圈圈的神祕世界。其中一個面試，是要去北卡羅萊納州參加美聯投資銀行的超級面試（Superday）。超級面試是為期兩天的嚴峻考驗，先是跟公司員工和其他面試者用餐閒聊，第二天再進行好幾場正式面試。

抵達之後，我辦完飯店入住手續，接著走向外頭街上一家高級雞尾酒吧。不到十五分鐘，我就發現，原來自己是在場三、四十人中少數的幾位「非目標」應徵者。得知這件事後，我感覺自己像是來騙吃騙喝的。有些人說已經有同校的朋友在美聯銀行工作，也有人說這「只是」他們的候補選項。他們覺得我獲得面試機會很有趣，但說到底，他們並沒有把我當成威脅。這些從維吉尼亞、杜克、康乃爾等學校來的學生散發著自信，我才明白，他們早就是內部小圈圈的一員了。他們眼下要做的，不過就是搞清楚自己畢業後想別上哪家公司的徽章。

隔天，我做做樣子地完成了八場三十分鐘的面試，但從頭到尾，面試官和我似乎都早就知道結果了。兩天後，我接到回絕的電話。大四上學期結束前，我試算表上列出的每一家公司，不是回絕了應徵申請，就是視而不見，連回覆都沒有。

雖然尷尬，但一窺內部小圈圈的近距離接觸，卻讓我更有動力。這下子，我想要的，可不只是奮力擠進這個會員專屬的圈圈，我還要一雪自己那個週末蒙受的恥辱，擺脫掉覺得自己不夠好的感覺。

雖沒擠進那個內部小圈圈，我還是不斷耕耘自己的備案計畫：進到奇異（General Electric）的領導力發展計畫工作。當時奇異在業界仍負盛名，還以不招募菁英學生為傲，也就是那些我競爭的對象。他們寧願找像我這種在大型公立學校裡成績出眾的人。

我升大四前在奇異實習過，可以選擇隔年回去擔任工程職位。但暑假實習那年，我第一次受到渴望名聲的影響，無意中發現他們有「財務管理發展計畫」。那是奇異的內部小圈圈，被視為能在公司裡發光發熱的捷徑。雖然我的實習是工程方面，也只修過少數的財務課程，但我還是申請進入那個計畫，還說服那些招聘人員，這就是我最適合走的路。錄取後，我馬上取消其他的校園面試。就算奇異不屬於我嚮往的那種內部小圈圈，但這份工作，還是會被當作我們學校畢業生能找到最棒的工作。

為什麼有人願意苦心應徵那麼多工作呢？部分原因是，我很享受找工作的過程。至於準確而難懂一些的原因是，環境告訴我最該做的事，就是盡量提升成功機會，即便我不想，也被捲進了追逐成就的過程。我的朋友們畢業後全都有了不起的計畫，我不想落於人後。大家都覺得我要去奇異做的工作很了不起，我也很享受被關注、覺得自己很聰明。我沒有財金方面的工作經驗，也沒待過未來要派駐的俄亥俄州或美國中西部——但這些都不重要。這份工作，是讀我這所學校能找到的工作裡最棒的一份，而它吸引人的光環讓我深信，這就是我要的。

畢業後，我跟我堂弟布萊恩開了兩天的車到俄亥俄州。那趟車程，我記得兩件事：收音機每隔四十分鐘就傳來〈嗨，狄萊拉〉（Hey There, Delilah）這首歌，還有我自己的不安。我這輩子第一次離開康乃狄克州那個方圓十五英里的安全泡泡，到外地住。雖然搬到新城市、在奇異這種大公司工作讓我滿心期待，但內心深處卻覺得這不是我想要的落腳處。我裝出「要工作了」的開心模樣，但其實，我要的不只如此。

我的不安很快就化為一種想逃的欲望。我加入時，奇異確實是名聲卓著的百年公司，但已經顯露老態。我沒辦法想像在那待一輩子的職涯，更別提待兩年了。大家好像什麼也不在意。同事每天到同一張辦公桌上班，已經幾十年了；相較於工作，他們更在意退休投資組合，還跟我說，要不是為了福利，他們根本不想來上班。

我加入的發展計畫，要在不同部門輪調四回，一次六個月，我連兩次都沒待完。第二回要輪調到佛羅里達州傑克遜維爾市（Jacksonville），在開車前往途中，我就決定要辭職了。我打電話給當年為了新工作搬到波士頓的朋友麥克，我問：「麥克，如果我六月搬到波士頓，你要不要跟我一起住？」他回答：「當然好啊！」事情就這麼定了。在波士頓那裡，我比較有機會在屬於內部小圈圈的公司謀得工作，而且離朋友和家人更近。

在傑克遜維爾，我更努力打造求職第二部曲，跟很多家一年前才拒絕過我的公司遞出求職申請。不可思議的是，我最後竟找到了夢想工作。沒錯，你沒看錯。到了佛羅里達約一個月，我就看到麥肯錫顧問公司（McKinsey & Company）徵求研究分析師的廣告，那可是我排在清單首位的公司。我經過幾輪面試後成功錄取，加入波士頓的分公司。

這簡直美好到太不真實，但這項成就在別人的眼中，與在我內心的感受卻不相同。大家認為這工作換得聰明，那可是麥肯錫，真了不起。但對我而言，這是經過一整年躁動不安、不成熟、缺乏安全感、急切渴望逃脫之後，最終到來的好運。

辭掉工作，在沒有新工作的情況下搬到一座新城市。我想著冒這趟險可能的結果，有部分的我隱約很期待，殊不知這一部分的我，還要等好幾年才有機會得償所望。

我道別了佛羅里達州，跟父親開著U-Haul租來的搬家貨車北上，對自己的下一步躍躍欲試。我獲得了重新開創畢業後人生的第二次機會，而這一次，我會在真正的內部小圈圈裡。

成功的無底洞

上班第一天，我一走進辦公室就激動不已。我何其有幸，能在麥肯錫工作，身邊的同事都熱忱滿滿又求知若渴，不會只等著週末到來。和我共事的那些經理人，既重視我，又會督促我精益求精。

我感覺自己只是個外人，莫名其妙擠進了會員專屬區，之後卻也漸漸吸收身邊這些人的普遍行為和思想。在奇異，工作以外的一切話題都是忌諱，但在麥肯錫，大家會公開談自己的抱負：上頂尖研究所、成為CEO，或去別家知名公司工作。對我很多同事而言，麥肯錫只是邁向更大成就途中的一站。

我也採納了他們的這種態度，全心信奉哲學家安德魯・塔格特（Andrew Taggart）寫到現代人與工作之關係時，提及的職涯版本。他筆下現代人跟工作的關係，就是「以工作為中心，用第一人稱視角，講述個人生命歷程進步向前的故事」。[9]從這樣的視角出發，我的職涯並不只是幾份工作，而是一場高風險的賽局，一旦落於人後，似乎就一敗塗地。我跟同事們靠著不斷討論職涯路徑和「跳板選項」，來面對這種壓力。對剛來的菜鳥如我來說，這招很管用。聽從同儕的智慧，就能知道如何留在這個內部小圈圈。

這樣過了一年，我決定下一步就是要去頂尖的商學院。這個念頭並非憑空出現。我每天跟同事在午餐休息室聊的都是申請學校、寫申請文件，還有各校排名。這些人都是我的朋友，如果他們錄取哈佛、史丹佛等菁英商學院，那我當然也覺得自己要一樣。這就是有聲望的職涯路徑，會讓人落入的圈套。你不會想著人生要做什麼，而是會默認同儕最讚賞的選項。

路易斯提到內部小圈圈的影響力時警告：「除非你想辦法制止，否則打從第一天進入職場開始，想進入內部小圈圈的欲望，就會成為你人生主要的推動力之一，直到你老到不在意為止。」他認為：「你要有意識而且不斷努力，才可能過上其他不一樣的人生。」

在這個圈子，我雖然熱愛麥肯錫的工作，但因為大家都離開了，我當然也要離開。在公司第二年快結束前，我錄取了麻省理工學院的雙聯學程。假如你那時引用路易斯寫的內容給我看，想說服我有「其他不一樣的人生」存在，我也不會相信的。

我當時走在一條美好到讓人難以置信的路徑上，繼續往下走，我可是樂意至極。

我為什麼而活？

塔格特認為，危機會帶來「思考存在意義的時機」，逼著我們去好好思索生命最深奧的問題。[10]

他主張，通常出現這種時機的情況有二。其一，「透過失去」；其二，「透過驚訝」。也就是說，當重要的東西被奪走時（例如：摯愛、健康或工作等）；或者，當我們碰上不敢置信的事，受到極大的啟發與感動時，才會開始思考深層的問題。

二〇一〇年是我在麥肯錫工作的第二年，年底時我頭一回體會到「失去」，那是研究所開學前一個月的事。

當時我在爸媽家，妹妹打電話來，說她去探望外公，語氣聽起來很擔憂。醫生診斷出外公罹患胰臟癌，雖然他跟健康問題纏鬥多年，但這次感覺不一樣。得知消息的我，既激動又哽咽。我陪著還在消化噩耗的母親，一起坐在屋後的平台。

我和母親的反應，跟每一個面對殘酷事實的人沒什麼兩樣——就是否認到底。時值五月初，原本外公外婆預定再過幾週就會回康乃狄克州避暑。這確實是噩耗，但我和我媽都不覺得要緊。我們告訴自己，外公回得了康乃狄克州。

人生並沒有按著我們的計畫走。那週才過一半，外公的情況就惡化了，不到星期五，我各地的親戚都飛去亞利桑那州看外公。當週結束前我也去外公家了，舅舅開車，我和表親們坐在後座。那三十分鐘的車程，是我人生裡最長的一段路。車上誰也沒有開口，大家想的都一樣：**外公別走，拜託等我們到**。

接下來兩天，我們總共二十五人，就在外公外婆那棟只有兩間臥室的房子裡，有時整個家族一起、有時輪流單獨探視。我記得自己跟家人握著手圍在病榻旁，雙頰滿是淚水，感受到人生最深切的痛楚。

我的外公很不凡，我很喜歡跟他在一起。我十三歲時，他在鎮上買了一間湖邊的房子，也讓我跟他還有外婆更加親近。那間房子不只成了我第二個家，還是親朋好友聚會的所在，連不算熟的人也可以來。外公家歡迎所有人，只要願意吃他做的飯就行。

外公從不談自己的童年，不過，我從他的兄弟姊妹口中得知，外曾祖母去世後，他就被送去農場跟他舅舅住。小學四年級時，他開始跟舅舅工作，於是輟學了。他沒有充滿愛與支持的童年，因此，他想辦法讓自己的孩子、孫子們有更好的童年。他做得很成功，我的兄弟姊妹和表親們都一致覺得，能在這樣的家庭一起長大，就像中樂透。多虧了外公，我們隨時可以進入充滿愛與歡笑，什麼都可能發生的奇幻世界。

我在亞利桑納州的外公家坐著，心裡明白，自己即將失去人生最重要的其中一人。待在那的短短幾天，我難以釋懷，終日淚眼汪汪，但那些日子也具有美好與深刻的意義。我們眼前就是外公畢生心血的證明，他打造出的世界，比他成長的世界更加美好。在那些時刻，我知道世界上最重要的莫過於家庭、愛，還有親族關係。

儘管我知道這一切，但外公過世前的日子，我卻人在心不在，沒辦法不想到工作。萬一同事要找我怎麼辦？為了緩和焦慮，我會開車到鎮上的咖啡館看電子郵件。結果一切順利，有同事還傳訊息給我：「你在幹嘛？快回去找你的家人，我們會罩你的！」我笑了笑，闔上筆記型電腦。

從咖啡館回去的路上，我好氣自己，為什麼如此掛念工作這種不重要的事呢？我走進外公家，屋裡靜悄悄的。外公就要斷氣了，我會因為愚蠢的電子郵件，錯過最後一刻嗎？我拉起家人的手，跟大家一起禱告，接下來幾天，我將擔憂暫放一邊。

那次經驗，讓我「透過失去」，開始思考自己一直以來以工作為生活中心，而忽視的問題。

我為了什麼而活？

我真正要的是什麼？

在我蒙主寵召之際，我想怎麼回顧人生？

這些問題很難，不過，我終於做好心理準備思考一番。

商學院生活

外公過世後一個月，商學院的課程開始了。重回學校讀書，我開心又興奮，外公的離世讓一切都蒙上了陰影，卻也讓我的心胸更開闊。那幾個月，我覺得什麼事都深具意義。我更體會人際關係的重要。我變得看書、聽歌、看電影都會哭，而且不管對什麼都更有好奇心。

我想把這些改變融合到生活裡，作法就是將對職涯的專注力，轉移到交友、人際，還有讀書學習上。我優先選擇有興趣的課，也不像以前那麼在意成績。第一學期裡的某堂課，出了很多我認為沒意義的作業，我大部分都決定不做，最後拿到了人生第一個C，是C^+，在商學院算不及格。

我大部分的課還是及格了，但在連續三年把職涯擺第一後，我終於學會以生活為優先。我對商學院的回憶，包括跟朋友們在波士頓知名的愛爾蘭餐廳Beacon Hill Pub談天說地、去麥克家看《玩咖日記》（*Jersey Shore*）、文化慶祝活動、正式派對、校內曲棍球賽和籃球賽、到各國的工廠參觀，還有一件最難忘的——在五百人面前表演愛爾蘭吉格舞。兩年商學院快結束前的某次課堂上，我朋友寇帝斯說，他覺得我是個「充分享受生活」的人。他這麼說，讓我訝異又不敢當。我第一次發現，自己專注地處理了那些失去外公後浮現的問題，也更用心創造回憶，而不只是追求成績。

可惜，我不是在放一場沒有盡頭的長假。我花光了所有積蓄，還為了繼續走這條路，背了七萬美元的債。

麥肯錫有個方案：只要承諾回去工作至少兩年，那麼麥肯錫會幫你付學費。我當時太自信，覺得自己絕對不會回去當顧問，所以完全沒考慮。慘的是，在商學院第二年徵才開始前，我都還沒有別的計畫。所以，我又去應徵大學時應徵過的那些顧問公司。

那些公司覺得莫名其妙，麥肯錫是大家眼中的頂尖公司，我何必要投他們的競爭對手？他們不相信我的解釋，所有大公司都拒我於門外。最後連麥肯錫都不要我。我整個申請過程太過輕忽，自以為一定會錄取，真是天真。接到拒絕電話那天，我人正走在波士頓的查爾斯街（Charles Street）上。實在太丟臉了，我感覺自己像個廢物。搞不好我是唯一一個在某家公司工作之前**還有**之後都被拒絕的人。才過幾年，難道我又回到原點，還在想辦法擠進內部小圈圈嗎？

這下子很明顯，我不像同班同學那樣一心一意，以此為職志；當我「以生活為重」時，大家都在準備工作面試。

我的職涯認同開始出現裂痕，但我幾乎不自知，而且，在腳下這條預設之路以外，還有哪種人生，我也完全沒概念。

我商學院的同班同學大多成功找到工作，過了好幾個月，我才被波士頓一家小型顧問公司錄用。這個機會讓我開心不已，卻也讓我忽視自己職涯認同上的裂痕。我對成為「成功人士保羅」的執著稍微鬆動了，但人還是穩穩地站在那個成功的世界。

健康危機，人生轉機

新公司最有意思的地方，就是他們為了擴增案子，會招募兼職顧問，讓我接觸到新興的零工經濟。除了正規的顧問案，我們安排這些兼職顧問做短期的案子。這些自稱為「獨立顧問」的人，有意思極了，各自的故事和工作方式都非常獨特。有的人每週工作三天；有的人每工作六個月，就休息六個月去旅行；有的人在業餘時間還自己開發案子，有的人則把時間花在家人身上。這是我第一次直接面對非全職工作者，大大挑起我的好奇心。

要不是我在公司的十八個月裡，大多時候都在處理健康問題，搞不好就會早一點探索那種生活。去新公司不過幾週，我就感冒了，而且一直好不了。我倦怠得很，而且兩個月之後，還開始腦霧發作，全身上下都會痛。我的生活變得渾渾噩噩，我裝模作樣上班，其餘時間去看醫生，一個換過一個，想弄清楚出了什麼問題。

我找到方法來應付倦怠感與疼痛，每天晚上還至少睡十到十二個小時。我不知道自己怎麼辦到的，每天照樣上班，盡力做事。健康出問題大約五個月後，當時在紐澤西州普林斯頓市（Princeton）做客戶案的我，接到了醫生來電，原本以為會是好消息。檢測結果是我得了萊姆病（Lyme disease）綜合症，不過，目前有她認為有效的治療方式。

我開始吃藥，馬上就感受到疼痛不減反增。醫師說是「赫氏反應」，當體內細菌大量死亡時會引發這樣的不適，在萊姆病人身上很常見。我忍著痛在客戶的辦公大樓，花八個小時做了一份亮眼的表格，滿身大汗，等不及要回飯店。

那飯店房間在一九八〇年代可能讓人覺得很高級，但到了二〇一二年，不過就是專門給我這種在國道一號沿路附近出差、為公司賣命的商務客住的。這條路兩邊多的是辦公大樓園區、連鎖餐廳、飯店。飯店房間的浴室都莫名有個大按摩浴缸，我便決定泡個澡舒緩不適。我坐在浴缸裡，面對四周棕色系的壁紙，感到無助又害怕。

我撐過了那個禮拜。到了週末，我打電話給我們辦公室主管彼得，把這一切都告訴他。他顯然知道我有多害怕，因為我提出要休息一週或遠端工作的要求時，他甚至建議我休一個月的帶薪假，好好養病。我擔心沒能達到他和客戶的要求，他卻告訴我，那些都是小事而已。當時公司的狀況不好，身為辦公室主管的他，要是中止重要客戶的案子，就是冒著丟掉飯碗的風險。他展現領導力的那一刻，讓我深受啟發。

不幸的是，我的病況並沒有好轉。從休一個月變成休好幾個月，從留職帶薪變成留職停薪。我的醫師跟我一樣很不解，而我免不了開始絕望。為什麼發生在我身上？這場夢魘什麼時候會結束？

為了消化這些，我開始寫東西。我過去多年偶爾會寫寫部落格，但這時寫作卻第一次變成必要。我是典型會把情緒隱藏起來的男人，寫作讓我得以分享，又不必處理面對面說話的不安。我創了名為「萊姆病真煩」（Lyme Sucks）的部落格，與關心我的親朋好友分享狀況。久而久之，寫部落格成了不可或缺的一部分，讓我保有希望。保有希望不容易，讀者可以從這則貼文看出我多麼渴望有好消息：

二〇一三年一月八日

過去兩個月，我寫了兩篇沒有貼上部落格的文章，因為我自認內容太鬱悶或太情緒化。我決定要貼這一篇，因為文章最後我有放有趣的東西。至少，你會了解人生病時會經歷什麼。很多我糾結的事真的很不理性，我身體健康的話，根本就不會這樣，不過，我每天都在學習，也越來越懂怎麼面對一切。去年生病之前，我完全不知道有痛苦掙扎的人存在，之後我當然學到很多。但願未來我能為經歷人生困難的那些人，提供一些幫助。

對我來說，部落格貼文是讓我發洩情緒、理出思緒的好方法。整體而言，我是樂觀的人，但要熬過每個新的一天都不容易。我甚至沒辦法說清楚懷疑或恐懼時，全身上下襲來的驚慌感，但我現在知道，那些都是必經的一部分。當我挺過，然後能再喘口氣時，我會明白一切多麼美好，我又有多麼幸運，事情其實沒那麼糟。我感謝那些情況變糟時也不離不棄的朋友。我需要你們的幫助，才能讓美好的時光接續下去，熬過那些困難時刻。

強迫手指打出這些樂觀與充滿希望的句子，我樂觀的那一部分，才得以存活。生病的難處，莫過於此。這跟大家在你分手之後說一切都會變好、而你也知道他們沒錯，是不一樣的。我跟朋友喬丹一起吃披薩的時候，分享了我多想恢復健康：「等我恢復健康吧，你到時候就知道我這人多有趣。」他的回答讓我很震驚：「保羅，你那是什麼鬼話，你生病之後我才真正認識你，你還是很棒的人啊。」我試著改變他的想法，卻辦不到。

事實是，我因為經歷生病而改變，而且回不去了。喬丹的同情給我勇氣，讓我不再堅持把自己視為等著重啟人生的「破碎」病人，我也才明白，可能會有新事情出現。

我換了一位波士頓的新醫師，和病痛搏鬥一年多之後，情況總算開始好轉。我以兼職的方式重回工作崗位，最後恢復全職，而我卻跟以前不同了。生病期間，我思考著這個問題：「要是我不能再工作，別人會怎麼想？」我的答案，連自己都嚇一跳。我不會有事的。一直以來，我身分的很大一部分，都會讓人聯想到成功的人：成績都拿A、領院長榮譽獎、在麥肯錫工作、讀麻省理工學院。但當初生病的時候，我卻寧願拿此前的學經歷，交換感覺還不錯的一天，只要一天就好。

當我開始感覺好些，人生也出現了一種不同的活力。理查・泰德斯基（Richard

Tedeschi）和勞倫斯・卡洪（Lawrence Calhoun）兩位教授指出，許多面臨危機的人常會經歷「創傷後成長」，表現方式就是「對人生充滿感激、會經營更有意義的人際關係、對自我力量的感受更深、改變人生優先順序，也會豐富個人的存在與精神生活」。[11]

這完全就是我接下來幾年的經歷。我邁開一連串意料之外的步伐，態度逐漸轉變，全心全意去接受無路之路。

3 工作、工作、工作

在我面臨健康危機、不得不暫別工作之前，工作一直都是無法避免的。我跟許多人一樣，都預期自己的成年生涯，大多會被全職工作填滿。生病讓我明白這種世界觀有多麼薄弱，因為我終於曉得，把整個人生建立在工作之上，並沒那麼理所當然。

這個對工作的新觀點，讓我像愛麗絲夢遊仙境那般，深深陷入充滿疑問與好奇的兔子洞，最終離開我原本走的路，也成就了這本書。正因如此，繼續說我的故事之前，我們得先退一步想。

假如要為工作和生活想像一種新路徑，就需要曉得，目前我們對工作的看法從何而來，又如何演變。

工作信仰從何而來？

德國歷史學家馬克思・韋伯（Max Weber）發現，「資本主義精神」難以在信奉「傳統主義」工作心態的社會中扎根。[1]在韋伯的觀點裡，傳統主義者對工作的看法，就是人只要工作到能維持目前生活方式的程度，一旦達到這個目標，就不再工作。

我在旅行中很驚訝地發現，世界各地都還存在這樣的工作觀。我在墨西哥時，無意中聽到有人講到雇用當地人的事：「你不能付他們太多錢，因為他們就不做事了！」有些人很難想像「有人會決定減少工作」的概念。那位外國人，跟我可能有類似的成長文化，其中大部分人的成人生涯，就是從頭到尾不斷做著正規工作。

為了滿足個人所需而工作，與為了滿足期望而工作，兩者的差異，引發出一個問題：這種轉變是何時發生的，以及，為什麼沒有在世界各地都發生呢？

你可能會很訝異，兩千多年前亞里斯多德（Aristotle）時代的希臘，人們完全把工作視為必要之惡。根據哲學家們的說法，生活的主要目標是**Eudaimonia**，字面翻譯就是「幸福」（happiness），不過用「心盛」（flourishing）表達更好。亞里斯多德認為，「沉思得越多，生活就越幸福」。沉思，被視為世上最值得做的事之一，至少重要性一定高過「賺錢的人生」這種亞里斯多德描述為「違背自然的事……因為這不過是達成其他事的手段而已」。[2]

接下來的一千五百年中，世界上大部分的地方，不是仍對工作保持懷疑態度，就是只把工作視為滿足基本需求的方式。天主教對工作的概念，還強化了後者。

基督教《舊約聖經》第一卷《創世紀》裡，上帝譴責亞當偷吃生命樹上的果子時，提到了工作。上帝告訴亞當，唯有「透過勞苦工作」才會有結果可吃，也只有「汗流滿面才得餬口，直到歸土」。後來，在《新約聖經》裡，聖保祿還更直接地警告不可偷懶：「不肯做工，就不可吃飯。」對於那些不聽從的人，他接著說：「不和他們交往，叫他們自覺羞愧。」[3]

道理十分清楚：工作是一種職責。只不過，意義上還是有限的。十三世紀天主教長老托馬斯．阿奎那（Thomas Aquinas）認為：「勞動是為了個人與社群餬口，才有必要的『自然之理』。」[4]雖然我們預設人要工作，但理由在於要滿足家人與社群所需。

這個定義在十六世紀初，由馬丁．路得（Martin Luther）與約翰．喀爾文（John Calvin）

沿伸成為如今所謂清教徒改革的一部分。當時他們對宗教領袖越來越失望，抨擊這些人在修道院裡偷懶度日。他們攻擊的角度，就是人與工作的關係。韋伯對這種轉變下了注腳，認為榮耀上帝的方式，「並不是以超越世俗的道德觀在修道院苦行；而唯一的途徑，是完成個人世間定位的職責。那就是他的天命召喚」。[5]

引介了「天命召喚」的概念，路得與喀爾文先後都想暗中顛覆天主教教會的權威，不讓他們控制個人與上帝的關係。路得質疑教會的「贖罪券」制度，也就是人民付錢給教會寬恕罪過。他認為個人理當有能力建立自己與上帝的關係。喀爾文則將路得對個人自由的提升，搭配人人注定能透過特定之天命召喚，進而服侍上帝的概念。個人與上帝的關係，取決於他在自己天命召喚的領域中是否努力工作。

一九四〇年代時，哲學家埃里希．佛洛姆（Erich Fromm）總結了這種轉變：「十六世紀之後，在北邊歐陸國家，人類發展出一種沉迷工作的渴望，這是在以往的自由人身上看不到的。」[6]所以，在清教徒改革過後，工作本身作為一種目的，便不再是荒誕的概念了。人們把天主教教會這個主子，換成了另一個主子——也就是職業。而焦慮與不安，卻隨著更大的自由度與自決性而來，因為人們永遠不會知道自己工作夠不夠努力，或有沒有做對職業。昔日教會的要求，向來是種衡量「美德」的方法，但如今對許多人來說，那些標準都不再適用了。

這種自由，在過去五百年來引領著我們朝不同方向進步，不過，天主教與清教徒對工作的概念，仍殘存於你我。創業家蓋瑞・范納洽（Gary Vaynerchuk）在著作《衝了！》（*Crush It!*）中告訴大家「每天要比別人早起，工作到深夜。奮鬥就對了！」，他同時把職責與對工作的絕對投入，當成生活不可或缺的一部分。[7]歐普拉（Oprah Winfrey）在喀爾文的天命召喚說裡，注入了現代的元素，認為「每一個人都有屬於自己的天命」。對她而言，「成功的最佳途徑，就是找到自己所愛，接著找出方法，以服務、努力工作、放手讓宇宙的能量引導你的形式，把這份熱愛獻給別人」。[8]

天主教和清教徒對工作的這些看法，深植在現代的預設之路工作觀；這個工作觀遍及世界各地，卻已脫離了當初生成的時代和傳統。宗教學者提出，清教徒的「工作倫理」不是對工作的盲目沉迷而已，而要搭配節儉、自律、謙卑。儘管如此，由於越來越少人會指望宗教教導自己如何好好過人生，大家徒剩的工作觀，都只是打折後的版本。

安妮・彼得森（Anne Petersen）在那篇知名文章〈千禧世代如何變成躺平世代〉（How

Millenials Became the Burnout Generation）裡，寫到她已經「內化了該無時無刻工作的概念。為什麼會這樣？因為從小開始，我生活的每一件事、每一個人都在透過明示或暗示，強化這種概念」。[9]

彼得森的經歷與我相仿。成長過程中，工作是再清楚不過的生活目標，以至於我從未有片刻的懷疑。大人們老是聊工作，而且常常問我長大後想做什麼。學校會強化這種觀點，我們學會要努力讀書，爭取好成績，才能找到好工作。逐漸長大後，我深深相信，好的職涯是人生最重要的事。後來，我才很驚訝地發現，原來在大部分的人類歷史上，可不是這麼回事。

當成功老路，開始失靈

「受過教育、努力工作的大眾，依然做著別人叫他們做的事，卻再也得不到應得的報酬。」

——賽斯・高汀（Seth Godin），行銷大師預設之路的現代版本，出現於二戰後經濟成長的時代。這個思想上的轉變，由美國引領風潮。具備金融與工業優勢的美國，當時打造出人稱「長期榮景」的成功時期，每年至少都有百分之四到五的GDP成長率。

這樣的經濟造就了收入、福利、職涯機會都好的全職工作，讓廣泛的中產階級，得到前所未有的財富與物質舒適。哈佛大學教授拉吉．切提（Raj Chetty）的研究發現，二戰後出生的群體，每十人就有九人的經濟狀況好過父母。[10]久而久之，人們開始指望生活會不斷進步。約翰．史坦貝克（John Steinbeck）一九六六年在《美國與美國人》（*America and Americans*）裡就精準描繪了這種觀點：

> 孩子會像爸媽一樣、過著爸媽過的生活。這種想法，甚至不再被人接受：下一代必須更好、過更棒的生活、懂得更多、穿得更體面，而且如果可以，不要像爸爸靠技能謀生，要當專業人士。這種夢想，成為感動人心的全國夢想。[11]

嬰兒潮世代出生於這個時代，在這時代結束時成年，然後到了二十世紀末，他們爬到全球各公司領導階層的位置。我二〇〇七年大學畢業時，「人生的中心就該是一份大企業的好工作」這種觀念，已經神聖不可侵犯到幾乎所有人都忘了，不過一百年前，多數人都還在農場做事呢。

緊接著嬰兒潮世代，彼得．提爾（Peter Thiel）在《從0到1》（*Zero to One*）裡，反省了這種心態，他說道：「在公司一路往上爬的職涯，對他們（嬰兒潮世代）來說管用，所以他們沒辦法想像這種職涯對下一代沒用。」[12]

吉姆．歐沙那希（Jim O'Shaughnessy）是資產管理家兼作家，也是嬰兒潮世代，他認為這種人生觀有誤，而他的世代錯就錯在，以為對自己管用的路徑永遠都管用：

> 我們都犯了一個錯——我指的是我和我父母的世代。錯在認為，一九四六到八〇年的時期是常態。不，那不是常態！**那根本是特例**！我們當時可是把一切競爭對手的生產能力都徹底消滅了。所以，那種可以一輩子都待在同間公司，還能養活一家四口的生活……這一切，其實都是歷史特例。[13]

在那段期間，選擇不走預設之路可能會是個錯誤，因為如提爾所言：「無論你出生在一九四五、五〇，或五五年，在你滿十八歲前，每年的前景都越來越好，而且還與你無關。」[14]

幾十年過去了。大學畢業時，我以為只有走上大公司的穩定職涯，才會有美好人生。如今我才知道，我原先認定的某種工作方式的結果，其實是偶然。讓人得以成功發展的路徑，肇因於獨特的經濟與歷史條件；等我進入職場時，這些條件已不復存在。

看看我父親待了四十一年的公司就能證明。他職涯的前二十年（一九八〇與九〇年代），公司每年平均的營收成長超過百分之十四，接下來二十一年，則降到百分之四多一點。他年輕時就去的並不是大型的傳統公司，而是一家新興產業公司，類似二〇〇〇年代快速成長的新創。

我到三十歲出頭才開始懷疑有些不對勁。我認識的人，很多都跟我一樣單身、租屋、離鄉到其他城市工作生活。而成家立業的那些人，被日托、健保、房租房貸壓得招架不住。我們以為可以複製、貼上爸媽過去的作為，一路長成大人，但實情複雜得多。歐沙那希說了，那些撐起有意義人生的因素，例如百工百業都成長、人口年輕、雙親家庭、豐厚退休金還有對公司的忠誠度，都是過去時代的特例。

以上這些，我在職涯之初完全不懂。我忙著被一種新概念俘虜：人不僅是為了生活而工作，應該說，工作就是人生最重要的事之一。

工作有意義的陷阱

我這個世代的人，抱著很高的期待進入職場。我們不只將工作視為職責，還希望工作有意義、能實現個人抱負。我們渴望歐普拉口中那個，現代版本的「天命」。

這個概念在一九九〇年代末大受歡迎。耶魯大學教授艾咪．瑞斯尼斯基（Amy Wrzesniewski）和其他人員在進行《工作、職業與天命》（*Jobs, Careers, and Callings*）這份知名的研究時，要受訪者定義自己做的事是工作、職業還是天命。將自己做的事定義為天命的人，認為他們的工作「與他們的生活密不可分」，而且工作「不是為了賺錢或升遷，還是為了工作帶來的滿足感」。研究人員大膽認定，假如人可以找到自己視為天命的工作，就會提升他們的「生活、健康以及工作滿意度」。[15]

喀爾文認為天命是注定的，但瑞斯尼斯基和該研究的共同作者，卻提出了一條實現自我的新途徑：你只需要找到一份更好的工作，甚至只是轉換看待工作的心態。這種看法蔓延開來，許多人開始尋找自己的現代天命，包含我在內。

我在奇異的第一年，公司為了因應年輕員工們的投訴，開始在社群媒體上設立職涯專頁，也投入資金重塑品牌形象，吸引未來的員工。奇異希望呈現自己是年輕人求職的「酷」地方。像奇異這樣的公司，之所以願意開始做出改變，其中一個重大原因，就是加州新興科技業的壓力。科技業提供了好得難以置信的福利，而引領風潮的，是首次進榜就奪下「二〇〇七年最佳工作場所排行榜」第一名的谷歌（Google）。

我記得當時讀著以下的文字，好羨慕他們的福利：

> 在谷歌，你可以洗衣服、送洗需要乾洗的衣物、讓人幫你換機油，接著幫你洗車、在健身房運動、上公司補助的運動課程、享受按摩，學習中文、日文、西班牙文以及法文，要求個人服務人員幫你安排晚餐訂位。當然，你還可以在公司剪頭髮。想買台油電混合車嗎？為了達成環境友善的目標，公司會給你五千美元。[16]

谷歌也在我列的高聲望公司清單，但它跟其他公司不太一樣，它是當時唯一一家保證工作也可以很有趣的公司。剛開始在奇異工作時，我對良好的工作關係的想像，就是在谷歌年代初期很流行的概念：「工作與生活平衡」。雖然這個詞現在還是有人用，感覺卻好像屬於另一個時代。

二〇一〇年代，工作要有意義，成了大學畢業生的基本期待。年輕人不再只想著騎驢找馬，等待理想工作出現，而是希望自己做的是結合熱情、目標與樂趣的工作。到了二〇一九年，一份針對美國和加拿大勞動人口的調查顯示，除了提供好的薪資福利之外，七八％的受訪者認為「雇主有責任維護員工的身心健康」。[17]

公司想盡辦法要跟上這些越來越多的期待，瀏覽知名公司的徵才網頁便可輕易看出這點。二〇二一年初，我整理了一百多家公司的徵才標語。[18]以下是一些例子：

- 臉書（Facebook）：「做你這輩子最有意義的工作」
- 麥肯錫：「擁有一份符合你天命的職涯」
- 瑞格律師事務所（Ropes & Gray）：「自己的職涯故事自己寫」

- 菲利普莫里斯（Phillip Morris）：「改變世界」
- 康卡斯特（Comcast）：「與我們共創未來」
- 微軟（Microsoft）：「做你熱愛的事」
- 西爾斯控股（Sears）：「讓你的職涯改頭換面的工作」
- 花旗銀行（Citibank）：「探索你的下一段冒險」

我二〇〇七年大學畢業時，當時還只有谷歌會說工作要好玩。如今，每一家公司都想辦法要像谷歌一樣。當一整個世代的勞工，不僅認為工作是人生最重要的事，還認為工作能帶來人生全面的成功，是非常危險的事。

薩塞克斯大學貝利（Bailey）與梅登（Madden）教授的研究，質疑這些期待是否真能實現。他們深度訪談一百三十五位、來自十種專業領域的人士，詢問他們工作中最有意義的時刻。結論是：「協助大家找到工作的意義，是複雜又深奧的過程，遠超過滿意度或敬業態度這種相對表象的東西。」研究發現，有意義的工作經驗往往不是愉快的，而是「混雜著不安、甚至痛苦的想法和感受，不只是單純的喜悅與滿足」。[19]

我一直以為，自己想要的是一份有趣又快樂的工作。不過，當我回首職涯裡最有意義的時刻，其實都是克服困難或是挺過挫敗、完成自己原本覺得辦不到的事之時。

這不僅跟大多數公司承諾的大不相同，還跟越來越多人對工作的期待，相差甚遠。

你的薪水，不能代表你

社會學家安德烈．高茲（Andre Gorz）花了二十世紀後半的時間，研究工作在社會中的角色。他認為，許多國家已發展出一套模式：個人取得社會「成員資格」的主要方式，就是透過正式工作。他稱這些國家為「工資導向的社會」，核心道德標準是：「工作內容不重要，重點是，要有工作。」[20]

舉個明顯的例子，我們就能看出這種道德標準：人們會把決定要全職照護孩子的爸媽，稱為「決定要待在家裡」的人。這樣想，不但過度簡化了社會的運作方式，還假定了人生該怎麼過，更忽略了「常規」工作方式的真實樣貌與弊端。出乎許多人意料外的，事實上，在美國這個全世界最「工資導向的社會」裡，只有四〇%的成年人（相當於一．六億人），擁有每個禮拜工作三十五個小時以上的工作。[21]

把工作視為美好生活的核心、就業率當成社會成功與否的指標，其實是在二戰之後才逐漸成為主流觀念。一九四六年，美國通過了充分就業法（Full Employment Act），明文規定要「提高就業率」。[22]

這項立法，立下了一個明確的標準，讓大眾可以檢視政府的表現。如今，政治領袖會盡一切可能，保障或創造工作機會。最讓人印象深刻的例子，就是美國總統歐巴馬（Barack Obama）二〇〇九年曾明確表示，他不打算推動更重大的健保政策，就是因為怕影響就業：

所有支持單一保險人健保體制的人都說：「你看，我們可以省下這麼多保險和行政成本。」但這可代表了一百萬、兩百萬、甚至三百萬個在藍十字（Blue Cross）、藍盾（Blue Shield）、凱薩（Kaiser），或其他保險公司工作的人會失業。這些人我們要怎麼辦？我們要他們去哪上班？[23]

從歐巴馬的決定可以看出，不管單一保險人健保制度是否會改善生活，起碼美國的政府領導者，寧可創造或保障就業，也不願冒著失業的風險去推動改變。對歐巴馬而言，這還是一個聰明的決定，因為，健保產業是二〇〇八年經濟衰退後就業機會還持續成長的少數領域。況且，漂亮的「就業數字」，可是歐巴馬贏得連任的關鍵理由之一。

對大多數人來說，有工作總比沒有好。學術研究對失業的代價可是著墨詳實。英國斯特林大學的研究人員發現，沒有工作的人可能較不友善，做事也較不勤快，還較不願意接觸新事物。[24]另一份研究則顯示，相較於有工作的男性，即便失業的男性比較有空，還是比較少做義工。[25]

根據這樣的研究分析，你或許會得出一個結論：有工作就是好事，沒什麼好說的。可惜，工作型態的巨大轉變，卻挑戰了這樣的思維。二〇一六年，經濟學家勞倫斯・卡茲（Lawrence Katz）和亞倫・克魯格（Alan Kreuger）特別強調了一個有三千萬人的族群，讓大家看到，美國二〇〇五年到二〇一五年的就業成長率，可說都是這些被政府歸類為「另類」或「非傳統」工作者貢獻的，總計增加了近一千萬個職缺。[26]

麥肯錫注意到歐洲各地也有類似的趨勢，還估計全美國與歐洲如今總共有一億名「非傳統」受雇者。麥肯錫發現，針對收入、自主性、工時、工作彈性、創意甚至認可度等十五項工作指標，他們的滿意程度都不輸傳統受雇者，甚至還更高。[27]儘管這個族群十分龐大，卻沒有集體的發聲管道，因此讓大部分人感到意外，原來這些「另類」的工作者，其實過得蠻快樂的。

除了忽視這種新的工作型態，我們也忽略了很多工作極其浪費精神與氣力的事實。大衛．格雷伯（David Graeber）在《40％的工作沒意義，為什麼還搶著做？》（*Bullshit Jobs*）這本書裡，記錄了不少人的經歷，他們每天上班，心裡卻很清楚，自己做的事根本沒有任何價值。話說回來，如果你意識到自己做的就是這種工作，八成也不值得讓別人知道就是了。

我第一次體會這種感覺，是大一結束、在某家大企業實習時。實習幾個禮拜後，副董事長說要交給我一份特別的案子。他要我接下來兩個禮拜一一仔細翻閱幾箱檔案。據說其中一箱裡，有當年公司替愛蜜莉亞．艾爾哈特（Amelia Earhart）維修飛機的紀錄。起初，我覺得能幫公司高層做這案子很酷，但沒幾天，我的手指就翻到乾裂，那點興奮也迅速消失無蹤。

每次我跟別人聊到這案子浪費我多少時間，大家就會立刻轉移話題：「是蠻糟的，但你至少可以在履歷多添一筆啊！」，或者說：「大家都得做事啊，不然你要幹嘛？」，再不然就是說：「有錢領就該偷笑了吧。」沒有一個人想解決這個根本的問題：「為什麼這麼多成年人，把時間花在明明毫無意義的事上？」

我第二次在同家公司實習時，分到不同的部門，我的辦公隔間旁坐著一位五十幾歲的男員工，他每天會花五、六個小時上網，還會列印名人的八卦文章。其他的實習生裡，有個傢伙帶了枕頭來上班，每天都會在大樓另一區的空隔間裡睡覺。我修完了進階數學和物理，以為這些能力會派上用場，但根本沒有，我的暑假就花在處理Excel表的簡單運算上。想到未來的人生，都要做不必動腦的工作來消磨時間，我就怕死了。這念頭激勵我繼續尋找更好的選擇，也是因為這樣，我才有了要擠進策略顧問業的動力。在那裡，我就不必花那麼多時間證明「我願意做些連自己都不相信的事」。

不過，在麥肯錫，證明你對工作的投入，有另一種形式。那兒的工作確實有意思多了，但大家好像都無止境想找更多事來做。上班的第一個禮拜，主管跟我說，每週工時大約是四十到五十小時，我當時還信以為真。結果發現，大部分的同事，每週工時都是五十到六十個小時起跳。

每每我五點半離開辦公室時，同事們都會笑著說：「保羅可以啦，他就是比較特別。」我以為我只是工作效率比較高，不會胡亂擔心。事實是我從來就不信奉以工資為標準的心態，也根本沒辦法將工作當成生活重心。

到頭來，總會堅持不下去的。

4 覺醒

「人的好運，莫過於少年就得志，而明白那不算什麼。」

——大衛・福斯特・華萊士（David Foster Wallace），美國作家

我沒有什麼了不起的辭職計畫。即使到了現在，幾年過去，每當有人問起我的這段經歷，我的回答往往比他們想像得還要模糊。離開全職工作，不是一個大膽的決定，而是穩定而緩慢的覺醒過程：我逐漸明白，當時走的不是屬於自己的路。

我們總想把故事說得簡單一點。大家喜歡聽的是勇敢果斷的選擇，而不是多年迷惘的心路歷程。一直到我最後離開工作前，我對自己的下一步都沒有清楚的概念。因為我有過這樣的經歷，就容易看出別人故事裡的這些階段，我也盡力在自己的文章和播客，把這些過程說出來。

我的結論很簡單：那些看似戲劇化的人生轉折背後，幾乎總藏著一段更漫長、緩

慢，也更耐人尋味的旅程。

鞋裡卡了小石頭

隨著健康問題逐漸恢復，我進入一種不安的階段，那是幾乎每個真正做出人生改變的人，都會面對的。

我朋友凱．希對這個階段的描述最貼切。他在金融業工作十五年，事業有成，後來選擇離開，踏上新的人生道路。但那不是什麼突然的決定，他回想起來說：「那絕不是一種頓悟。倒有點像鞋裡卡了小石頭，走著走著，總覺得有點不舒服，但說不上來哪裡不對勁。」[1]

每次升職或加薪，這種不適感雖會暫時減輕，卻從未消失。慢慢地，他越來越想進一步了解那個感覺，同時也明白，表面上看來成功的他，卻已經成為自己人生的「消極參與者」。最後，這感覺終於說服他，走上一條屬於自己的無路之路。

恢復健康回到工作崗位上時，心裡總有一種說不出的不適，就像凱．希形容的，鞋裡卡了小石頭。那感覺還不足以讓我做出什麼激烈的改變，卻打亂了我的步調，逼得我換個方式看待人生。

我開始留意自己的人生後，才慢慢看清：原來我一直活在一個隱形的泡泡裡，而且這泡泡是我自己的傑作。我開始試著推開這個現實的界線，至於會發生什麼事，我一點也不確定。

人生，有比工作更重要的事

「假如努力完成一件事的行為，有明確的界線，那麼在這個界線內，也會有絕大的改寫與想像自由。但我們一定要經常檢視這些界線，是否真的存在。唯有個體有意識的行動，才能真正觸碰、試探這些界線。」

——大衛・懷特

回去工作後，我感覺自己歷經了一場重大的變化，只不過在同事的眼裡，卻覺得我好像恢復正常了。我雖然人在，但心卻不在。開會的時候，我不再像優秀的團隊成員，而像客座人類學家那樣，用全新的眼光看著同事：**他們開心嗎？他們承受著什麼樣的痛**

苦或困難？他們真的想這樣過活嗎？

一旦你問起這些問題，就回不去了。倒不是別人的矛盾太多，而是因為，你再也無法對自己的矛盾視而不見。

這促使我展開行動。我希望打造真正適合自己的職涯，決定從做一件簡單的事下手，靈感來自厄爾．瓊斯（Earl Jones）的一場演講。瓊斯是麻省理工學院校友，曾在我念研究所時來分享他的領導原則。我記得他會列出自己看重的東西，記在手機行事曆裡，每天早上都會跳出提醒。

我按照他的方式，在每日行事曆上添一筆，寫出人生的首重之務。我列的第一項是健康。健康危機之後，只要能保持健康我什麼都願意。雖然我的大腦要我緊接著列出「事業」，但我的心卻叫我把它排到最後。這個簡單的決定，是我第一次有意識認真探索，生活有沒有可能不以工作為中心。最終清單上有四項：健康、關係、樂趣與創意、事業。從二〇一三年開始，每天早上八點半，我的手機就會跳出這個清單。

盯著那四項看，照著那個順序排下來，其實讓人不安。我當時還沒察覺，自己已完全接受了一個日後會左右我每個選擇的問題：「要怎麼打造出一個不以工作為優先的人生？」

親愛的讀者，答案很簡單。第一步，就是不要再全力工作。

你不再設鬧鐘，還取消早上的會議，因為把精力保留下來，很值得。你問都沒問就開始週五遠距上班，因為能多出二十四小時跟外婆相處，很值得。你開始在辦公室睡午覺，畢竟公司都設了休息室，總得有人用吧？

我覺得自己像個叛亂份子，好像做了什麼錯事。但同時我也隱約知道，用這種方式掌握自己的人生，尤其把健康排在第一位，很值得。

我不再滿腦子想著工作和下一步，多出了時間可以繼續嘗試。因此創意進駐這空出來的縫隙，開始成為我人生最重要的驅動力。

傻子之旅

創意需要信仰。信仰，則需要我們放下控制。

——茱莉亞・卡麥隆（Julia Cameron），美國教育家、作家我一開始測試自己的底線，兩個不同版本的我就跑出來了。一個版本是「預設之路的保羅」，繼續專注職涯，找下一份工作。另一個版本是「無路之路的保羅」，還在摸索，留意慢慢出現的跡象。領我步上另一條人生，而不是找另一份工作的跡象。

我頭一回把這些跡象當真，是跟一個波士頓的職涯教練聊天的時候。她告訴我她真的非常熱愛自己的工作。那股感染人的熱情活力，激起了我的求知心。

學會了當個世界級的跳圈者，也有好處，就是有能力幫忙朋友。大多數的人都討厭思考職涯，只要朋友開口，我總是會主動幫忙。我告訴那位職涯教練，自己有多麼樂在其中，還提到也許有一天我可以做她的工作。她不解地看著我說：「可是聽起來，你好像已經是個職涯教練了啊？」

她這句話，讓我震驚。她鼓勵我把職涯教練當成副業試看看。我當下連忙找了一堆理由解釋這行不通，不過，我想我一直在等像她這樣的人，把我往新方向推。我終於找到一個出口，能運用那股湧現的創意，於是我跟她說，我會接受這個挑戰。

雖然我真正「啟動」職涯教練這個實驗，還要過一陣子，但我當下就開始動手了。我先架設了網站Careerswitchpaul.com，還寫了好幾篇文章，聊聊自己為什麼喜歡幫人解決職涯問題。就這樣東弄西弄了好幾個月，在辦公桌前忙到忘我，只要有空，就想辦法花幾小時做。這個寫作與創作的時光讓我興奮又開心。這跟我白天的工作完全不同，白天我雖然還是努力上班，卻只求安全、不出錯而已。

不過我沒有把這份熱情公開，因為「預設之路的保羅」又處心積慮要換工作，加入了紐約的顧問公司，專門服務大型企業的ＣＥＯ和董事會。即便我志不在此，興趣和幹勁都轉向他處了，還是追尋那難以捉摸的夢幻工作，也還沒考慮成為自由工作者。

我始終找不到所謂的夢幻工作，但一搬到紐約，整座城市的活力，立刻點燃了我生活中工作以外的部分。我開始運動、講究穿著，也變得更有自信。在職涯指導這條路，我加入了一項兩年的指導計畫，專門協助第一代大學生。我也終於用電子郵件向最親近的一百個親朋好友，宣告自己要把職涯教練當副業。寄出的那一刻，我非常害怕，好像幫「無路之路的保羅」辦了場出櫃派對，那是我之前一直隱藏起來的一面。

我成功接到了頭兩位付費的客戶，也愛上了這種獨立做新嘗試的挑戰，所以我又嘗試了更多不一樣的事。接下來那年，我開設了團體教練工作坊，還有撰寫履歷的線上課程，開始公開分享自己的文章，協助多位客戶探索職涯與度過人生轉變，甚至還受邀兩場以職涯為題的付費演講。

我的世界觀在改變，讓我既興奮又迷惘。多產的畫家兼作家奧斯汀・克隆（Austin Kleon）說過，「創作的本質就是不確定，就是在不知道自己在幹嘛的狀態前進」。[2] 找出人生新路，也差不多是這樣。在那封宣布要從事職涯教練的信裡，我也這麼承認：「我走到這一步了。嘗試把職涯教練當作副業，也想第一時間跟你們分享。至於這麼做會把我帶去哪？我不知道，但我很期待去找出答案。」

我開始為自己的人生負起更多責任，也開始質疑對工作的信仰。我們聊起自己的工作時往往會說：「我學到很多東西！」在顧問業工作的頭幾年，這話確實沒錯。我在很多方面都有成長：寫作、簡報、溝通，還有研究能力。只不過，這條路走了幾年後，我要學的，卻變成要待在公司的特定條件，例如要處理內部政治、表現出有潛力升上高層的樣子，從說話方式、穿著，到態度。我最不會做這些了，動力也就大打折扣。

丹尼爾・瓦賽羅（Daniel Vasallo）在亞馬遜工作第十年時，也歷經過類似的變化：「一切都很順利，越來越好。但就算這樣，我每天早上上班的動力卻一直下降，可說跟職涯和收入成長成反比。」他的結論是「只有內在動機，才能長久」。於是他拋下六位數的優渥薪水，打造一種以彈性工作、興趣還有家人為核心的生活。[3]

上班缺乏動力，我就更容易專注在副業，儘管我不知道它們將通往何處。撐過這種不確定感，唯一辦法就是擁抱教育家喬治．李歐納（George Leonard）所說的「傻子精神」。他認為人剛開始學新東西時，會「覺得自己笨手笨腳，甚至跌跤，這既是比喻也可能真實發生，躲也躲不掉」。[4]

我其實很喜歡像傻子一樣摸索，也喜歡學習新事物的興奮與期待。唯一的問題是什麼呢？我在正職工作裡，過得很痛苦。

慢死，還是快活？

我花了一年半，才承認我不喜歡自己的工作。多年來，我精心打造一個我該成為的人，還拼命找到符合這理想的工作。要承認自己打造的根基其實很脆弱，實在很難。

我第一次說出「想當自由工作者」的念頭，是跟主管討論年度考績時。在望出去都是紐約摩天大樓的某棟辦公室大廈裡，我向他坦承自己可能待錯了地方。他說了些我好像一直融不進公司文化之類的話，我沒有反駁，倒是坦言：「我的心不在此。」

我跟他提起自己在嘗試職涯教練的工作，還說了在工作之餘所感受到的興奮期待，和工作上的挫折與存疑，簡直有天壤之別。那是我第一次誠實地面對主管與自己。我跟他說內心的想法時很自責，沒想到連話都說不下去，眼淚就要奪眶而出。當時還不曉得，這其實是我放下預設之路執著的第一步。

我回到自己的辦公室，坐了下來，直盯著電腦螢幕。假如你跟大學時期在擬定夢幻職缺試算表的我說，未來我不但會進入名單上的好幾家公司，還會直接和一些世界最知名的CEO合作案子，我一定會嚇一跳。也一定會覺得，這就是我想要的。

但當時坐在辦公桌前的我，卻不知道該怎麼再去「想要」這一切了。

我當初是被找來協助成立一個顧問部門。我第一年成功達標，公司不僅幫我加薪，還要我針對我們越來越龐大的集團，規畫新的職涯路徑。當時我覺得自己在那家公司前景大好。第二年，我開始著手一項內部專案，原本預定三個月完成，結果拖了一年以上。事情開始變糟，我對緩如牛步的進展感到無力。就是那時，那種鞋裡卡了小石頭的感覺，變得強烈到不能不理了。

從現在的角度來看，我在那家公司根本沒有未來。在那次我跟主管討論考績之前，一切早已走下坡。話雖如此，我卻依然很努力寫升遷提案，規畫這職位未來幾年的發展路徑。很多離開預設之路的人都說過，這種矛盾期很常見。你明知道這條路已經行不通，還是決定賭上最後一把。

我最大的障礙，是沒有能力想像其他的人生。那些創意嘗試雖讓我振奮，卻沒能指引出明確的下一步。比起逼自己問更深入內心的問題，努力加薪或升職，還容易多了。

威廉．萊里（William Reilly）一九四九年出版的《不要工作的方法》（*How To Avoid Work*）書中，有一段話，如實呈現了我當時的狀態：

> 你的人生太短也太寶貴，不該浪費在工作上。
>
> 如果你現在不脫身，到頭來可能會像被放在鍋裡加熱的青蛙。水溫慢慢升高，青蛙雖感到焦躁、覺得不舒服，卻又不至於要跳出去。在不曉得自己還有機會的情況下，就逐漸放鬆警惕，失去意識了。
>
> 把人放在不喜歡的工作裡，也是如此。日復一日的工作會讓人煩躁。單調的例行公事，讓人越來越遲鈍。我走進辦公室、工廠與商店時，常會看見面無表情的

人，做著機械式的動作。那些是頭腦昏迷、慢慢死去的人。[5]

我想讓部分的自己透透氣，但我走的這條路，卻在悶死那部分的自己。

我得做出行動才行。

我值多少錢？

雖然我說想「自己出來做」，但從實際行動看來，還差一大截。那次坐在主管的辦公室裡差點哭出來的事件之後，接下來幾個月，我做了每次感到挫折就會做的事：開始找別的工作。我還是認為完美工作就離我不遠了。

另一家紐約的顧問公司，感覺能提供我一條繼續往前的路。我讀過那家公司創辦人的書，他勾勒了以自組織（self-organization）為中心的創新經營方式，這想法讓我為之振奮。跟那家公司順利面試了幾次之後，到了對方準備開出條件聘用我的階段。

這種時候，我向來都會跟自己說，這是我職涯最理想的下一步。但這次感覺不一樣。那家的團隊主管打過來，跟我討論細節條件，很直接地說：「我們希望你加入，但薪水只能比你現在的低五萬美元。」

這對我的自尊真是一大打擊。我明明值更多，絕對比那五萬多。對方說，既然我對這份工作有熱忱，就該願意為它降薪。我假裝他說得有理，告訴他我要考慮幾天。掛了電話，我呆坐在那兒。我慌了，我到底在幹嘛啊？我是真的在找自己在意的工作，還是跟從前一樣，只想往前進而已？

那份低薪其實讓我因禍得福，逼得我認真思考錢這件事。既然賺更多錢又不在我行事曆每天早上提醒的清單上，我為什麼要那麼執著自己值多少錢呢？

二〇〇八年，律師肯尼斯・范恩伯格（Kenneth Feinberg）授命為被全球金融危機波及的銀行高層定薪水。他必須通知去年年薪五百萬美元的那些高層，來年只有一百萬。他以為，有鑑於經濟困境，大家就算失望也會理解。結果不是那樣，大部分的人都氣極了。這時他才明白，「這些企業高層把薪水看成衡量自我價值的唯一標準」。他不只是在降那些人的薪水，而是打擊他們看待自己的本質。[6]

我自稱不在乎錢，但事實上，我小覷了自己跟那些高層人員的相像程度。

我婉拒了那份工作，開始問更難回答的問題。我明明知道環境不好，為什麼還想著要加薪？我追求的是什麼？為什麼我一直每兩年就換工作？我鞋子裡的小石頭真正要跟我說的是什麼？

受這些問題啟發，我有了個想法：**如果收入少一點，工作也少一點，會怎樣？**我開始想像一條全新的路：何不試著以自由接案的方式做想做的事，擁有更大的彈性，也更能掌控自己的人生呢？

5 掙脫

「有些人像繼承房子般繼承了價值觀與常規；有些人則必須燒毀那棟房子，找出自己的地從零蓋起，簡直像心理蛻變那般。」

——蕾貝嘉・索尼特（Rebecca Solnit），美國作家

我成為最不想成為的人

拒絕那份工作後，我開始重新思考，真正想要的是什麼？我重讀了研究所修領導課程時自己寫的信。信中，我把領導者廣義定義為「生活各方面都能成為模範」的人。我還列出了九項原則，是希望在職涯實踐的格言、想法以及信念。舉例來說：要用同理心領導、要以謙遜為依歸、有幽默感、不要變得太嚴肅、把學習擺第一、要獨立思考、要用工作為別人創造難忘的經歷。

我決定拿這九項原則來評量自己，以一到十幫自己打分數。我在幾個方面的得分很

低。首先，我在工作上毫無熱忱與求知欲。其次，我難以用正面的方式獨立思考。我變得憤世忌俗又咄咄逼人，沒能給人正面的影響。最後，我變得過分嚴肅對待工作。不知從什麼時候開始，我的幽默感沒了，還花過多時間處理辦公室政治。

簡而言之，我上班時就是個壞脾氣的人，對上司們越來越存疑，除了最新的辦公室八卦外，什麼也沒學到。

這些，我內心深處都知道，只不過一直不去面對。在紙上評分，我看到自己為了成為理想的那種人，而陷入掙扎。從投資人轉為高階主管教練的傑瑞・科隆納（Jerry Colonna）常問他的客戶：「你是怎麼一手打造出，自己口口聲聲說不想要的處境？」反省過後，我知道自己確實也有份。也明白要有所改變的話，只有我自己能做到。

讀商學院時，我曾勾勒出一種領導者願景，那是我想成為的人。而五年後，我才明白自己走的方向有錯。寫那封信時我相信，只要我堅持原則，就能戰勝環境。如果那些原則對我依然重要的話（確實如此），那麼，我就需要更有創造力，思考怎麼讓這些原則在我的生活與職涯成真。

從薩拉索塔寄出的電子郵件

「我想，是時候離開了。」

這句話，是我在佛羅里達薩拉索塔（Sarasota）的飯店房間寫的。當時我剛下榻飯店度週末，準備參加朋友的婚禮。要下樓去泳池前，我打開筆電查看信箱，看到好幾封主管寄來的信。

那幾封信其實沒什麼特別，但那天，我再也無法假裝在乎客戶的最新危機。只要做過面對客戶或顧客工作的人，都會曉得這工作就是要處理源源不絕的「迷你危機」。每個人都會同意，這些問題其實沒那麼重要，但幾乎所有人一碰到狀況，都會用一貫的熱心與驚慌回應。

我告訴主管，我覺得他積極過頭了。他不同意我的看法，我們來來回回爭執了幾句。最後我回訊息時補上一句：「我想，我該離開了。」

他把這句話當成我正式請辭，而且，打從我在他辦公室差點哭出來那次，他大概就一直在等這一刻。當時我雖然沒真的打算辭職，但也完全提不起勁，告訴他並非如此。

我坐在飯店房裡，腦中一片空白。儘管我可以阻止自己開頭的這一連串效應，但我卻沒這麼做。我感到興奮，卻也很迷惘。我剛剛是辭職了嗎？我往樓下的泳池走去，準備度這個婚禮週末，然後，我見到了一個朋友，跟他說：「我剛好像辭職了耶。」

人生好多時候都像這樣。事情發生的那一刻，我們都詫異萬分，但回頭看，才明白一切都事出有因。失去了我的外公、不斷被各家公司拒絕、始終找不到適合的工作、面臨健康危機與難解的問題——這一切，其實早就默默把我推向某個方向，只是當時還看不出來而已。

辭掉工作，是我剩下唯一要做的事。而這才花了我十秒鐘，寫在信件結尾。

在沒有臉的人群裡通勤

我又待了三個月，訓練接手的人，幫助團隊度過過渡期。那三個月太長了。

我每天都過得一樣。我堅守著自己的例行公事，每天早上七點就在七號地鐵的月台報到。我從皇后區（Queens）搭一站到曼哈頓（Manhattan）。接著我擠進人群，成為一大群前往工作「聖地」上班的一員。

每天，我都在尋找活著的跡象。我會逼自己擠出微笑，環顧四周，看看有沒有人注意到。從來都沒有人發現。於是我再也不這麼做了，而是換上漠然的假笑，這才是大家默認的合宜模樣。

列車停靠中央車站後，這群人就開始動起來了，大家搶攻最佳位置，準備要走各自的路線，上下樓梯，穿越地下道。我也有自己的特別路線，曉得最快走到辦公室的配速與角度。做這份工作的第一天，也是我第一次在紐約上班，我穿過中央車站中心時，停下了腳步，深深吸了一口氣，那感覺好特別。曾經，是那麼特別。而如今，我完全都不想要，可是每天早上還是繼續敷衍地做做樣子。我上班的那棟大樓，就是如今所謂的「大都會人壽大樓」（MetLife building），是一九六三年在中央車站旁邊蓋起來的，當時就廣受批評。建築評論家艾達·哈克斯塔布爾（Ada Huxtable）稱這棟樓「不費吹灰之力，就是平庸的教科書」。[1]

我的辦公室在那棟的二十樓，內裝陳設是一九七〇或八〇年代留下來的。公司資深合夥人們的辦公室都靠著大樓的外牆，那些人當時大多還是男性。完工幾十年過去，這些辦公室的位置和大小，依然能一眼看出誰比較有地位。我的小辦公室雖然比隔板座位好一點，但離坐擁一間真正的辦公室，我還差好幾年。這些區分，明明白白，我向來都覺得很棒。有好多公司好像很怕讓這些權力關係檯面化，會躲在開放式的辦公室，和休閒的服裝規範後面裝親民。

最後那幾個月，我卡在兩個世界間的詭異過度空間。雖然我已經決定要縱身一跳，換一條不同的路徑，卻沒真正轉向。我想盡辦法處理自己的感受，無力感與焦慮越來越強烈，困住了我。一想到我的未來，腦海就一片空白。我盡力裝出知道自己在幹嘛的樣子，但那是我有史以來頭一遭，沒有劇本，照自己的方式走。

我真的做對了嗎？

這問題其實沒那麼重要，因為我已無法回頭。唯一能做的，就是走下去，自己找出答案。隨著最後上班日越來越近，我雖然裝出期待的模樣，卻只是撐著過一天算一天。

我這麼聰明，怎麼會職業倦怠？

我一直告訴自己，我比別人聰明。我知道自己強項在哪，該休假就休假，從不瘋狂加班，也會留時間陪家人朋友。只要工作學不到新東西，就會換下一份。我以為我的策略，不但能避免過勞，還能發展得很好。我不只想「破解」，還想利用這個體制。但最後一天上班時，那股湧上心頭的感覺告訴我，自己可沒那麼聰明。

離職後的第一天，我一如往常起床、煮咖啡，準備開始新的一天。從我們位於長島市的公寓望出去，可以看到曼哈頓美麗的天際線。半年前，我和室友決定要搬來，想用曼哈頓的租金，住上更好的公寓。這公寓確實是很漂亮，只不過，當我望向自己昨天才在那工作的摩天大樓時，感覺好詭異。突然間我變成局外人，還來不及弄清楚，自己究竟離開了什麼。

接下來幾小時，我在公寓裡走來走去，最後終於坐了下來，打開電腦。有個聲音告訴我，需要寫點什麼。而我才一開始打字，一股激動的情緒，就席捲而來。多年來的憤恨、挫折以及迷惘，非釋放不可。

還在上班時，我一直隱約知道這些感覺都在，只是以工作為中心的日常慣性，將它們隱藏了起來。如今，沒有計畫也不必到哪裡的我，只能正面迎接這些情緒襲來。

我撫平情緒，繼續寫下去。文字好像從我內心流瀉而出，就在第一頁寫到一半左右，出現了讓我嚇一跳的詞。

「職業倦怠」。

我怎麼可能職業倦怠，我這麼聰明！職業倦怠是那些週末都在加班，一週工作八十小時的銀行投顧和律師才會碰到的。我想幫自己開脫，卻辦不到。就只有這詞能精準形容，過去一年來我所感受到的崩潰。

職業倦怠一詞，是研究免費醫療診所醫護人員的赫伯特．弗洛伊登伯格（Herbert Freudenberger），在一九七〇年代提出的。他發現，最容易出現職業倦怠的，往往是那些「盡忠職守又盡心盡力」的人。他們努力在付出、取悅他人和工作之間取得平衡。他還提到，要是碰到上司再施壓的話，他們往往就會崩潰。[2]

到了八〇年代，大多數工作類型的職業倦怠，都被研究過了，關於職業倦怠的定義已有上百種。弗洛伊登伯格對此感到沮喪，但他仍想弄清楚：到底是什麼導致倦怠？卡利．查尼斯（Cary Cherniss）教授對職業倦怠的定義，讓他覺得很有意思。查尼斯將職業倦怠定義為「官僚對專業人士自主性的侵害」，而且他認為，把重點放在個人與公司文化之間的斷裂感，才是思考職業倦怠的正確方式。[3]

這意味著職業倦怠很難避免，這又讓弗洛伊登伯格進一步問了兩個大膽的問題：

1. 要是公司的價值體系，與專業工作者的價值觀、道德及素養完全相反，會怎麼樣？

2. 如果專業工作者，企圖迎合公司強加的成功標準，卻又達成不了，會怎麼樣？

這些問題，依然在我們的職場上揮之不去。而且，自弗洛伊登伯格提出這些問題以來，我們的經濟結構也不斷轉變，越來越多工作，開始像當初他研究的醫護人員那樣，屬於各種形式的「助人行業」。

人們努力要當個「好員工」，成功讓客戶、顧客以及主管都滿意，還要能融入公司文化規範。可惜，公司眼裡的成功，未必就是對個人最有利的事，久而久之，就會出現斷裂感。我的情況就是這樣。

在做最後一份工作時，我不太融入團隊。我大可更努力迎合，說對的話、穿對的衣服，或花更多時間討好主管，但我做不到。在公司規範下，我離想成為的那種人，越來越遠。用來應付這種斷裂感的能量，也慢慢耗光了我原本能帶給工作的所有價值。

德國研究發現，職業倦怠時「可能會開始對工作環境和同事存疑」，還可能「變得麻木，且開始對工作無感」。[4]職業倦怠最棘手的就在這。如果你有職業倦怠，工作不可能發展得好，久而久之，還很容易以為是自己造成的。更何況，一般人還以為千萬不要太早離職，造就全世界有幾百萬人，正被職業倦怠一點一點吞噬，無路可逃。

我算運氣好，找到了出路。那篇文章一寫完，我全身上下感到如釋重負。終於有辦法原諒自己在那份工作上的失誤，也準備好往前走了。

哀悼的動態變化

「在那盔甲的堅硬底下，是由衷悲傷的柔軟。」

——佩瑪・丘卓（Pema Chodron），美國作家、修道院長

為了慶祝離職，我決定來趟歐洲長旅。訂機票時，一開始只輸入兩週來回的日期，不過，這才想到我沒有要務得回來處理。在這趟旅行前，我從來沒有去過什麼地方玩兩

個禮拜以上。我把訂票回程日期延長到五週，腦子裡警鈴大響。這是我人生第一次克服了預設的人生模式，不過有一就有二，往後這經驗可多了。

歐洲遊的第一個禮拜，我在佛羅倫斯欣賞了美得不可思議的夕陽，跟當天稍早認識的厄瓜多朋友，一起喝了瓶便宜的紅酒。豐富無比的落日色彩映照整座城市之際，我心中滿是對眼前這趟新冒險的喜悅和興奮。

不過，隔天醒來時，卻發現自己得了這輩子最嚴重的感冒。就好像我的身體在說：「你高興得太早了！」弗洛伊登伯格在研究提到，對某些人來說，職業倦怠會涉及「哀悼的動態變化」，由於要「應付某種內在的失落，像失去自己曾珍視且看重的理想」[5]。弗洛伊登伯格認為，從職業倦怠當中恢復，就是一種放下那些理想的哀悼過程。我沒把這因素考量進來，也沒料到，頭一個月的衝擊竟如此大。我的歐洲之旅從為了慶祝離職，轉為慢慢休息與復原的旅程。

這趟歐洲之旅的最後一個週末，我在義大利阿瑪菲海岸（Amalfi Coast）普萊亞諾（Praiano）的小村莊，度過了美國國慶日。前天晚餐結識的朋友，陪我在海灘一起過節。其中一位女生是在芝加哥IDEO上班的成功設計師，我們聊起我為什麼離職。

我跟她說，我很期待擁有嘗試新東西、探索想法、不必為別人工作的空間。她一臉疑惑地問：「那你為什麼不找另一份工作就好？」

一年前的我會跟她分享我的職涯展望，把她加進領英（LinkedIn）好友。不過我沒這麼做，而是回她：「問得好，我也不知道。」我在做的，就是活在當下，好好過每一天。那感覺很好，卻也很緊張。

我就要回美國了，得看看自己有沒有辦法讓這些想法成真。

失去穩定收入的恐懼

現實在紐約等著我。我已經辭職了，也沒有下一份工作。在預設之路上走了十年的我，如今覺得好赤裸。

住在紐約，讓一切更難了。身處全世界最昂貴的城市之一，賺錢的壓力很緊迫。過去有固定薪水的時候，很難看清自己賺錢背後的真正動機。在我沒了薪水，一方面不安，一方面又亟欲證明自己有能力的情況下，就清楚多了。這點燃了我一段瘋狂行動期，我發現很多離職後沒有收入的人，都會經歷這樣的階段。

我開始積極找案子，只要有機會，都來者不拒。我的第一份打工薪水是一千美元，工作就是在紐約街頭找出穿Allbird鞋子的人，問他們四個問題。第一天，我在街頭亂逛找人。第二天，我換了方法，買了塊大紙板，大大寫上：「你穿Allbird嗎？」我在聯合廣場公園的農夫市集高舉標牌，開始找到人了。雖然有點不好意思，但我還能自嘲，甚至玩得挺開心的。當個舉牌的傻子，成功讓我賺到第一筆錢。這麼做也像場儀式，正式告別了西裝襯衫、繁文縟節的人生，邁向更自由的生活。

過了幾個月，我找到一個比較實在的案子，和一位前教授合作在波士頓成立非營利組織。簽下合約那刻，我第一次真正敲碎了那種擔心自己會搞砸的恐懼。這真讓我鬆了口氣！後來，我陸續拿到幾個小案子，其中有一個月的收入，比過去當上班族時還高。波士頓的那個案子，也讓我願意從紐約搬回波士頓，來降低開銷。這些都給了我很大的信心，去相信自由接案的嘗試是有潛力的，我慢慢能安然走在自己的路上了。

隨著對錢的焦慮降低，我想更進一步探索：不只是自由接案，而是我的人生。在一開始的那六個月，我體會到一種不可思議的自由，以及對人生的主控權。大部分日子，我的工作時間、地點、還有方式都是我說了算。跟在前一條路上的生活方式截然不同，我也忍不住思考一個問題，進一步探索自己與工作的關係。

我是勞工嗎？

自雇的前幾個月，我讀到一篇文章，顛覆了我的世界。文章標題是：「假如工作占據了你的每分每秒，那人生還值得活嗎？」哲學家塔格特提出的問題，正好說中了我成年後大半人生，心底一直存在的矛盾。

快三十歲前，我所有的人生都圍繞著工作。我一直想著怎麼找到更好的工作，或爭取更高的薪水。我還經營副業，幫人規畫職涯方向，也開始寫作，討論廣大職場怎樣變得更好。因為我的收入高，才有辦法負擔得起紐約的昂貴租金，連我的社交生活，都圍繞著同樣高薪的朋友。

當時的我，根本無法想像還有別的生活方式。我住的地方、我做的事、我對錢的想法，甚至我相處的對象——通通都和我的工作認同有關。然而，假如當初有人問我，工作是不是占據了生活的「每分每秒」，我肯定會大聲說：「才沒有！」

但我接案後才驚覺，我竟然把勞工認同內化得那麼徹底。在還沒找到第一個案子時，每到週一到五的上班時間，只要沒在工作，我就會有強烈的罪惡感。接到第一個案子，開始遠距工作時，我雖然能百分百掌控自己的工時與工作方式，但很快又養成會每天到共同工作空間報到的習慣。許多自雇者都驚覺，不再需要為別人工作後，腦子裡還是住著一個小主管。

我剛嘗試用不同方式運用時間時，心裡還是縈繞著塔格特的問題。他稱我們活在一個「完全工作」（total work）的時代，工作的力量大到，幾乎所有人最首要的身分認同就是勞工。完全工作的靈感來自德國哲學家尤瑟夫．皮柏（Josef Pieper）在《閒暇》（*Leisure, The Basis of Culture*）書中，提出的概念。皮柏在二戰後的德國，很驚訝看到人們積極投入工作，卻很少停下來思考，到底想建立什麼樣的世界？對他來說，這正是德國社會與傳統閒暇形式脫節的證據。[6]

皮柏主張，在歷史上大多時期，休閒都是許多文化裡人們生活的重要面向之一。他提到在古希臘文裡，「工作」的意思就是「不處於閒暇狀態」。用亞里斯多德（Aristotle）的話來說就是：「我們不處於閒暇，就是為了要處於閒暇。」如今，這都反過來了。我們工作，只為換取放假的權利，把閒暇當成工作的短暫喘息。皮柏指出，人們「錯將閒暇當成偷懶，錯把工作視為創造。」對他來說，閒暇比工作重要。閒暇是「一種靈魂的狀態」，還是「一種投入真實世界，聽聞、觀看及沉思默想等能力的表現」。[7]

我擁抱自雇帶來的自由，敞開心扉接受這種閒暇，但同時，仍在和完全工作的世界拉扯。在那個世界裡，我感受到的價值，源自於自己繼續工作的能力。我還是每天想著塔格特的那個問題：

「假如工作占據了你的每分每秒，那人生還值得活嗎？」

雖然我的答案越來越明確，是「不值得」，但我還是不曉得這對我的人生意味什麼。最後，我直接聯絡塔格特求助，他提了三個更具體的問題：

1. 你是不是勞工？
2. 如果你不是勞工，那麼，你是誰？
3. 就你來說，什麼樣的生活才算足夠？

這些問題看了就嚇人，不過，我已經準備好要去思考。根據塔格特的說法，活在一個完全工作主導的世界，我們就慢慢無法「開心沉思最基本的存在問題，連發問、思考、與回答都會受阻」。[8]隨著在這條新路上建立自信，我不但開始有能力問這些問題，還能敞開心胸，迎接即將浮現的各種可能。

接上網路，就接上全世界

接案六個月後，幾個案子都順利收尾，我決定要規畫自己的休假。拋開了身為「勞工」的責任，每天早上醒來再決定我想幹嘛。我大多睡到自然醒，想健身就去健身，在「正常上班日」遊蕩城市之中。人生頭一遭有辦法深深理解皮柏寫的那種閒暇。

但這種生活，也讓我有些困惑。當有人問我工作如何，我總是隨便帶過，想要隱藏自己做出如此激進嘗試的罪惡感。

只不過，我對生活的期待感越來越強，好奇心也越來越高。我又跟之前在紐約時一樣，很想從事創意的案子。其中一個是部落格。我早就想把自己寫的東西，用「沒有束縛」這個筆名統整起來，卻老是因為接案做不成。現在有了時間，加上朋友葛瑞格的催促，我終於發布了同名網站與播客。雖然我一開始沒打算用這些賺錢（這種做法還是讓我覺得「好像哪裡不對」），但這是我真心喜歡做的工作，也樂在其中。

這是我第一次實踐，幾年前手機上每天都會跳出來的目標：健康、關係、樂趣與創意，以及事業。對外的官方說法是，我在做自由顧問，但其實我在休人生首次真正的休假，學習感受不圍繞著工作的生活，過起來是什麼感覺。

我的案子開始超出我對工作的理解範圍。我當全職上班族時，工作是星期一到五想辦法要盡量減少的事。現在，我做自己的案子時，已經不在意是星期幾。它們給我能量，而不是消耗。長久以來，我都以為想要工作得快樂，只要找份更好的工作就好了。現在我明白，我希望的，是與工作有不同的關係。不過，這種工作可沒有薪水，起碼目前沒有。

我們對工作的種種困惑，來自於「工作要有意義」、「我們一定可以靠自己熱愛的事賺錢」這類概念。部落客馬克・溫（Marc Winn）用一張爆紅的梗圖讓這個概念影響力暴增。溫把二〇一一年安德烈・蘇蘇納加（Andrés Zuzunaga）創作的圖翻成了英文，還將西班牙文的「目的」，改成了「生存意義」（Ikigai）。[9]下頁便是這兩張示意圖：

在溫的版本，找到「生存意義」，就是要同時結合四件事：你熱愛的、你擅長的、

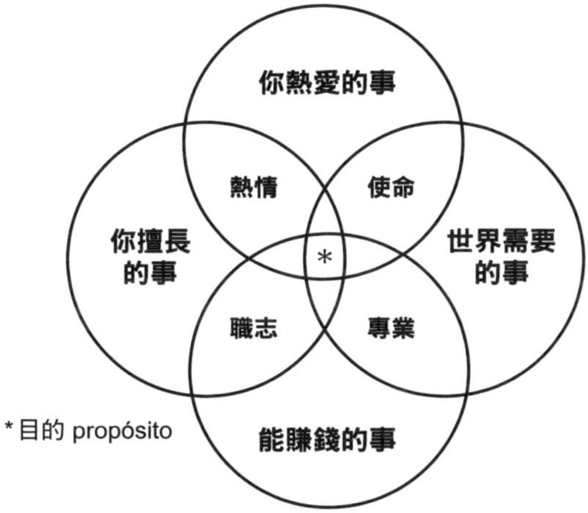

安德烈・蘇蘇納加 2011

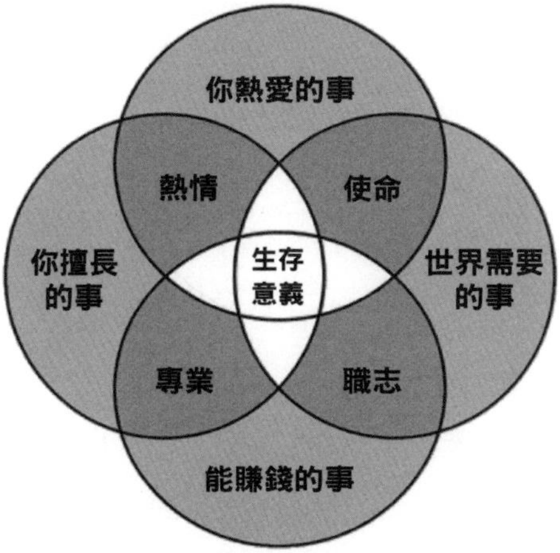

馬克・溫 2014

「目的」與「生存意義」圖之比較

世界需要的、能賺錢的。[10]儘管許多人都全盤接受這個「生存意義」的版本，不過，找到熱愛但沒有薪水的工作的我曉得，這樣的生存意義，就只是一廂情願。何況在日文裡，「生き甲斐」根本不是這個意思。這個詞最恰當的翻譯，其實是「活著的理由」或「為何而活」。[11]跟大家期望工作要有意義一樣，太多人在想像值得做的工作時，都只想到有薪水、有正式資格的事，不然就是說出來會被社會大眾接受、能感動人的事。

假如我也這樣限制自己的話，早就沒有繼續下去的力氣了。對我來說，創造的行為，本身就是獎賞。佛洛姆就曾提出「創意結合」，或者說「人在創造的過程裡把自己跟世界結合起來」，是感受愛的一種方式。[12]要不是我在那幾個月，深刻感受到自己與世界連結的震撼，我會覺得這說法太荒謬了。

休了幾個月的假後，我已經全然接受一切的可能，只是，我也開始擔心到頭來還是需要賺錢。不過，擔心歸擔心，我還是又訂了一趟為期一個月的旅行，這次我要到亞洲。行前約莫一個禮拜，出現了一個機會——因為這個機會我才知道，這條路上的可能性，遠超過我的想像。

在出發前一個禮拜左右，一家自由接案公司打來告訴我，有個緊急的客戶，要找人協助規畫顧問技能培訓課程。一開始我覺得好可惜，因為那是我會想做的案子。但我還是告訴對方，我即將出國，建議找別人做。他鼓勵我無論如何還是應徵看看。我決定開出那種他們要是同意，我會毫不猶豫說「好！」的條件。我說我一個禮拜只花十到十五小時做這案子，還開了之前跟其他客戶收的兩倍價碼，同時說我會在亞洲工作。本來以為他們很快就會拒絕我，沒想到，我才寄出企畫書不到一小時，他們就答應了。

接下來幾個禮拜，我在新加坡公宅裡的小Airbnb、吉隆坡的豪華飯店、峇里島懸崖上的咖啡廳還有泰國島上的沙灘，卯起來完成工作。在峇里島，我從一天二十美元的衝浪旅社，下到懸崖的咖啡廳，只要三十秒。然後我打開筆電，喝著濃郁的的峇里島咖啡，一邊望著遠方的衝浪客。這種奇妙的生活，多虧了網路才能實現，一個月之前，我連想像都想像不出來。

不再將自由顧問當成暫時的身分後，我開始真正投入後來我所謂的「無路之路」。在亞洲流浪時，內心湧現了各種可能性，如果可以在峇里島用筆電工作的話，那麼，還有什麼是我沒想到的？

我的想像力大開，也準備好看看這樣的想像力，會把我帶向何處。

6 萬事起頭難

「求知者，不是不知道而已，而是真切地確定自己不知道，了解自己處在未知的情況。然而這種不知道，並不會讓他放棄。求知者，是會動身追求的人，他們追尋的旅程是與好奇同行：他們不只靜靜的稍作暫停而已，還會繼續堅持求知之路。」

——尤瑟夫・皮柏，德國哲學家

那些夢幻辭職故事，沒說完的事

那些辭職故事往往都被美化又簡化，讓太多人以為只有特別勇敢的人才辦得到。

但我的故事談的不是勇氣，而是數年來務實又安全的試驗、經歷，還有提問的過程。這把改變當成測試的方法，在我們考慮要縱身一跳時，不但是更好的方法，在許多人的故事裡也很常看見。

我養成了敏銳的觀察力，能看出故事不只是表面上那樣而已。舉例來說，我一看到設計師約翰．澤拉斯基（John Zeratsky）的文章〈我辭掉工作，航行中美洲十八個月〉，就立刻知道這故事還有沒說的部分。於是，我在播客節目上訪問他，想知道他究竟是怎麼走到那一步。

他的故事其實好幾年前就開始了。他說：「在真正啟航之前，我們會先去短途航行，比如只過一晚……隨後，我們會駕船去度個長週末，然後變一個禮拜，接著變兩個禮拜。『大旅程』啟程前兩年，我們曾去過兩個月的航程。」[1]他們花了好幾年，試了許多小旅行，才終於決定要航行超過一年。

對於那些走上非常規之路的人，這種不重勇氣而是著眼排除風險的方法，很常見。我當初並沒有刻意要走上全職工作外的人生，卻透過自由接案、當職涯教練、收費演講、寫作，還有透過網路建立人脈，達到了同樣的效果。我這才理解「用不同的方式」工作賺錢是什麼感覺，也學會了欣賞走在不明之路上的「傻子精神」。在如此強大的影響下，打開了我想像的可能性。

蒂安尼亞．梅莉恩（Diania Merriam）決定離開業務工作的前幾年，也有過類似的過程。她第一次接觸到「財務自由，提早退休族」（financially independent, retire early，簡稱FIRE），啟發了自己的想像。FIRE改變了她對金錢的看法，幫她十一個月就擺脫三萬美元的債務。在那之後，她跟主管協商，爭取到遠距工作，這麼一來，才有辦法搬到俄亥俄州，還買了房子。

無債一身輕的她，覺得自己不再那麼依賴工作。隔年業績表現亮眼，但她沒有要求加薪，反而要求留職停薪，休兩個月的長假。[2]她的夢想是走著名的西班牙朝聖之路：聖雅各之路（Camino de Santiago）。當時她已經做好心理準備，如果主管拒絕，就乾脆辭職。怎料主管幾乎沒考慮，就說「沒問題」。

那趟朝聖之路對她影響很大，覺得自己對人生越來越有主導權，想像也跟著豐富起來。這經歷激發她創辦名為EconoMe的會議，專為跟她一樣在重新詮釋美國夢的人而設，還繼續投身工作外的許多案子。會議發起後兩年，有人找她幫忙主持一個日更的財經播客，甚至最後她還變成主要主持人。儘管那份薪水只有原本的三分之一，但她認為那是「可以承擔的風險」，決定把這當成正式辭職的機會，全面探索自雇生活。

這幾年下來，蒂安尼亞無意中，其實一直在測試另一種生活方式，所以她決定辭職時，已經知道自己要做什麼（例如她創辦的會議）。同時她也已然理解，用不同方式生活與工作的實際感受。

哪怕只是小小的嘗試，也會讓人害怕，但得到的回報卻至深且遠。我當初在紐約舉辦團體教練活動時，緊張得不得了。因為我從來沒做過類似的事，但到了當晚結束時便明白，能把一群充滿好奇的人聚在一起，討論我熱衷的問題，之前的不安感，也值得了。我試驗越多就變得越自在，因此有更大的自由，不再害怕嘗試新事物。

對大部分的人來說，人生靠的不是孤注一擲地放手一搏。那只是我們為了能夠繼續安於現狀，才對自己撒的謊。我們把人生的轉折簡化成某個瞬間，因為真正的故事不僅複雜得多，又沒那麼有吸引力。比起「夫妻花五年，一邊探索新生活，一邊努力存錢」這樣的標題，「辭職，以帆船為家」聽起來更厲害，也比較好聊。正因如此，我們比較少聽到真正的故事，其實都包含某種形式的試做與嘗試。

當我們嘗試用不同的方式過活、刻意做出一些小小的改變，我們的心胸就能放開，接受意料之外的機會以及新的連結，或許會告訴我們接下來該往哪走。

求知欲的力量

很多人不喜歡自己的工作，卻還是繼續做，因為這種痛苦至少是熟悉的。想改變，代表要放棄已知，而未知總伴隨著難以預測的不適。於是，我們逃避改變，發展出應對策略：學會避開擺布人的主管，不然就像我一樣每兩年換一次工作、規畫假期、讓自己忙、週末喝得酩酊大醉。這場遊戲，只要你玩得夠久，而且別職業倦怠得太嚴重，搞不好最後還會升遷。

我們可以用一個簡單的式子，來解釋這種策略：

不確定的不適感 ＜ 確定的不適感 ＋ 應對機制

換句話說，只要有足夠的應對策略，人就會願意長期忍受痛苦。有沒有什麼能打破這個局面呢？與許多做了人生改變的人對談，我發現有個東西好像確實有用：求知欲。

求知欲，是對世界的美好與潛在可能，敞開心扉的狀態。處在這樣的狀態，忍耐現狀的必要性會下降，而當前路徑的不適感會越來越明顯。所以剛才的式子就變成：

不確定的不適感 ＋ 求知欲 ＞ 確定的不適感

思考未來時，求知欲就會把擔憂換掉。會不再去想最糟的情況，開始想像按照不確定的路徑走，會有什麼好處。會好奇自己如果完全接受不適感的話，會變成什麼樣的人，內心還會迫切告訴我們：「如果現在不做，可能會後悔。」

麥可．艾許克羅夫特（Michael Ashcroft）決定辭職當個自雇者前，已經擔任能源業顧問近十年了。直到他體會到職業倦怠，開始積極嘗試開線上課程和教練指導這些不同的工作，才辭去現職。離職前，他跟我說：「我有預感，一旦我離開這份工作，就會釋放一大堆的精力。會開始做很多事、創造東西、認識人、去很多地方。這些我目前根本沒辦法想像出來……我很好奇還會出現什麼。」[3]由於他利用了求知欲的力量，讓他對不確定的未來感到興奮期待，所以才有辦法冒險一試。

旅遊作家羅夫．帕茲（Rolf Potts）年輕時曾花了八個月遊覽美國各地，旅程接近尾聲時，他第一次體會到可能性和求知欲的力量。那是他第一次「讓旅程呼吸」，全心接受用比較慢的步調旅行。他談到一個徹頭徹尾的大改變：「要解釋旅遊前後的我，最恰當的說法就是，在這趟旅程前，談到人生的潛力為何，我並不肯定，而旅程結束後，我倒是很有自信。」[4]

在亞洲各地遠距工作兼旅遊的那個月，也讓我有同樣的感覺。儘管我的路徑變得比以往任何時候都更不確定，但我心中湧現的可能性，遠遠壓過了自己的不安全感。

擁抱可能性的其中一個難處，在於要知道何時壓制住吉洛維奇（Thomas Gilovich）與大維戴（Shai Davidai）教授所謂的「『應該』自我」：這個聲音，可以幫助我們履行承諾，卻也可能阻止我們做出人生改變。比如，這個聲音會告訴你：離職就是不負責任，應該繼續撐下去。雖然這種念頭，大多是有幫助的，但如果一輩子只聽這種聲音，就會離「理想自我」越來越遠。人們在回頭看自己的人生時，最後悔的往往是沒能邁向理想自我。兩位教授主張，人們對做過的事，幾乎不會後悔。這完全就是我們的「『應該』自我」使然，就算我們失敗了，也會習慣立即行動補救。[5]

作家葛瑞琴．魯賓（Gretchen Rubin）決定要推翻她的「『應該』自我」時，這麼說：

「我寧可當失敗的作家，也不要當成功的律師，不管是失敗還是成功，我都必須去試。」[6]魯賓畢業於耶魯大學法學院，在聯邦最高法院幫珊卓・歐康納（Sandra Day O'Connor）擔任過書記。當時她高薪又前途大好的律師生涯才剛剛起步，然而，她知道如果自己繼續下去，沒有冒險去當作家的話，一定會後悔。

要做出人生改變，就必須克服不知道會發生什麼的不適感。我們面對不確定時，會盤算一大堆可能出錯的事，說服自己一定得留在當前的路徑上。要學會合理懷疑這種一時的念頭，同時明白就算出了錯，也許會發現值得碰到的事。這樣我們的心胸才能敞開，接受好事會發生的可能。唯有達到這樣的狀態，你才會跟魯賓一樣，不再對下一步感到懷疑。還有，別擔心，就算你稍微搞砸了，還有「『應該』自我」在旁邊待命，隨時準備好幫你改正哪。

用新方式看世界

接受人生的可能性，有助於你做出人生轉變，卻不足以讓你在別人不理解時，也能安心走下去。

在離職前幾個月，還有離職後的一、兩年，我都努力想替自己的旅程找一個合理的說法。別人問我近況時，總覺得要被迫提出證據證明，我有計畫、知道自己在做什麼。直到讀到艾格妮絲・凱勒（Agnes Callard）「心願之旅」（aspirational journey）的概念，我才比較安然面對自己不知道要往哪去。

凱勒將「心願」定義為「試著去擁有那些希望未來真正認同的價值觀」[7]的緩慢過程。這跟在旅程一開始就知道自己重視什麼，完全相反。例如，想賺大錢的人，本來就已經很看重錢了，一路上並不需要去了解自己為什麼想要錢。心願之旅就模糊多了，而且也更難預測一路上我們會接受哪種價值觀。

回想起來，會發現自己的人生裡有許多心願之旅的例子。我人生的其中一例，就是我對籃球的熱愛。年輕時，我對籃球根本著了迷。我打籃球、看籃球、收集球星卡，還會閱讀籃球歷史。正是靠著保持對籃球的興趣，我才能明白籃球讓我熱愛且看重的點是什麼。如今，當我看到精采的籃球比賽時，那種感動還是難以用言語形容。對一般的球迷來說，這樣的美好並不容易察覺。我從來也沒有想過要用對籃球的熱愛做些什麼，不過是想從一而終地了解、繼續參與這項運動而已。

這段籃球旅程，和我大學那種純粹的野心，形成鮮明的對比。我修課的唯一企圖，就是盡可能得到最高分。過程中，我並沒有真正成為一個不同的人，因為我沒有冒任何風險。我本就重視成績，這不過是向別人證明我很會玩成績遊戲。雖然心願也包含在野心裡面，但凱勒主張，野心「會消耗掉人絕大部分的努力，卻無法真正拓展價值觀」。[8]

心願之旅和無路之路有著密切的關係，因為兩者在旁人眼裡可能都難以理解，甚至你自己也這麼覺得，有時這情況還會長達數年。凱勒認為，「獨特的模糊性」是人理解自己追求的價值觀時的一種特點，「會讓人渴望找到解答，彌補這種缺口」。[9]

學會與這種模糊性共存很重要，尤其是在改變初期。但這一切都值得，一如凱勒所言，真正的意義在於你「正學著用新的方式看世界」。

找到同路人

根據凱勒的說法，在心願之旅上，或是在我所謂無路之路上的人，往往是「特別需要支持的人」。因為他們的世界觀還不完整，尚在進化，所以特別需要別人的支持。

我的家人，大多都是在預設之路上發展成功的人。我固然有許多榜樣，教會我努力、紀律、全心付出的重要性，但這些都只適用於某種固定的道路。此外，我大部分的朋友，都堅定不移地投身於全職工作。我剛開始考慮要走一條不同的路徑時，必須在播客和社群媒體上，從高汀、德瑞克．西佛斯（Derek Sivers）還有提姆．費里斯（Tim Ferriss）等人那裡尋得能鼓舞自己的東西，他們讓我在思考生活與工作時，想得更寬廣。

最吸引我的人是高汀，他打造出一個把創意、慷慨、助人當成重心的人生。儘管我不知道自己能不能像高汀一樣，但光曉得有像他那樣的人存在，就讓我相信，那種路徑是有可能的。高汀提出的一個有名概念是，走在非常規路徑上的人，應該要想辦法「找到同路人」。這些人會啟發你我，知道用不同的方式生活是可能的，甚至有些人，還會成為我們旅程中的夥伴。

這麼說來，許多選擇非常規路徑的人，成長過程中，身邊圍繞的也往往都是選擇非常規路徑的家人，也就不足為奇了。克里斯．唐諾侯（Chris Donohoe）在創立自己的教練事業前，原本在顧問業打滾多年。他家族的「創業精神」以及「為自己工作的心態」，一直都讓他深受啟發，成為他性格的一部分。[10]對他來說，辭職創業，是再自然不過的事。

有些人會在意想不到的地方，找到其他志同道合的人。莉蒂亞．李（Lydia Lee）離開了加拿大教育業的業務工作，如今在峇里島與加拿大經營線上教練事業。她還在做全職工作時，有一次到馬來西亞旅遊，認識了一位靠著筆電就能遠端管理行銷公司的數位游牧者（digital nomad）：「能親眼見到這樣的人，讓我意識到，我也可以靠筆電遠端工作。」[11]遇見那個人的頓悟，在她心裡種下了一顆種子。儘管又過了六個月才辭去工作，但她已經知道，世界上，真的存在著不一樣的生活方式。

雖然莉蒂亞是因緣際會下遇到這號人物，而我則透過社群媒體找出那些人，但我建議大家，要用更積極的方式，找出我所謂的「路徑專家」。這些人，比你先走在一條你想選擇的路徑上。這些人可能離開了跟你類似的工作，也可能在探索吸引你的生活方式。他們大多會很熱情地跟你聯繫，因為他們也還在尋找旅程中可以學習的對象。

我愛開玩笑說，高汀是我辭職路上唯一的朋友。我讀過好幾本他的書，而且每一集播客，都聽得津津有味。我們很幸運可以透過網路，接觸到很多人分享的故事。但這類數位啟發，往往只在旅程一開始的時候有用。最終，還是需要找到願意建立更進一步友誼、一起度過有意義時光的人。

幸運的是，我辭掉工作後才幾個月，就在一場會議上，遇見了一些走在無路之路上的人，他們後來就變成這樣的朋友。我認識了原本顧問職涯前途看好的波以嵐，他在四十歲出頭時健康出現危機，就離職了。我們結識之後，他就成了我遇到困境、需要勇氣時求援的朋友兼導師。我還認識了那場會議其中一個工作坊的主持人妮塔・波姆（Nita Baum），她身兼顧問、教練與人才庫創辦人。我們第一次聊天時，她就好像知道所有關於我的事。當你遇見走在類似路徑上的其他人，立刻會有一種緊密的連結，而且，對於你們都在經歷的困難，會有一種很深刻的體會。連「你好嗎？」這樣的問題都不用問，可以直接用一種彷彿在說「我曉得，我懂」的微笑開頭，接著就深入對談。

在無路之路上，有這樣的同伴非常重要。你或許會像克里斯那樣在家人裡找到，或是像莉蒂亞在旅行時找到，或像我一樣在會議上找到。這些人際關係提供了一個空間，在這裡，你不需要有完美的答案，也不需要急著知道下一步該怎麼走。即使是兩個如同凱勒形容的「特別需要支持的人」走在一起，也不會導致什麼大災難。根據我的經驗，這往往還能促成一段美好的友誼。

在我之前的路徑上，成功有一個隱藏的代價。一貫的金錢報償讓我生活過得順心如意，我越成功，就越不需要仰賴別人。在某些圈子，這是大家頌揚的人生終極目標，可是這卻導致了某種空虛感，直到我走在一條逼得我尋找同伴的路徑，才終於明白。

馴服你的恐懼

在離開預設之路時，你可以選擇逃避恐懼。但無論如何，無路之路都會逼著你面對。如今我不再是那個會將恐懼深埋的人，而是認識自己的恐懼，把它們當成微小但應付得來的存在性危機，是未知旅程中少不了的一部分。

考慮要離開預設之路的人，雖然有辦法列出幾百件可能出錯的事，卻開不了口討論那些風險背後的恐懼。我跟不下數百人聊過，這些恐懼不外乎下列五大項：

1. 成功：「萬一我不夠好怎麼辦？」
2. 金錢：「萬一我破產會怎樣？」
3. 健康：「萬一我生病怎麼辦？」
4. 歸屬：「還會有人愛我嗎？」

5. 快樂：「萬一我不快樂怎麼辦？」

自雇的頭幾年，這些恐懼讓我不知如何是好，但多虧了費里斯的「確立恐懼」練習，讓我能重新界定我的恐懼，用全新的方式來看待。[12]

這個練習共有六步驟，前四步相當簡單：

1. 寫下你打算做的改變。
2. 列出可能的最糟結果。
3. 思考你可以採取什麼行動，降低這結果的影響。
4. 列出幾個行動，萬一失敗時，可以怎麼回到現在的狀態。

寫下恐懼，幫我把抽象的擔憂轉化為具體的問題。像那時，我寫出自己擔心辭職會破產，我才想到有五十種不同的賺錢方法可以做。

話雖如此，但有些跟恐懼有關的問題，是解決不了的。《做自己的生命設計師》

（*Designing Your Life*）的作者們提供了一種有用的重新框架方式：他們將這些問題稱為「重力問題」，因為就像重力一樣，本來就是人生的一部分，而不是可以被解決的難題。[13]這個詞在我擔心自己的健康時，幫助我與身體的不適共處。由於久病未癒，我有好長一段時間幾乎提不起任何勁。我就提醒自己這就跟重力一樣，是必須接受的存在，才有辦法接受生命的不確定，走在無路之路。

費里斯提的最後兩個問題，才是真正最有力量的部分：

1. 如果嘗試了，就算只成功一部分，對你可能會有什麼好處？
2. 如果你什麼都不做，三個月、一年或是幾年後，又會付出什麼代價？

這會將我們的焦點，從本來就不確定的未來，拉回到當下。幫助我們看清，自己常高估未來的代價，卻低估了留在原地的代價。

布朗妮．維爾（Bronnie Ware）曾照顧過許多走到人生最後階段的長者。她在〈臨終者的五大遺憾〉（Five Regrets of The Dying）這篇至今仍是線上貼文點閱率前幾名的部落格文章裡，分享了她的想法。最常見的遺憾是什麼呢？就是人生不曾「忠於自我」，只活在別人的期待裡。

像這樣的文章之所以如此吸引人，是因為切中了許多人在意的核心——人生該怎麼過？人在臨終時往往都有類似的反思，卻極少人懂得直接應用在自己的人生。而無路之路，會用獨到的方式，邀請我們努力去化解自身的不安全感。只要能接受這樣的邀請，就可以繼續追問自己真正想要的是什麼，懷抱希望地找出答案。

我愛的人，還會愛我嗎？

我跟數百位考慮要改變和工作的關係，或想走上另一條路的人聊過。這些人的恐懼核心，始終都是這一個問題：「如果這麼做，生命中的人還會一樣愛我嗎？」這真是個可怕的問題，卻也值得深思，因為很多人為了要符合想像中別人的期待（例如伴侶或父母），會無視心之所向。

在自雇的第一年，我雖然就確定想走這條路，但還不知道像凱勒「心願之旅」這種說法，所以也無法清楚表達，為什麼這條路對我來說是對的。我躲避別人的指教和問題，擔心他們會逼得我又開始自我懷疑。為了自保，我會矯枉過正，而且還逐漸養成我朋友維沙坎・維爾拉薩米（Visakan Veerasamy）口中的「先發制人的防禦心」。覺得自己與全世界為敵，連最簡單不過的問題，都認為是在攻擊我所認同的一切。

到亞洲玩了一個月，體驗到可以遠距工作的可能性之後，我便決定那年秋天要搬到亞洲待幾個月。只不過，雖然我已經計畫退租、把大部分的東西賣掉，我卻瞞了爸媽兩個多月。事實上，他們甚至不是從我口中得知，而是從我表弟那聽來的，因為我實在太怕跟他們講了。

搬到亞洲前一個月，我跟家人一起參加了一場婚禮，最終還是要面對那些避不開的問題。在飯店裡大家輪番問我：為什麼要搬到台灣？不擔心健保嗎？到底還會不會找一份「真正的工作」？難道不想成家立業嗎？為什麼要這麼做？你有長期計畫嗎？

我覺得自己像被圍攻，也覺得辜負了最重要的人。父母為我犧牲那麼多，我覺得自己好自私。雖然現在我知道，他們是出於愛與關心，不希望看到我受苦。可是當時，我非但沒有把我的恐懼和不確定告訴他們，還想辦法要說服他們相信，我正在走的無路之路，是人生的最佳之道。

很可惜，無路之路是心願之路，凱勒已經告訴我們，本來就無法說清楚。因此，企圖要大家相信你朝著對的方向前進，可能徒勞無功。看重舒適與安全感的人，往往沒辦法理解為什麼有人會主動選擇，一條充滿不確定與不安的路。

即便這條路會帶來深刻的個人成長，但別人往往還是看不到它的好處。走在這條路上，你會強烈感受到這樣的脫節，而且可能會很苦惱。我的朋友艾咪・麥可米蘭（Amy McMillen）才在金融業待一年就辭職，去旅遊和寫作。她記得當時腦海中不斷冒出的問題是：「別人會怎麼看我？我連自己都不知道怎麼看自己。這樣是不是太不負責任了？爸媽會不會認為我一事無成？朋友是真的支持我，還是其實覺得我瘋了？」[14]

但事後想想，仔細面對這些問題，其實很有幫助。在我看來，「生命中的人還會一樣愛我嗎？」這個問題特別重要，因為直擊了內心最深層的恐懼。我不想讓父母失望，也拼命想說服他們自己走的路是對的。不過，當初要是理解自己害怕會失去他們的愛，就會明白，比較有智慧的回應，應該是敞開心扉，表現我的脆弱。

我帶著滿腦子的問號，即將啟程前往半個地球外的台灣，真正踏上無路之路。儘管我知道這些問題可能沒有答案，但我卻感覺，某些重要的東西，正等著我去尋找。

第二部

無路之路

一條沒既定方向，需要不斷探索的「無形」道路。
因此才能抵達，你內心真正想去的地方。

二〇一八年八月三十一日

再七天，我就要搭上飛往台北的班機，展開人生的新篇章，以游牧工作者的身分工作與生活。

擁抱極簡主義的我，發現自己有更多時間，也比較沒那麼急著要「去做什麼」。有機會可以走一些不尋常的路，在城市裡隨意散散步，跟本來不可能聊到的人聊聊。

我覺得自己好幸運，而且，這次搬到台北，感覺起來比較不像「度假」或「旅遊」，倒像是延長了我多多欣賞生活與其中人事的時間。

——我的電子報

7 無路之路的智慧

改變人生的無為魔法

我從單人床下來，走到這間 Airbnb 小公寓的客廳。這是我在台北頭兩個月訂好的住處。二〇一八年秋天，我剛從地球的另一端搬到這裡。我打開咖啡機，想著今天還有這個禮拜要幹嘛。這才發現，我什麼事也不用做。

嚴格說來，我已經是個自由工作者，但我一個客戶都還沒有。雖然我想成為人們口中的「數位游牧工作者」，可以在世界任何角落工作，但我還不知道這個目標該怎麼實現。那年我三十三歲，單身，才剛跟朋友們宣布我要放棄約會，進入人生的另一個階段：當「很酷的叔叔」就好。

然而，僅僅一年過後，我便開始計畫著自己的簡約婚禮、設法擴展我的事業，並意識到寫作是我這趟旅程最重要的部分。而且，最重要的是，試著理解自己對人生那份嶄新而深刻的感激之情。索尼特補充了當時我說不出來的話：

> 你最需要找到的，通常是那個你完全不了解的東西。而這個尋找的過程，就是迷路的過程。[1]

抵達台北時的我，不僅在人生的故事裡迷路了，也在這個招牌我不會讀、語言也不通的新地方迷路了。話雖如此，我卻還是覺得適得其所，每天過得輕鬆自在。

這種感覺，和我前十年在紐約與波士頓感受的，長期緊繃與隱隱焦慮完全相反。那樣的感覺在台北煙消雲散，我開始感受到一種長久以來都被擱置一旁的輕鬆玩興，上回有這種感覺，是孩提時期在樹林漫步的事了。

中文有個詞叫「無為」，正好形容當時的我。英文雖然可以翻譯成「non-doing」，但並非什麼也不做的意思。無為講的不是逃避或偷懶，而是與世界的深度連結。中國哲學家老子早在兩千五百年前，便在《道德經》寫道：「損之又損，以至於無為。無為而無不為。取天下常以無事，及其有事，不足以取天下。」[2]

近代一點的，史坦貝克在寫給他兒子的信中，也傳達了如此的觀點：「事對了，就會發生。重點在於別急，好事是逃不掉的。」[3]

在台北的第一個月，我把生活簡化到最基本。沒有太多物品，鬆開對未來的執念，試著放手接受未知。那些日子，每天就在覺得自己迷了路的頭暈目眩，和確信自己完全適得其所的感覺之間，來回擺盪。

然後，出現了一個機會，邀請我走上無路之路。

我跟安吉第一次約會是在台北的某家茶館。她後來跟我說，她本來沒抱太高的期待。以為我只是個世界級的跳圈者，因為我的交友軟體簡介寫滿過去的公司和研究所學歷。當她說出自己對大企業的職涯感到無力，還說寧可把時間用在閱讀、學習、探索世界時，本來以為我會很失望。她可真錯了。當下的我，就墜入愛河啦。

在接下來的約會裡，例如沿著河騎腳踏車、在公園讀書、逛夜市、爬山等，我漸漸發現，眼前這個人也問著那些更深層的問題，也願意擁抱不確定，而不是循著別人安排好的路走。換句話說，我找到了一個完全接受自己那條無路之路的人。

事情就是會在我們最意想不到的時候發生，這雖然是老生常談，可是在我身上完全如此。多年來，我一直想著要找到一個可以「定下來」的對象。然而，我卻在預設之路的劇本裡尋找，想要的是社會標準的生活方式，而不是我真心想要的人生。這下我同意喬瑟夫·坎伯（Joseph Campbell）的說法了。這位透過人類先祖的故事研究人類經驗的學者，得到的結論是「一定要放下原本計畫的人生，才能迎接真正等著我們的人生」。[4]

所以，我想在史坦貝克的建議上，再加一句：「**好事是跑不掉的，只要你創造出讓它發生的空間就好**。」

生活在充滿誘惑與目標的世界，讓人幾乎無法停下腳步，然而這卻是我們最迫切需要的。在台北的前幾個月，我開始懂得擁抱一種無為的智慧。我大半生以來都把什麼也不做視作懶惰。直到在異國生活才明白，這是種很美式的看法。在台灣，我學會放下焦慮與緊張，以開放的心，擁抱無為。這時開始出現的可能性，改變了我一生。花了三十幾年不斷地規畫未來之後，我總算有辦法開始活在當下了。

讓我休息休息吧

「那些無法表達的樹木開始說服我們留下，拋下充滿沉重瑣事的人生。」

——拉爾夫．愛默生（Ralph Emerson），美國思想家

事業有成的大企業管理人莫西特．薩提亞南（Mohit Satyanand）度蜜月時轉身問妻子：「我們一定要回去嗎？」於是兩人決定不回去，搬到印度古蒙區（Kumaon）的石屋，一待就是六年。他回憶：「我們在森林的院子裡，看著桃子結果，也看著兒子搖搖晃晃地學步。」[5]

為了送兒子上學，他們搬回了城市，但莫西特不想再重回全職工作。朋友都催他找份「真正的工作」，但嚐過另一種人生後，他決定繼續走無路之路。他靠著兼差過活，儘管「對我這個年紀和受過訓練的人來說，兼職的薪水比不上全職」，但也夠用了。

我在台灣朝著與他類似的方向前進之時，讀了他的故事，開始思考，暫別工作同時擁抱無為的狀態，是否真能提升生活滿意度。我思考人生的方式，起了正面而深刻的變

化，也好奇別人會不會也有一樣的經驗？我找上曾暫別工作的人，發現多數人都認為，暫別工作的決定，就是看見人生可能的重要轉捩點。我也注意到，這些轉變其實有跡可循。其中有四個變化特別明顯：

第一，人會開始意識到自己的痛苦。我們往往會陷入低度焦慮的狀態而不自知，等到遠離了背後的成因，才會發現。就好像我辭掉工作隔天，才發現自己職業倦怠那樣。我的朋友凱文·尤爾奇克（Kevin Jurczyk）休完規畫好的長假後，跟我這麼說：「以前總覺得，這份工作也沒那麼糟，薪水也夠，值得繼續撐下去。結果一呼吸到自由的空氣，我才明白，不是這樣的。或許這份工作曾經值得過，但不再如此了。」[6]

對工作的無力感，也讓成功的科技公司創辦人賈桂琳·詹森（Jacqueline Jensen），有了安排「有規畫的休假」的點子，將自己的認同與工作分開。她問自己：「如果把賺錢的工作，從人生的中心移開，那會是什麼模樣呢？」她說，工作帶來認同和興奮感，要割捨真的很難。[7]但暫別工作一個月，她覺得輕鬆許多，也更清楚自己想從工作與生活中獲得什麼。

第二，求知欲會重現。人一有時間，就會嘗試新的事、重拾過去的嗜好、探索孩童時期好奇的事物、開始做義工，然後和社群裡的人建立關係。我這位休過好幾次長假的醫師朋友愛德華就反省：「我腦子裡會突然出現新的想法，過去我有興趣的話題也會重新浮現腦海。我發現自己會隨手記下想法，思考也更自由。這是由於我們的心智沒有被日常的生計、無止盡的競爭、還有一成不變的差事所帶來的沉重壓力完全佔據，因而被新皮質解放的創作過程。」[8]

第三，人往往會很希望能繼續「不工作」的旅程。擔任產品經理多年之後放了一個長假的蘭尼．拉希茨基（Lenny Rachitsky）原本以為自己會回去工作，「但休息到最後，心裡非常清楚，我準備好要迎接新冒險了」。長假放了幾個禮拜後，他甚至不再查看電子郵件：「我的心思不在工作上了。雖然還不知道自己接下來想做什麼，但知道是時候改變現狀了。」[9]

第四，人會開始寫作。艾力克斯．方（Alex Pang）曾在學術界和科技業服務，休長假後，開始用不同的角度看人生，他心想：「或許我們把工時和生產力的關係搞反了。」[10]光靠著這個問題，他接下來好幾年就出版了好幾本書，探討休息和縮短工時，如何改善你我的生活。

我和莫西特、凱文、賈桂琳、艾德華、蘭尼與艾力克斯，都驚訝地發現，當生活不以工作為中心，會有多麼不同。我們也才開始意識到，原本的人生路徑，其實遮住了許多可能性。在短短的時間內，我們開始奪回青春活力，也因此勇敢邁開步伐，迎向不同的人生。

迷你退休

「我們越是把經驗視作金錢，就越會認為金錢是生活所需。而我們越是把金錢跟人生連結在一起，就越會相信自己太窮，買不起自由。」

——羅夫・帕茲（Rolf Potts），美國旅行作家

我們會不敢休息，就是以為必須等到退休。

退休是德國於一八〇〇年代晚期引進的概念，原本是為了扶持少數活到七十歲無法再工作的人。如今人類活得更久也更健康了，退休不再罕見，有的國家還預測退休後的生活，會長達人生的三分之一。這讓大家極度期待人生這段時期，會過得快樂、平靜又

有樂趣。大家會這麼認為，背後推手是金融機構，砸下鉅額廣告費，給民眾看那些帶著微笑，走在美麗草地上的快樂長者。要傳達的訊息是什麼呢？努力工作，好好投資，等到你年滿那個「神奇數字」之後，才能停下來，享受生活。

這種退休模式是預設之路的核心之一，雖然對有些人依然適用，但根據美國一份持續二十年的調查顯示，滿意自己退休生活的人數，正逐年下滑。[11]為什麼會這樣？部分是因為，人一停止工作，就會想盡辦法要找東西，取代從工作當中得到的意義與樂趣。我跟許多拒絕傳統退休概念的六、七十歲人士聊過。雖然他們大多做的不是全職工作，但他們喜歡兼職、當義工、學習新東西或是找其他的方式，繼續貢獻己能。

傳統的退休概念，雖對許多人仍有激勵作用，不過，透過無路之路的角度思考退休，或許對有些人會更好。在無路之路上，退休既不是終點，也不是單純的財務計算，而是接續著好好過人生。這麼一來就會轉念，不再為了未來而存錢，而去思考當下要怎麼活。

我找到的最佳辦法，就是費里斯在《一週工作4小時》（*The Four-Hour Week*）裡介紹的「迷你退休」概念。他發現自己討厭那種把行程塞滿一兩週的傳統假期，有一次旅行玩到疲憊不堪後，他就問自己：「為什麼不把一般長達二十到三十年的退休，重新分配到整個人生，不要全部留到最後呢？」[12]

他以這樣的心態，設計了自己的迷你退休，也就是「一到六個月」的旅遊。這期間他會嘗試用不同的方式生活。他形容這是種「反度假」：「雖然可以讓人放鬆，但迷你退休不是逃避人生，而是重新檢驗人生——製造機會從頭來過。」[13]設計這些休假時，他會問自己三個問題：

1. 如果退休不是選項，那麼，你的決定會有什麼不同？
2. 要是現在就可以用一次迷你退休，體驗看看未來的計畫，你會怎麼做？
3. 真的有必要完全投入工作，才能活得像個百萬富翁嗎？

這些問題的影響力在於，逼得你要發揮創意，且更敢於嘗試。我發現這會讓人生變得更有趣。走訪世界各地，也嘗試過不同的工作，我為自己設計了各種實驗，來探索最適合自己的生活方式。

我試著以一到三個月為單位，每個階段，我會挑一、兩件最想測試的東西。可能是換個地方生活、做新案子、旅行，或是學新東西。我的目標是不斷檢視自己的信念，找出真正讓生活變好的關鍵。許多人會跟我說：「我絕對沒辦法像你這樣過生活！」但我心裡總想著：「你真的試過了嗎？」

迷你退休的精神不是要逃避工作，而是測試不同情況下，該加倍投入，還是要換個方向。剛開始寫這本書時，我一個禮拜要修三十小時的中文，同時還要經營線上事業，非常耗力費神。雖然我不想一整年都這麼高強度，但是，在這些密集學習、創作以及工作的階段後接著休息，讓我能充滿能量長久走在這條路上。我們很難在預設之路上設計這種變化節奏，但在無路之路上不僅可行，還可能創造最珍貴的收穫。

這樣的嘗試，確實會花不少時間，但對我來說相當值得。走在過去那條路上時，我雖然越來越逼近那「神奇的退休數字」，卻也一步步在破壞享受人生所需的隨性、創意與活力。現在對我來說，測試人生不同的安排方法，是雙贏的選擇：一方面，我不斷把將來會不快樂的可能性越降越低；另一方面，也一步步打造，自己會越活越期待的人生。

這些經歷，給了我有別於傳統退休故事的選項。雖然我仍在存錢退休，但早已不再把達成財務目標，視為人生最重要的事。我更著重現在就把錢和時間，用來嘗試不同的生活模式。如此一來，等我走到人生晚期時，優先順序考量就不必重新洗牌，反而可以繼續朝著無路之路走下去。

好好享受這趟旅程

雖然無路之路不會通往明確的終點，不過，可能會有凡卡德希．拉奧（Venkatesh Rao）這位顧問兼作家所謂的「定點」（fixed points）。定點就是你無論如何都要達成、沒有商量餘地的目標，通常源自各文化的獨特腳本。例如拉奧就說，「美國夢」最標準的定點就是「無論未來發生什麼，我都要擁有自己的房子」。[14]

人人都有自己人生的定點。買房是最常見的，其他還有像供孩子上大學、成為高階主管或合夥人、創立公司、達到某個財富目標等等。

這些預設定點的問題在於，它們並不來自於個人獨特的動機與渴望，而是文化衍生出來的。久而久之，這些目標容易與現實脫節。例如在台北，上一代的人做一般工作存幾年的錢，就有辦法買房。但現在，台北的房價租金比已是全球最高，要達成同樣的目標，要花二十年以上的時間，而且對許多人來說，甚至根本不可能。儘管經濟情況今昔已經大不相同，仍有許多年輕人，把人生定位在同一個目標。

拉奧認為，答案不是要放棄目標，而是更認真看待並用心思考，找出真正屬於自己的定點，活出更精采的人生。

約翰．彌爾（John Mill）在一八五九年出版的《論自由》（*On Liberty*）裡，也給了類似的建議。他主張社會需要人擁抱自己的個體性，進行各種「生活實驗」。他認為這樣的實驗，是求知不可或缺的一環，唯有找出獨特的生活方式，文化才會學習與進化。彌爾鼓勵人根據自己所受的啟發行動，因為「各種生活方式的價值，必須透過實踐來驗證」。[15]在彌爾的眼中，選擇你獨一無二的定點，不僅更有可能找到一條值得繼續往下走的路徑，同時還擔當了推進文化的重要角色。

彌爾認為慣常的生活方式很容易「淪為機械化」，且若社會常規過於強硬與僵化，就會扼殺掉本來願意進行實驗的那些思想獨特的人。他認為不該限制這些人，因為他們已經想盡辦法要「將自己塞進社會提供的少數模子裡面了」。[16]

科技進步與經濟繁榮，讓現在成為人類史上最適合進行「生活實驗」的時代。然而，當年因眼見許多人似乎都「滿足於目前人類現有的生活方式」而沮喪的彌爾，要是知道如今走一條不同的路，還是甩不開那麼重的羞恥感，或許也會很驚訝吧。

全心接受一個獨一無二的定點，可能是走上無路之路的起點。以我為例，還在上最後一份班時，為了把健康和睡眠擺第一，我就不再設鬧鐘了。我的生活規畫，就以這件事為定點，盡量調整生活，同時降低對工作的影響。如今我的目標，就是每工作六週，就要休一週。我的靈感，來自於科技創業家尚・麥凱博（Sean McCabe）。他不僅自己先實行這套方式，後來也推行到整間公司。[17]

預設之路一路上的定點，本來並不壞，但它們往往會推著人，去模仿他人的選擇。這也許是個不錯的起點，不過，如果你全然接受自己那獨一無二的心理狀態、興趣以及幽默感的話，旅程就會更有趣，也更具意義。

何況，一旦你走在無路之路上，想在這趟旅程中發光發熱，那麼定義自己的侷限和定點就不是一種選擇，而是一種必要。

有錢，是為了買回時間

「研究要做得好，祕訣就是永遠讓自己稍微清閒一點。如果你捨不得浪費幾小時，就會白白浪費好幾年。」

——阿莫斯．特沃斯基（Amos Tversky），認知心理學家

當你認識的每個人，生活都以穩定的薪水為中心，就很容易忘記自己為了這份薪水，放棄了什麼，還會忘記在大部分人類歷史中，這種穩定工作並不是常態。

二戰後，年輕人興奮地到大公司報到，他們的父母親無法理解，孩子為什麼會熱衷於選擇充滿規範與從眾的人生。威廉．懷特（William Whyte）在他一九五六年出版的書《組織人》（*The Organization Man*）裡，就寫到了這樣的變化。他分享了一段當時典型年輕人會寫的話：「現在的年輕人，和過去幾百年來不安逸的年輕人不同。現在的年輕世代沒有要反抗什麼……我們沒有想反抗長輩。」[18]

當時這些年輕人加入的大企業，提供了可預期的收入，還有可預期的人生。懷特認

為這是場劇烈的世代轉變，因為這些組織提供了過去世代沒有的東西：現實世界的避風港。他說：「他們一畢業，並不是走到外面險惡的世界，而是平順地轉移過去。」[19]

身為這個傳統下的第三代，身邊沒有人會跟我分享，生活沒有薪水是什麼感受。我離職時，原本以為只是獨立工作辛苦些，但沒想到我與金錢的關係，還有金錢在人生的角色，都徹底改變了。

我一辭去工作，心態就立刻轉變，開始用會計師的嚴格標準，看待每一筆支出。我用Mint.com檢視開支，驚覺住在紐約，每月竟要花六千美元。雖然我賺得比這多，但花費還是太高了。把稅也算進來的話，我每年支出將近十萬美元，卻過著自認「節儉」的生活。雖然這個覺悟讓我汗顏，不過，在一個肯定有人花費比你多的城市，這種「過得很節儉」的說法，很容易讓人信以為真。

我的支出完全沒有邏輯，其中有一大部分或許可以歸類為湯瑪斯・貝文（Thomas Bevan）所說的「痛苦稅」。這是不快樂的勞工「為了撐下去，花在維持工作機能上的錢」。[20]對我來說，這些支出包含了酒、昂貴的食物、度假，而且隨著這筆數目跟著職涯發展增加，我竟開始相信，工作就是為了支撐這樣的花費。

辭職後，這些花費立刻就沒了，意外的是，我竟然毫無眷戀。在那之後，我從協助個人理財的創業家拉米特．塞提（Ramit Sethi）身上，學會重新界定金錢觀。他問了一個很棒的問題：「對你而言，怎樣才算富足的生活？」這麼問是為了讓你不再像會計師那樣看待金錢，而是去思考錢如何幫你過上理想生活。我逐漸找到了明確的答案：我的人生，會因為擁有時間的自主權而富足。

有了這個答案，我大受振奮，開始找其他減少花費的方法，這樣就可以在這條路徑上待久一點，不會把資金耗盡。我才有動力在成功找到第一份自由接案的案子時，便決定把紐約的公寓分租出去，搬到波士頓便宜一點的房子。我省下租金、點便宜的奇波雷餐點、再加上較低的稅率，通通加起來，每月可以省下約三千美元。

當有收入且生活開銷降低後，我的財務不安就減輕了，這引發了一連串思考：如果不是為了錢，那工作是為了什麼呢？做全職工作時，雇主付薪水，買的是我們對工作的投入，因為我們把工作當成生活的中心。成了自雇者，我就迷惘了。因為付我錢做案子的人，不在意我什麼時候工作或做了多少，只要有人解決他們的問題就好。我的時間要如何運用，就看我自己了。

獨立工作的我，有無窮的自由，可以計畫自己要處理什麼、跟誰共事，以及安排多少工作量。走在無路之路的人，剛開始發現這種可能性時，常會不知所措。選擇淡出工作，轉而投入人生的其他方面，也會讓你對過去的身分產生疑惑。雖然剛開始這感覺起來很怪，但慢慢你會開始改變自己所看重的事物。隨著我擁有更多時間可以創作、跟家人旅遊、陪陪外婆還有學習新東西，才總算做到自己口中很重要的事。

那種找到你想繼續走的路徑後，隨之而來的心安，是花多少錢都買不到的。薇琪・魯賓（Vicky Robin）在《跟錢好好相處》（*Your Money or Your Life*）書裡就說過，我們一旦知道「錢，其實是我們拿生命能量換來的東西」，就很難不深思就為了錢而放棄時間。[21]

擁抱自由，要有點「信仰」

「『相信』會緊抓著不放，但『信仰』會放手。」

——艾倫・沃茨（Alan Watts），英國作家

當時我在台北，躺在安吉的床上，聽著窗外購物中心傳來的音樂。她知道我打算離

開台灣，前往越南。不過，從我們認識的兩個月以來，我已經很清楚，自己想對這段戀情做出承諾了。安吉也決定要離開大公司，當健身教練，踏上自己那條無路之路。在這之前，她打算到泰國旅行一個月。她以為我會離開台灣，繼續探索世界，所以我到現在還是覺得她真了不起，當時那麼直接問我：「那你十二月的計畫是什麼？」

那段日子我們形影不離。一起在台北閒晃、逛夜市、在公園讀書、深入地討論人生。一切都那麼美好。每當開始一段新戀情時，人很容易就會快轉到未來。不過，我試著要打住。我大半輩子都照著劇本走，老想要編排自己的未來。如今，我正擁抱無路之路，感到前所未有的自由。

我們第二次約會時，沿著台北的河岸騎腳踏車，慢慢地沿路向前。我們聊家人、聊渴望、聊恐懼，也聊彼此的理想。一年前，我覺得好孤獨，沒辦法完全跟人分享自己的感受，如今，我正在跟一個不但願意傾聽，還想法相通的人說著話。

所以，我毫不猶豫回答了她的問題：「我要跟妳一起去泰國。」

是信仰引導了我。

信仰，就是承認你不知道下一步會發生什麼。我發現還有另一種說法能描述這種心境，心靈導師塔拉・布萊克（Tara Brach）口中的「全然接受」，也就是「願意如實體驗自己與生活」。

信仰是無路之路必不可少的一部分，許多人聊到踏上不確定的路徑時，都會提到信仰。麥可・麥克布萊德（Michael McBride）就是一例，他有幾段分享歷史的短影音在TikTok爆紅之後，便決定離職。他直接明瞭地說：「離職當時，就是我的信仰之躍。」[22]

很多跟我聊過的人都深信，要存夠錢，才能開始真正為自己而活。但我多希望他們能知道我現在懂的道理：在不屬於自己的路上待越久，就要花越久才能走上自己的路。金錢或許可以幫你付諮商費、放長假、去療癒靜修中心，卻幫不了你真心相信，一切都不會有事。

抱持信仰不代表什麼都不必擔心了。我還是會擔心金錢、成功、歸屬感，也會擔心自己能不能繼續這趟旅程。但我知道，正確的因應之道，不是為了讓擔憂消失而重塑自己的人生，而是培養出與焦慮共處的能力，著眼自己能控制的事，敞開心胸接受一切。就像心靈導師雪倫・薩爾茲堡（Sharon Salzberg）寫的那樣：「無論是什麼把我們推到極限，都是通往生命奧秘之門，在那裡，我們才會找到真正的信仰。」[23]這就是無路之路的本質。要在生命中挪出空間給信仰的唯一方法，就是按照薩爾茲堡說的，探索極限、走進人生的可能性裡面。「我們不知道下一步是什麼」正是重點所在。

也就是因為這樣，當安吉問那個問題，我只有一個答案：我要跟她去泰國。那趟旅程，我倆更加認定彼此。我決定回台灣，支持她展開人生新篇章。那時，我已經好幾個月沒有穩定收入，也不知道能否在海外找到謀生方式。但那時候，這些都不重要，因為我有信仰。雖然不知道接下來會發生什麼，但我有預感，一切都會沒事的。

8 重新定義成功

「人們總以為，要拯救世界，就得翻天覆地大改造、改變規則，還有換掉當家作主的人。不，不是這樣！只要有生命力，任何世界都值得存在。我們要做的，是為世界注入生命。而唯一的方法，就是找到你的生命所在，讓自己真正活起來。」

——喬瑟夫・坎伯，美國作家、比較神話學者

成功的第二章

二〇一九年時，蓋洛普（Gallup）調查了美國人對成功的看法。在回答「你個人如何定義成功？」這題時，九七%的受訪者都贊同以下說法：**追隨自己的興趣與天賦，在自己在乎的領域做到最好，就是成功了**。但在回答「你認為別人怎麼定義成功？」這題時，只有八%的受訪者給了同樣的答案，而反過來，卻有九二%認為別人定義的成功是

要：**有錢、有地位、夠出名**。[1]

為什麼我們定義的成功，和我們認為別人定義的成功，差這麼多？這就跟聊到勇於嘗試以及選擇人生路徑時一樣：我們會把人性的複雜，過度簡化。當談起自己的目標時，我們會掩蓋真正的動機，尤其是覺得動機會顯露出貪婪、妒忌或是驕傲的時候。我們只說自認別人接受得了的故事。大家都知道彼此會這麼做，不過，這樣的代價其實很高。沒人知道別人的動機，到頭來，我們就像《鑽石求千金》（*The Bachelor*）的參賽者一樣，會說服自己所有人追求成功都「動機不純」。

付出最大代價的是年輕人，因為他們還沒真正體會過自己路徑上的起起伏伏，也不了解走在前面的人，是如何做決定的。他們會像作家史考特．亞歷山大（Scott Alexander）提到的那樣，自動採取「別人也尊敬的人」的經驗法則。在現代社會，最受注目與尊敬的，就是有錢、有名、有學歷和權力的人。[2]

大學時期，我夢想著要在顧問業工作，還要拿到頂尖學府的企管碩士。當時我看著畢業生的薪資報告，全身上下每個細胞都深信，六位數的年薪就是我想要的。二十七歲時，我神奇地完成了這個目標，也因為太感激這一切，所以就將自己越來越迷失的事實，隱藏了起來。這些年來，跟越多人聊，就越清楚我的情況其實更接近常態。那些走在「屬於自己那條路」上的人，反而才是少數的例外。

許多人都是達成了不起的里程碑後，才驚覺自己走錯了路。職業籃球選手凱文．杜蘭特（Kevin Durant）就是這樣。二〇一五年，他離開了待了九年的球隊，加入聯盟最強的隊伍。在NBA，評斷球員的一大標準，就是所屬的球隊是否贏得冠軍。而他的前東家從來沒有得過。有些球員因為沒拿過冠軍，即使退役，還是會被無情嘲笑。因此，像杜蘭特這樣的年輕球員，會比以往更頻繁轉隊，盡一切所能提高奪冠的機會。

這時凱勒可能會跟我們說，問題就在於杜蘭特已經知道自己重視什麼，所以這場轉隊，並不牽動真正的轉變。也難怪，他沒有因為十二個月後所屬的球隊贏得總冠軍，而感到滿足。他的朋友史帝夫．納許（Steve Nash）回想起那年夏天杜蘭特難解的反應，這麼說道：「那夏天他過得不好，一直在找這一切的意義。他以為拿了冠軍，一切就會不一樣，結果卻發現並非如此。他沒有因此滿足。」[3]

很多人在終於得到一份工作、升職或來到一直夢想的人生階段時，都會有相同的感受。萊恩．霍利得（Ryan Holiday）就如此寫道：「心底明知那些成就不會讓自己快樂，卻一直幻想，起碼那一刻的感覺會很好。我真是大錯特錯。身為作家，第一次拿下排行榜第一名的感覺……竟然連一點感覺都沒有。成為『百萬富翁』……也沒什麼感覺。這是演化機制驅動我們前進的伎倆，誰也無法完全倖免。」[4]這就是哈佛班夏哈教授（Dr. Ben-Shahar）所說的「到達謬誤」，也就是誤以為達到某個里程碑，就會永遠快樂。[5]

當我們發現現實並非如此，就會覺得空虛，應付這種空虛的最簡單方式，就是忽略這個感受，再定更高的目標。擁有更多的錢、換更大的房子、買新車、追求更高的薪水、進入公司高層，或是存一筆更大的退休金。我曾經問過我服務的顧問公司的一位合夥人，他心中的理想工作是什麼？他說希望坐上老闆的位置。我問他：「在同一家公司？那之後呢？」他聳聳肩，去忙別的事了。我有預感，那位合夥人達到目標後，也不會真的感到滿足。

愛蓮娜・羅斯福（Eleanor Roosevelt）曾說：「當你接受其他人或某個社群的標準與價值觀，就等於放棄了自己的完整性。你放棄得越多，就越不再是個完整的人。」[6]我花了很久才真正理解這句話。那段時間裡，我就像杜蘭特那樣，公司一個一個地換，想辦法要達成別人的目標。多年來我都深信，只要未來升上想像中的領導位子，就能真正做回自己了。這顯然是種妄想，可是，很多人都會跟自己這麼說。

我領悟到，如果換個方式過人生是自己真心在意的事，那麼，我可能就必須離開企業界。這讓我痛苦萬分。我們往往就是在領悟的這一刻，踏上無路之路。想著要揭開這失落感背後的真相，納悶成功還有沒有更好的定義方式。

定義成功的更好方式，是我所謂的「成功的第二章」：不再執著於「自己欠缺什麼」，而是「我能給出什麼」。從「野心」，轉向「心願」；也從「希望達成目標後會快樂」，轉向「讓快樂成為旅程的副產品」。不過，如果我們相信那份蓋洛普的調查，有九七%的受訪者表示，成功的定義就是「在自己在乎的領域做到最好」，那麼大多數人渴望的，其實是跟自己重視之物相符的路徑。這麼說來，最大的障礙就是能否盡早懂得杜蘭特抵達巔峰時才學會的教訓，以及亨利・梭羅（Henry Thoreau）深深反省的道理：「大家盛讚的成功人生，不過只是人生的其中一種罷了。」[7]

無路之路，是一趟「自己定義成功」的冒險之旅。最初的幾年裡，我覺得跟別人談「成功」的定義很傻。我認為成功就是感覺活著、幫助他人，並滿足自己所需。後來我漸漸明白，這樣定義成功的真正好處，就是不需要跟任何人競爭。言下之意就是成功的機率高到讓人不敢置信，而且在無路之路繼續往下走的好處，只會隨著時間變多。

破解遊戲，不如創造遊戲

我剛進麥肯錫的第一個禮拜，根本不像在上班。真的，那感覺更像是獲得了入場券，可以進出全世界最有趣的俱樂部。當時我心想：「我是怎麼辦到的啊？」儘管我周遭大多數人都不知道麥肯錫是什麼，但知道的朋友都對我刮目相看。經濟學家亞當．斯密（Adam Smith）寫過，人「不只渴望被愛，還想要值得被愛」。[8]我一成功拿到麥肯錫的工作，就覺得自己真有魅力。名聲讓我渾然忘我。

作家凱文．史邁勒（Kevin Smiler）將「名聲」定義為「做出了不起的事或具備傑出的特質或技能，得到的一種地位」。[9]在某些領域，這個定義成立，例如運動界。像湯姆．布萊迪（Tom Brady）或是勒布朗．詹姆斯（LeBron James）這種最受眾人注目的球星，也都是技能最強的。不過在企業界，天賦比較難評估，我們習慣用學歷或職稱替代天賦，來判定一個人的實力與名聲。

雖然對於要大規模決定用人的公司來說，這是不錯的辦法，但也會使得許多人開始追逐頭銜與學歷，而不是找出真正喜歡的工作。我在麥肯錫工作的前幾個禮拜，谷歌有位招聘人員聯絡上我，告訴我他們公司有套方案，專門聘用在麥肯錫待了兩年的顧問。要是我決定應徵的話，錄取的機會很大。這讓我覺得有點怪。幾個月前的我，還拼命想擠進這些公司，如今，不過是把麥肯錫的標誌加進我的領英檔案，不過幾個禮拜就被自動分進了某種特選資格裡。這正是作家莎拉・坎齊歐爾（Sarah Kendzior）所說的，一種「名聲經濟」現象：「重金錢勝過價值，重品牌勝過能力。」[10]

這種地位光環，我並不抗拒，只是內心知道，自己之所以能獲得這種地位，靠的是鑽制度漏洞的能力。在這領域工作的人幾乎都知道，要通過這些「不良測試」，才有機會往上爬。可是卻沒有人去想像，除此之外有沒有別的可能——我一開始也不例外。

身兼投資人與新創公司指導的保羅・葛拉漢（Paul Graham）認為，太多年輕人深信學會破解不良測試，是成功的必要條件。他與創業者合作時，都要費盡心思說服他們沒有玩這種遊戲的必要。他經常會這麼跟創業者討論成功的要素：

> 怎麼樣才能吸引到很多使用者？他們總有各式各樣的點子。比如需要舉辦一場

盛大的發布會，增加「曝光」。還要找有影響力的人幫忙宣傳。甚至曉得要挑禮拜二發布產品，因為那天最容易被看見。我會跟他們說，不必，要吸引使用者，靠的不是這些。要吸引使用者的方法，就是把產品做得非常棒。[11]

如果你這輩子都在為考試讀書、累積了滿滿的成就清單，那麼可能會很難相信，真正的成功就是那麼簡單。在顧問業，到處都有不良測試。雖然工作能力很重要，但要升職、加薪、繼續在看起來很成功的職涯軌道前行，更關鍵的往往是想辦法討高階合夥人歡心、照單全收所有工作、穿對衣服、說對話，通過這類的測試。

直到成為自由工作者後，才領悟到我有多痛恨去破解測試，便馬上不再浪費時間做這些事。在自由接案的世界裡，我只與人競爭想法夠不夠好，以及能不能真的幫客戶把事做好。許多之前在公司待過、後來自己接案的顧問，都意外發現同樣的工作，如今要花的時間竟然那麼少。不是因為工作比較輕鬆。事實上，少了整個公司資源的協助，做起來反而難多了。只是，你不再需要討好幾百個不同的人了。

獨立工作的我，不再處於坎齊歐爾所謂「重品牌勝過能力」的名聲經濟裡。現在我進入的是獨立經濟，長遠看來我要與人競爭的是學習、發展技能，還有我的口碑。這雖然難多了，卻也更有意義。話雖如此，我還是常看到別人，用他們的世界觀，來解釋我的選擇。很多人會說：「你可以這麼做，是因為你進過麥肯錫，還念過麻省理工學院。」他們想當然爾地認為我的資歷條件是最重要的。我也希望是這樣啊！雖然了不起的資歷確實可以幫我創造成功的機會，但並未轉化為高薪，特別像我在寫作或做線上課程，這種偏屬創意的工作上。

我花了很長的時間才明白，不必下半輩子都困在「破解不良測試」裡。讀麻省理工時，我讀到了威廉．雷謝維奇（William Deresiewicz）的文章〈精英教育的劣勢〉（The Disadvantages of an Elite Education）。他認為，菁英學校往往會鼓勵讓人難以活得有意義的行為。這段話很震撼我，但那時還不知該怎麼回應。大家都很清楚，想在各種公司或體制裡成功，常常得做出一些荒謬的妥協，可是，每每開口抱怨時，卻還是老把「我知道我該感恩啦，可是……」掛在嘴上，自己騙自己。

如今獨立工作和創業的機會越來越多，我想告訴你：請認真看待你內心的懷疑，凡事要求更好的才行！要成功，就得想辦法破解不良測試，這說法不再成立了。葛拉漢有句話我很同意，他說：「這說法過去是對的。二十世紀中葉的經濟，是由少數企業所壟斷，爬到高位的唯一途徑，就是參加那些人的遊戲。」[12]

但世界正在改變，「無路之路」只是從充斥不良測試的世界退出的一種辦法。只要越來越多人認定這些測試很荒謬，就能創造更棒更新的遊戲。這樣的遊戲，不再迎合雇主們的視角，更貼近我們一生學習與成長的內在動力。我認為這真的很重要，也贊同葛拉漢的觀點：「這不只是個人要捨棄的觀念，也是社會要捨棄的。等我們都捨棄這個觀念，那解放出的活力，會讓你我大感驚奇。」[13]

找到與你同一掛的人

是網路，讓我得以開始這條無路之路，建立新生活與新職涯。我在做最後一份全職工作時，開始寫一些文章，分享對未來工作的思考。那是我私下的創作，並沒有公司的允許。當時我很擔心，因為那間公司只鼓勵資深主管在社群上分享他們的想法。

透過寫作開始交到朋友之後，我的恐懼感就消失了。某次我發了一篇文章後，收到紐約某家公司的人力資源總監寄來的訊息。他對我的好奇心很感興趣，於是提議碰面喝杯咖啡。我們討論得非常愉快，離開時還覺得活力不減反增。我開始渴望那樣的交流，於是就有了繼續寫作的動力。這也讓我接觸到一種我不會討厭的名聲：來自其他熱衷思考的人對我的認可。

網路的推波助瀾，促成越來越多用獨特方式給予關注與聲望的微型社群興起。例如我，就是發展中的「創作者經濟」生態系統的一員。這樣的生態系統，透過推特（Twitter，現更名為X）、私密社團以及線上課程，還有實際聚會等方式發展而成。在這個世界裡，要贏得名聲，只要大方地將自己知道的一切分享出去。像奈特・艾里埃森（Nate Eliason）、安妮羅荷・康芙（Anne-Laure Le Cunff）、彼得・勒沃斯（Pieter Levels）與提亞戈・佛特（Tiago Forte）等人，不只是因為外在的成功而受到尊敬，更因為他們願意支持他人，也樂於詳盡分享賺錢的方法與人生觀。

名聲的概念正快速轉變。隨著我們與地方社群的關係瓦解，越來越關注那些傳統概念上因為有錢、有地位或是有名所以成功的人士。然而，在這浮華的表象下，許多人都在找規模小一點、低調一點的社群，用符合他們生活的方式，獲得認可與名聲。

這條無路之路上，這些社群成了讓我快樂的同伴，其中有許多都是線上社群。我很意外，我的故事竟然讓世界各地那麼多人產生共鳴，原來有那麼多人在找別的可能，不想玩葛拉漢筆下那種要破解「不良測試」的遊戲。如今，只要打開電腦，你就能選擇加入一個社群，一個定義名聲、地位與成功的方式，與你人生規畫方式相符的社群。

網路的確也催生出負面的社群，但我們太過關注這塊，卻忽略了它所帶來的正向連結，以及那些遍佈全球的嶄新人生可能。倘若預設之路是工業社會的說詞，那麼，無路之路就是數位原生時代的自然選擇，在這樣的環境中，什麼也阻擋不了我們找出有共同渴望、想法還有同樣困惑的人。

在我成為自由工作者的第一年，決定利用休息不接案的時候，多花時間在線上寫東西、發布播客，以及籌畫線上課程。二〇一八年時，顯然沒有成功。我又在這些事情上花了十八個多月後，才賺了一千多美元。我為什麼願意繼續做這些事呢？因為我找到一小群人，看見了我當時做的事情的價值，鼓勵我繼續走下去。

這股力量對我的影響，怎麼強調都不為過。高汀認為人類天生渴望「當一個夠格的部落成員」。在預設之路上，這意味著我們會傾向乖乖聽別人的話。[14]在數位社群驅動的無路之路上，和我們為伍的人，會啟發、敦促我們改善自己看重的方方面面。在這條路徑上待得越久、越努力跟朝著類似方向的人建立連結，我的人生就變得越發美好。

這就是我為什麼喜歡天使投資人納瓦爾・拉維肯（Naval Ravikant）給的建議：「要和願意長期同行的人，玩長期的遊戲。」打從我透過寫作交到第一個朋友之後，到現在已經超過五年了，背後的最大動力，就是能不斷認識到很棒的人。像我印度的朋友薩羅尼・米格拉尼（Saloni Miglani），她離職後成為遠距工作者。有一次她寫信跟我說：「你的文章教會我怎麼成為一個更快樂、更平靜，而且更有創意的人。」她有所不知的是，我其實也一直從她和其他人身上，學到非常多。

一開始我就隱約感覺到，如果我願意長期分享，這可能會徹底改變我的人生。而現在，在寫下這本書的此刻，我可以毫無保留地說——我的直覺是對的。

「好蛋」與「壞蛋」

詹姆斯・斯科特（James Scott）在《國家的視角》（*Seeing Like a State*）一書裡，主張現代性得以存在，靠的就是「可辨識性」（legibility）。可辨識性指的是「把人民排列成容易被辨識的樣貌，好讓國家更方便進行課稅、徵兵，以及防止叛亂等功能」。[15]

其中一個這種規格化的例子，是德國開創的「科學林業」。把紙張的產出當成單位衡量樹木的特定數量，如此一來，就可以量化森林，用產出最大化的方式種植樹木。雖然這個方法短期奏效，但是幾代人過去後，也帶來了嚴重的代價：例如重要的本地種消失，還有土壤劣化的問題。結果證明，大自然的法則比科學家理解的還精深。

這種量化邏輯，一直被套用在社會各個面向。就勞動來說，經濟的基本組成單位就是「工作」。因此，我們才會那麼關注失業率，也就是所謂的「工作數量」。離開學界成為作家兼理財顧問的班・韓特（Ben Hunt）認為，像這樣的量化，在大半個二十世紀，不但是「工業化所必需的」，而且是現代經濟、國家與世界成功的必要方法。[16]

他接著說，然而，過去五十年來，人民要「可辨識」、且要符合標準工作模式的這種條件，已經變成「產業上的偏好」而已，而非必要。政府與機構領導者因而陷入了一種困境：他們要更積極說服大家相信，依循著機構內的死板路徑準沒錯。韓特用「工業標準的雞蛋」為例，說明自己的觀點：所謂「好蛋」就是符合規格、完全乾淨又可以拿到超市合法販售的蛋。

但只要是牧場主人都知道，還有其他的好蛋，韓特家牧場的蛋就是一例。這些蛋往往髒髒的，形狀各異，還不必冰在冰箱。儘管許多人把這些蛋視為「壞蛋」，不過韓特知道，這些蛋可是「人生最棒的東西之一」。[17]

韓特的蛋是很不錯的比喻，有助於我們思考無路之路。處於預設之路上，你自動就是一顆「好蛋」。走在無路之路上，大家自動會把你當成「壞蛋」。即使從來沒有人這樣說，可是，當我離開預設之路時，覺得自己好像跨越了一條假想的界線，成了某種叛徒，得為這種輕率的行為辯護才行。

然而，「全職工作才是常態」的定見，其實與事實不符。二〇一三年蓋洛普的調查發現，全球全職工作人口的佔比，只有二六％。[18]如果全世界只有四分之一的人有「好蛋工作」的話，那我們一直被灌輸的那套工作的主流故事，或許根本不是最好的版本。起碼，對那些堅信工作只有一種正確方式的人，我們都該多抱持點疑心才行。

但，這就是我們生存的世界。也就是說，走上無路之路，就必須費力消化自己是「壞蛋」的感覺。這樣往往會使得離開預設之路的人，急著想抓住對「傳統」經濟而言依舊「可辨識」的新身分。他們會被新創公司創辦人、創業家、自由顧問，甚至是新興的「內容創作者」這樣的頭銜吸引。

舉例來說，凱．希剛辭去華爾街的工作時，跟大家說他計畫「成為創投支持的創業家」。他想向投資人募資創立公司。後來回想起這段過去，他說：「聽起來真的有點蠢，但是對我來說，成功有很大一部分，就是讓別人認為我很成功。」[19]

擁抱一個新身分，對於初踏無路之路的人來說，確實是一種有用的過渡方式。最起碼，大家問你有何打算時，可以有個答案。只不過，許多人很快就會明白，他們又重新複製了本來想逃避的情況。所幸，凱．希在真正出發前，自己與過去的生活已「拉開了剛好的距離」，讓他清楚創立公司不是他想要的，至少在這趟旅程的前兩年不是。

無路之路的重點，就是別管要拉你當顆「好蛋」的那股力量，要學會分辨，什麼才會真正讓你活得自在。最關鍵的，就是要學會欣賞「不舒服」的狀態。霍華德．格雷（Howard Gray）這位顧問兼作家、同時也是無路之路上的資深老手，就把不確定視為一種正向的力量。在他的人生「停止運轉，變硬變僵時，那才叫壞事」，而當他的人生「沒有定狀、不斷發展時」，就是他做對了。[20]

當我們照著別人的期待做事，那種安全感，會讓我們培養不出面對未知所需的技能。美國職棒舊金山巨人隊投手諾亞．羅瑞（Noah Lowry），從小就一直認真打棒球到大。但在二十六歲時，他因傷被迫退役，算是很年輕就退休的職業運動員。這件事讓羅瑞的世界天翻地覆。他說那感覺「讓他不知所措，一片混亂」。後來他這麼說：「一瞬間，我的身分整個崩塌，那個我以為自己是的人，還有我老婆以為她嫁的人，全都瓦解了。」[21]羅瑞雖然曾在自己的領域達到高峰，但是，當那一切被奪走時，他才明白，自己沒有踏上新路徑的技能。

瓊希·畢拉普斯（Chauncey Billups）三十七歲從職業籃球退役後，也有同樣的領悟。儘管他的職業生涯不像羅瑞那樣因傷退役，但他還是驚慌不安：「從一個三十七歲的老傢伙，變成一個在其他方面都毫無經驗的小伙子，很容易就會迷失自己。」[22]

這讓我想起索尼特在《迷路指南》（*A Field Guide To Getting Lost*）這本書裡的見解。她說：「失去，是熟悉東西的消失；迷路，則是陌生世界的出現。」[23]畢拉普斯在失去職業生涯的同時，也踏進了一段未知的旅程。如果連像他那樣生涯賺超過一億美元的職業運動員都沒準備好，這就告訴我們，學習怎麼應對未知，不是天生就會，更不是靠錢就能「解決」的事。

當一顆「好蛋」的好處是不會覺得迷失。然而，在無路之路上的「壞蛋」們終將明白，迷路其實藏著智慧。當然，這並不表示這條路比較容易。就像畢拉普斯那樣，你會懷疑自己做錯了，或是不知道自己在幹嘛。別人隨口一問「你現在在做什麼工作？」，就像一記直擊靈魂的重拳，暴露出你內心的徬徨。

要削弱這類問題的殺傷力，得先接受一件事：你無法避免被當成「壞蛋」。往前走的唯一方法，就是慢慢弄懂，其實根本就沒有所謂的「好蛋」或「壞蛋」。學會放下這種看待世界的方式，同時明白，值得往下走的職涯之路，有無限多條。

一如梭羅在《湖濱散記》（*Walden Pond*）裡寫的：「我們一定要等到迷失方向，也就是真正失去了世界之後，才會開始找到自己，明白自己身在何處，以及了解我們與萬物之間，那無窮無盡的聯繫。」[24]

夠好，就是最好

「你幫到別人了嗎？那他們快樂嗎？你快樂嗎？你有賺到嗎？這樣不就夠了嗎？」

——德瑞克・席佛斯（Derek Sivers），美國創業家、作家設計師創業家保羅．賈維斯（Paul Jarvis）寫了《一人公司》（*Company of One*），細數自己建立永續企業與人生的努力過程。一路走來，大家都力勸他要擴大規模、雇用員工，賺更多錢。可是，每次有這樣的機會，他都選擇繼續獨自一人做事。慢慢地，他打造出一條讓自己心甘情願走下去的路，還明白了一個道理：「選擇人生道路的關鍵，在於釐清你的價值觀由什麼而定。」對他來說，一旦清楚自己的價值觀，就更知道該把注意力放在哪裡。[25]

我們一定要靠大量的自省和實驗，才能明白這個道理，但出人意料的是，往往在無路之路上比較容易辦到，而不是預設之路。由於我為自己工作，所以每年花在怪罪別人的時間，是零。我被迫要完全掌握自己的人生，也必須繼續實驗、反省，然後再嘗試。相較於我在預設之路上的那十年，我可以在六個月的時間內，用更多不同的方式，拿自己的人生做實驗，因此，我學得更快也更多。

假以時日，你會開始了解什麼才重要，更要緊的是，了解何時該說「不」。為了深入討論這些問題，賈維斯寫下了他對「足夠」的定義。請讀讀他的定義有多詳細：

成長會鼓勵盲目的消費，「足夠」就是放任成長的相反，且「足夠」的必要條件是不斷自問與覺察。「足夠」就是當我們達到所需的上限。「足夠」的營收，代表事業的利潤養得活所有的團隊，哪怕這個團隊只有一個人。「足夠」的收入，是能讓我們生活無虞，同時為將來存些錢。「足夠」，代表我們的家人有得吃、有房子可住、連未來都好好考慮到了。「足夠」的物質，是我們擁有過生活所需，不多不少，剛剛好。

賈維斯不但清楚自己重視什麼，更不怕與大家分享。但對於許多做全職工作的人來說，這樣的反省並不容易，也很難做到。你很難想像有人會在九月，走進辦公室對主管說：「我今年賺得夠多了，明年一月再見吧！」大部分人反倒都接受企業「越多越好」的經濟邏輯，甚至套用在自己的人生。

這種方式對有些人行得通，卻讓更多人精疲力盡。曾在新創公司工作的作家約瑟琳．葛雷（Jocelyn Glei）就提出：「我在新創公司待了四年，有機會創造很多酷東西後，就整個沉醉在自己的生產力裡。我變得野心勃勃，決定要把工作量提高到三倍，在本來就很密集的行程，再塞進好幾個大型的專案（而且還是我自己主動加的！）。」由於她是那麼熱愛這個工作，所以很難看出問題。不過到了年底，她「雖然產出了很多很棒的東西，卻成了一付精疲力盡的軀殼」。她把那段經歷稱為「忙碌崩潰」。下班後，她再也沒有精力經營人際關係、健康，還有其他自己看重的事。她才明白，當「今天的工作模式」悄悄變成「明天的日常」，就會變成「新的常態」，而要改變這樣的生活方式就變得很難。她的確很有生產力，但對她來說，這並不足夠。[26]

我一邊跟錢發展出比較好的關係，也不再以匱乏和恐懼的心態行事之後，開始思考出自己對「足夠」的看法：

「足夠」就是知道我戶頭的數字再多，也消除不了我最深的恐懼。「足夠」就是知道這世界上有幾位朋友，在我需要的時候，樂意打開大門，讓我進去吃頓飯。「足夠」就是可以把時間，花在對我來說有意義的案子上，慷慨幫助別人，同時保有足夠的空間與時間，讓我持續活力滿滿，能長久地走下去。「足夠」就是看到一個可以立刻賺錢的機會，卻懂得說「不」，因為要為更珍貴、難以預測的事騰出位置。「足夠」就是知道衣服、大餐或是最新的玩意兒不會讓我更快樂，但偶爾買買，也不至於會破產。「足夠」就是能跟我所愛、支持和啟發我的人，深度交流。

在無路之路上，知道自己擁有的已足夠，才能自由地「拒絕」看起來賺錢的機會，「接受」讓你活力滿滿，甚至長遠下來回報更大的東西。

像我發布播客時，很多人以為那是一個大企畫，以為我想和Gimlet及全國公共廣播電台（NPR）一較高下。他們不知道我把這當成實驗，根本沒有想靠它出名或賺錢。從這樣的角度來看，我只花二十分鐘用PowerPoint做封面、花不到一小時剪音檔，甚至沒什麼人追蹤就發布，完全合情合理。既然覺得這樣就「足夠」了，自然也別無所求。

如果我們不去定義什麼是「足夠」，就會自動恢復成預設值，也就是覺得要**更多**，那麼我們就永遠不知道何時該說**「不」**了。

寫到這段時，我寄了封信給賈維斯，請他多加詳述那篇「足夠」的文章，可是卻收到系統自動回覆：「請注意，這個信箱已經停用，或使用者不再收信了。」

看來，賈維斯知道什麼時候算是「足夠」啦。

超越匱乏心態

「問題在於，我們的文化簽下了魔鬼的交易，在這場交易裡，我們用自己的天賦與藝術才能，換得表面的穩定。」

——賽斯．高汀

我的母親認為，多虧了我二十多歲那場健康危機，才讓我走上現在這條路。她說：「那真的改變了你。」

雖然我不認為那是我離開預設之路的唯一原因，但我的病，的確改變了我與未知之間的關係。我生病的時候，好幾個月都沒有薪水，醫療費就花了好幾千，眼看著存款一點點減少，剩不到三個月的生活費。但三年後，我的存款是當初的五倍，所以當我真的要離職、沒有收入時，那種恐懼反而沒那麼強烈了。

沒有健康危機的話，我當初八成不會沒賺錢計畫，就那麼放心離職。雖然現在聽起來很離譜，但我是離職**之後**才想到要大大減少自己的開銷。我過去是專業顧問，還是花了幾百小時幫公司規畫金融模型的財務分析師，但竟然從沒替自己的開銷詳細規畫。我到底在想什麼啊？

大部分人看待辭職這件事就是這樣。從對談中我發現，無論大家口袋有多少錢，都會極力逃避任何跟金錢有關的不安感。這也是為什麼，辭去正職聽起來那麼可怕，而穩定的薪水那麼讓人上癮。

經濟學家丹尼爾・康納曼（Daniel Kahneman）研究發現：「可以從人們在十八歲時對收入的看重程度，預料他們成年時對收入的滿意度。」[27]我還在預設之路上的時候，身邊總是圍繞著很看重錢的人，所以很容易就以為自己對錢不在意。直到辭掉工作才明白，我對自己的評價有誤。

儘管生病那段時間，我好幾個月都沒有薪水，但離職後那幾個月的經驗，卻截然有別。金錢，從我次要考量之一，變成生活中最重要的事。當時我體會到的，是心理學家所謂的「匱乏心態」。

這種心態的研究，最早可追溯到一九四四年。起因是人民擔憂戰爭造成食物短缺，於是有人開始研究，人在沒有食物的情況下會有什麼反應。[28]明尼蘇達大學（University of Minnesota）的研究人員招募了三十六位受試者，參加長時間不進食的研究。除了預期的生理反應之外，這些人還對食物出現了迷戀的態度。他們會聊到想開餐廳、想轉職做餐飲、分享食譜，還會比較各大報紙裡面的食物價格。研究人員推斷，我們覺得自己少了什麼時，就很容易執迷其中。

我剛離職時也像這樣，「缺」薪缺得很，所以才有了減少支出搬去波士頓的動力，而且還全力投入接案工作。雖然這麼做讓我的匱乏感消失了一陣子，不過，也因此沒將心思用來找出不安的根源。

搬到台灣，原本我打算接更多案子，不過，無為的魔力和新戀情帶來的興奮快樂，卻把我的心思都吸引走了。收入停擺後，我只好更節省支出。我就像個老練的會計師那樣，用記帳軟體詳細檢視每一筆開銷，有辦法將我的生活費壓低到一千美元以下。這確實又減少了我要賺錢的壓力，但也把深層的問題推更遠了。

我跟安吉開始計畫要留在亞洲時，又擔心起錢的問題。因為這個原因，我後來接了一家小型顧問公司的案子。案子的酬勞是七千五百美元，雖然可以支付我好幾個月的生活，但做了之後才發現，我是為了要消除恐懼才勉強接下來，那根本不是我想做的。我跟自己保證，再也不要犯同樣的錯誤。

美國人類學家歐內斯特・貝克爾（Ernest Becker）深信，人類大多數的行為，都是源自對死亡的恐懼。在我的金錢恐懼背後，其實藏著一個更深的渴望，我希望感受到自己的生命很重要。我在想，很多人是不是也跟我一樣。金錢，是我們用來「證明」自己價值的捷徑。但就我個人的經驗，錢再多也絕對滿足不了人。貝克爾認為，想要超脫這些對自我存在的恐懼，唯一的方式，就是過著如英雄般的生活。他主張：「要是每個人都老實承認，自己渴望成為英雄，那將是一場顛覆的覺醒。」[29]

貝克爾所謂的「英雄」，不太是那種拯救世界的，倒比較貼近無路之路：也就是一段尋找自我、面對不安，並勇於找出自己專屬的人生旅程。在貝克爾看來，現代社會既定的成功道路，往往讓人陷入迎合他人期待的陷阱，無法起而創造獨一無二的路。

在無路之路上，你不用再費力迎合世界，但不代表理想人生會自動出現。你仍然需要主動去創造它。待在亞洲的那幾個月，我開始領悟，是時候從「會計師」的角色畢業了。盡量減少花費，的確是降低賺錢壓力的有效手段，但不是一種真正的生活方式。雖然減少開銷讓我有信心，能在不犧牲快樂的情況下，做出極端的改變，可是，卻也讓我坐困匱乏心態之中，沒有全心擁抱其他機會。

我還會擔心錢嗎？會啊。只不過如今的我已經非常清楚，把心思放在金錢焦慮，容易讓我不去嘗試真正讓我有動力的事。我不再只是怕輸，而是開始為了贏而努力。

金錢恐懼背後，其實藏著更深的恐懼，例如：害怕死亡、害怕不被愛、害怕失去尊重與認可。這些恐懼可能解決不了，但我們卻能學會跟它們共存。也因為如此，我們對錢的擔憂才會無窮無盡，而且終其一生都追求著，多還要更多。但如果我們可以學會跟金錢焦慮共存，它就會退到人生的副線。這麼做，你才會懂得真正的祕密：無路之路上的機會，也同樣無窮無盡。

9 人生真正的「工作」

「你比自己現在以為的更不可思你議，也更了不起。你內心藏著一份大禮，要獻給這個世界。雖然有時你可能覺得，自己只是巨大機器當中的小齒輪，無足輕重，不過，其實你絕對有資格過上有意義又神奇的人生，成就斐然，貢獻卓著。」

——比爾．普洛特金（Bill Plotkin），美國心理學家

答案，會在對話中浮現

我深受詩人大衛．懷特解讀世界的方式所啟發，也就是他所謂的「現實的對話本質」。他深信每個人都不斷地在跟世界「對話」。這可能是字面上與他人或自己的對話，也可以是一種譬喻的說法。在我看來，這指的是每個人心中，都藏著某些等待被發現的一面，而要找出的唯一辦法，就是接受這個世界。

發掘自己最好的方式，就是提出好奇的問題。以我來說，最喜歡的幾個問題是：

- 什麼是真正重要的？
- 我們為什麼要工作？
- 什麼是「好的人生」？
- 阻礙人們改變的是什麼？
- 要怎麼找到讓我們活力滿滿的工作？

雖然這些都不是簡單的問題，但當我學會讓好奇心帶路，也學會用心觀察，就能開始察覺那些答案。當找到了「真正的對話」，答案就會自然浮現。正如懷特所說：「真正的對話，就是有助你了解世界的對話，就算過程再緩慢，都沒關係。」[1]

當你願意站在現實的「邊界」上，現實的對話本質，才會真正浮現。懷特是這麼說的：「人類竟然會花那麼多時間迴避那條邊界，真是不可思議。」預設之路會阻擋人靠近這個邊界，不過，無路之路則會將人往這個邊界推。懷特認為，不向邊界走的代價很大，因為我們很有可能會錯失一個「更深、更廣，早已在等我們的未來」。[2]

我第一次被逼近現實邊界，是在辭去工作後的第一個禮拜。我在紐約閒逛，最後來到一個真的在紐約邊界的修道院公園。我當時在紐約已經待了兩年半，卻沒有好好探索這座城市。我穿過這座俯瞰著哈德遜河的公園，覺得自己迷路了，但那不是可以「解決」的迷路，而是一種內在的漂泊。假如你問我要去哪，我根本答不出來。假如你說我幾個月後會搬去波士頓，我或許會相信。但假如你說我兩年後，會在亞洲結婚？我大概連怎麼反應都不知道。處在自己當前現實的邊界，會讓人不知所措。你心裡也許有個模糊的方向，但卻不知道，自己為什麼會走上那條路。

懷特筆下「現實的對話本質」，就是這個意思。承認世界上有更玄妙的力量在發揮作用，我們不過是這一切神奇力量當中的一小部分而已。要身處這股神奇力量之中，卻仍然敢於提問，什麼才重要、自己又該歸屬何處。我之前的人生大多被寫成了一成不變的劇本，總知道下一刻要去哪、要做什麼，因此多年來無法發揮好奇心，甚至沒意識到，原來世界正等著與我「對話」。

步離預設之路，你就會被用力推往那條邊界。同時發現，那些吸引你注意的事物，會透露你的「對話」方向，而那些讓你更清楚自己在追求什麼的問題，也會浮現。這時，你會很困惑。可能會很想告訴大家你的新見解、新問題，只不過這麼做可能會是個錯誤。你的想法可能會讓別人不安，而且，別人表達的任何一點不確定、懷疑或是批評，都可能會說服你逃離邊界。

我自己的對話發展得很緩慢。一開始，那是一場獨白，圍繞著一些模糊而深沉的問題，包含痛失外公，以及健康危機時失去的身分認同。這場對話逐漸變得更複雜，不只來自我的生命經驗，也來自那些因寫作而相遇的人們。這些連結，對於我留在邊界繼續探索，極為重要。在我最喜歡的一篇文章〈孤獨與領導力〉（Solitude and Leadership）當中，作者雷謝維奇就強調，真正的智慧，往往來自與親密友人，進行真正的對話：

> 內省，就是與自己對話。而與自己對話最好的方式，就是跟別人對話。找一個你信賴，可以掏心掏肺真誠以待的人。一個讓你覺得安心到能承認，甚至對自己也不敢承認的事。那些你「不該」有的懷疑、「不該」提出的問題，那些說出來會被大家嘲笑，或者被權威譴責的感受或看法。[3]

雖然無路之路是一個人的旅程，但有能進行這種深入對話的朋友，是很重要的。他們會幫助你，持續察覺自己與世界的對話。

我有幸找到了許多願意與我對話的人，幫助我安心探索自己的邊界。這樣的連結，帶來深遠的影響。雖然我對那些反覆追問的問題，仍沒有完美答案，但這場對話，卻慢慢變成了一段完滿的人生——裡面充滿我未來多年還願意花心力經營的人、想法、好奇心，以及工作。

以喜歡的工作，來打造生活

「我們不是沉浸在戀愛裡就是在爭吵，不是在找工作就是在擔心失去工作，要不就是生病、康復、追著時事。如果我們放任自己，那麼，就永遠要等到分心的事結束後，才能真正投入工作。但有成就的人，一定是即使條件不利，也還是致力求知的人。因為理想的條件，是永遠也等不到的。」

——C・S・路易斯

約翰・歐諾蘭（John O’Nolan）為自己定了目標：三十歲前，要打造出一間一百萬美元的公司。失敗了好幾次後，他決定重新評估。因為要是執著這個數字，就算達成，也是一間自己都不想待的公司。

他改變作法，著手打造一間就算被困在裡頭，也願意共度的公司。這讓他回頭思考一個曾被擱置的點子：打造一個全新的部落格平台。這聽來有點傻，畢竟市場上早有WordPress或Blogger這種主流平台，他憑什麼進入這塊領域？儘管如此，他還是決定要試試看，所以創立了一個新的部落格平台：Ghost。

為了確保這是長遠之計，約翰做出了一連串與傳統的新創公司大為不同的決策。舉例來說，他不擁有股份，也沒辦法賣掉公司。在接受阿里・阿布達爾（Ali Abdaal）訪問時，他說：「Ghost不屬於我所有。我只是Ghost的受託管理人，意思就是我雖然可以像所有人那樣帶領公司，但假如有天我覺得煩了，也無法將公司賣掉，因為我沒有任何股份。」[4]這做法幾乎跟所有科技業相反，但如果你是打算與一間公司長久相處的人，這樣做就有道理了。

他經營這家公司，不是為了將來要「退場」或賣掉公司，而是要打造出自己想在裡面工作的公司。一切的決策，也繼續以這個目標為出發點。隨著他的平台越來越受歡迎，企業開始拜託Ghost幫忙打造專屬系統。約翰不想處理這些難搞的客戶，於是都拒絕了。雖然這一看就是大好機會，不過，Ghost的員工，沒有一個幫這些大企業客戶做事。約翰從中學到的道理，跟我當初接下那耗盡我心力的客戶一樣：任何讓你無法繼續這段旅程的錢，都不值得賺。

許多人跟再明顯不過的機會說「不」之後，才誤打誤撞找到真正喜歡的工作。約翰曾說：「我一放下對成功的執著後，成功就開始找上我了。」我不認為這只是巧合，說「不」，代表你知道自己在乎什麼。我決定不再接案時，就曉得自己該認真看待寫作、線上事業夢想，還有其他一直放在心裡的點子了。

走在無路之路上，目標並不是找份工作、賺錢、創建事業，或達成其他的指標，而是積極主動地去尋找，你想繼續做下去的工作。

這，才是無路之路最重要的祕密。

這麼一來，就沒有理由在無法確定自己是否喜歡的情況下，去追逐每個賺錢的機會。真正有意義的作法是：嘗試各種不同工作，一旦找到值得做的，再回過頭來以能繼續做這件事為前提，打造你的生活。

本來是「工作爛透了」的心態，如今轉變成「能以喜歡工作為前提打造生活」的觀點。直到坐下來寫這本書，我才明白，這樣的轉變是多麼深奧。

剛離職時，我只是想逃避。這股逃離的渴望，推著我去設計一種以彈性為核心的生活，而我也辦到了，還做得很好。我從每年必須在辦公室裡待超過兩千小時，變成每個月只需要在指定工作地點待不到幾天。

可惜，接案為主的生活，並非我心之所向。雖然我還是很喜歡接顧問的案子，但這並非我的動力來源。我想繼續做的是寫作、分享故事、幫助別人，還有在網路上進行各種實驗。剛開始寫部落格和做播客時，我甚至覺得喜歡做這種事有點可笑。如今我明白，這才是對我來說真正重要的工作。

作家史蒂芬・寇培（Stephen Cope）認為，找到願意長久投入的工作，是「人生重要的工作」。他最大的恐懼就是自己「沒有真正活過就死了」。[5]這激發了他的好奇心，他開始在書裡尋找智慧，每天讀超過三小時。最後，他寫出《人生最重要的工作》（*The Great Work of Your Life*）一書，探究那些活得充實的人有何特質。啟發他探究這個主題的，是《多瑪斯福音》（*The Gospel of Thomas*）的其中一段：

> 若你活出內在之物，它們必將拯救你。若你不活出內在之物，它們必將毀滅你。[6]

他研究了蘇珊·安東尼（Susan Anthony）、羅伯特·佛洛斯特（Robert Frost）、濟慈（John Keats）、哈麗雅特·塔布曼（Harriet Tubman）以及梭羅的人生後，發現他們的共通特質是，都很認真活出自己的內在。他們都面臨過挑戰，也遭受拒絕與批評。然而，每每他們碰到人生的關鍵時刻，不是繼續尋找活得充實的方法，就是把時間投入自己重要的事。套用梭羅的話，他們玩的遊戲，也是我們該玩的遊戲，那就是「毅然決然、切切實實地做自己」。[7]

想到「活出內在」的人，我就會想到我的母親。我大二時，她在我就讀的大學謀得一份工作，很快就變成眾人的萬事通，不只解決獎助問題時可以找她，對我很多朋友而言，她還是個可以談天的對象。她是學生們的導師，也是朋友。在我們大家族裡，她是張羅聚會讓大家團聚的人。在我們的小鎮，她會幫忙生病的人，替窮人募款，還積極協助學校的改善工作。每投入一個角色，她就會找出辦法，全力以赴。

不過，不管我現在在這條新路上有多麼快樂、成功，她仍半開玩笑勸我找個「穩定的公職」。她的建議讓我非常好奇，這種不計代價都要找到穩定工作的衝動，究竟從何而來？我想一部分是我們對工作的想像太狹隘，只看成有薪水和福利的全職工作。不過，我跟寇培一樣都接受比較廣泛的工作概念，認為尋找值得做的工作，就是我們真正的「工作」，也是人生最重要的事之一。

狹隘的工作概念對你我的束縛，怎麼說都不為過。這個道理，特別體現在我觀察妻子嘗試各種藝術創作的時候。她創作過水彩、壓克力、色筆和鉛筆素描作品、畫過石頭、禪繞畫，我覺得她的作品很棒，也深受感動。那就是值得做的事，如果她失去了藝術創作的熱情，我會相當難過。可是，當她把作品拿給別人看時，尤其是在美國的時候，大家一定會建議她靠這個賺錢：「妳應該要教畫畫！」、「妳會賣這些畫嗎？」、「這可以賺很多錢！」。這麼想，就是把拿熱情變現、變成職業，當成最重要的事。走在無路之路上，錢固然重要，但如果一開始就用「能不能賺錢」來篩選要不要做，那就走錯方向了。

更重要的是要領悟一個道理：找到值得長期投入的事，比起工作帶來的保障、安逸、穩定或是光環，都更強大，也更讓人充滿期待。爭取機會做這樣的事才要緊，無論短期內可不可以靠它賺錢。

我很晚才真正意識到這一點。那些我賺錢的工作會隨時間改變，而且不一定是我想長久做的事。但那些我想一直做下去的事，像是指導年輕人、寫作、教學、分享想法、串連社群，還有進行有意義的對話。這些，才是值得我奮力守護的。

我可以追求著做喜歡工作的人生，又何其有幸地有我母親這個榜樣。不管當初是否刻意而為，但她的人生，都體現了這樣的原則。她總能在各種環境裡找到自己的角色或定位。我在前條路上，苦尋不著自己的定位，所以現在我換了不同的路徑。我希望可以說服跟我一樣的人，相信尋找自己喜歡而且想要繼續做的工作，很值得。

最重要的是，我期盼我們的世界，有更多人能像我母親那樣過生活。

我們需要自己「有用」

「『有用』，是我們有空氣可以呼吸、有食物可以吃、擁有生命這份特權所該付出的代價。

而它同時也是一份回報，因為它是幸福的起點；一如自憐與退戰，往往是痛苦的開端。」

——愛蓮娜・羅斯福，美國政治人物

哈佛大學的心理學家羅伯特・凱根（Robert Kegan）指出，我們正從一個努力融入他人的世界，轉變為必須具備「自我編寫」（self-authoring）能力的世界。[8]我們需要一套連貫的內在敘事，陳述自己為什麼要這樣過生活，而不是倚靠外在線索來學習如何生活。這就是無路之路的精神。如果你不知道或不理解自己的故事，那麼在這條路上，你會走得特別吃力。

只不過，在想像自己的故事時，最難回答的問題往往是：「那我該做什麼？」

在探索自己真正想做什麼時，有一道巨大的障礙，就是腦中的聲音，只要考慮做一些「不夠正常」的事，它就會警告我們停下來。布芮尼．布朗（Brene Brown）教授針對「羞恥心」與「罪惡感」的澄清與說明，幫助我看清了人為何常常忽略自己的直覺與渴望。她將羞恥心定義為「相信自己有缺陷，因此不值得被愛，也不值得被接納的那種強烈痛苦」。她認為大部分人做人生選擇時，都過度受到這種情緒的影響了。[9]

她不認為我們能「化解」羞恥心，倒是建議要注意另一個些微不同的情緒：罪惡感。她將罪惡感定義為「用我們的價值觀，細細審視我們做過或是沒做的事，所感受到的不安」。[10]對比於羞恥心，罪惡感是可以操作的。可以用我們自稱看重的事，跟所做（或沒做）的事的差距，得知什麼是真正重要的。

罪惡感驅使許多人投入工作，這是對不安情緒的自然反應。大部分的人都會想付出、幫助他人、與世界有連結。只不過，有時羞恥心會趁隙而入，帶我們走上不屬於自己的路，因為覺得若不照某種方式過活，就得不到這世界的愛。我們會擔心如果離開這條路或有所改變的話，就會被家人或社群驅逐。這種恐懼，往往讓人止步不前。但假如我們學會辨識這種反應的話，就可以讓羞恥心的聲音安靜下來，用健康的方式利用罪惡感，帶領我們走向真正重視的事。

我遊歷世界各地時，認識了各式各樣離開預設之路的人，最讓我印象深刻的是：大部分的人都想成為世界的一份子，都希望自己是有用的。就算很多人覺得自己夢想的人生是下半輩子在海邊度過，但是，可以選擇走上那樣的路徑時，真會這麼做的人卻是少之又少。

作者賽巴斯提安・鍾格（Sebastian Junger）在其中一本著作裡寫到離開戰事返家的士兵，也出現了類似的情況。他們雖然患上創傷後壓力症候群，仍有許多人想回去危險的戰區。為什麼會這樣呢？因為他們打仗時，會覺得有歸屬，與身邊的同袍有很深的連結。鍾格說：「人類其實不怕困苦，困難讓人類發展得更好。人類真正受不了的，是那種不被需要的感覺。」[11]鍾格認為：「現代社會已經把『讓人覺得自己不被需要』，發展成一種藝術了。」

「覺得自己有用」的這種需求，影響力很強。這也是無路之路的隱藏好處之一，可以讓工作符合自己的重視之物，又能覺得自己有用。當你找到想參與的對話，找到想繼續做下去的工作，感受到自己的價值，整個世界也會為你打開。

重新想起，我是誰

「最初的樂趣，在於意外想起，以為早已遺忘的事。」

——羅伯特．佛洛斯特

小時候，每天放學，我幾乎都黏在電腦前。我會衝回家開機，點下美國線上（America Online）的標誌，等著撥接網路。然後會傳來奇怪的雜音，我就連上網了！網路世界就在眼前，是時候開始玩耍了。

我還記得我的父親帶《DOS懶人包》（*DOS for Dummies*）回來的那一天。我們在電腦前，一起照著書上的指令輸入。真讓人興奮！打幾個字就可以控制電腦。我徹底迷上了。往後多年，我參加過各種不同的線上活動。我自學過架網站以及寫HTML程式，加入過好幾個角色扮演摔角聯盟、經營模擬籃球聯盟、盜載過音樂、交易過「豆豆娃」、賣過網站模板、在網路上賺到人生第一筆錢。我順著好奇心，一路探索下去。

慢慢長大，我當然就走上科技與電腦相關的工作。呃，等等，才不是那樣。我反倒順著預設之路走，找上了傳統的成功路徑。這條路通往的大公司，往往要先經過好幾年的規畫與提案，才能採用最新的技術和想法。我從來不認為自己對科技方面的興趣值得追求，這只是我在傳統道路上的加分工具而已。

現在回過頭來看，一直忽略自己想探索科技的好奇心，覺得有點不好意思。高中時，我建了一個叫做「保羅說會放假」的天氣網站，可以幫朋友們預測會不會放大雪假。大學時，雖然開始滿腦子想著要擁有功成名就的職涯，卻把閒暇時間拿來用「DJ PoPo Shizzle」這個名字製作DJ混音作品，還跟朋友們一起經營名為「S4」的部落格，還順便學了點程式。這些不屬於預設之路的經歷，顯然是一種預兆，預言了我現在擔任職涯教練、顧問、打造產品、在網路上做不同嘗試的工作方式。儘管現在看來，我會選擇或創造一個結合科技的職涯，再自然不過，但我當時卻受到各種欲望影響，根本看不見這條路。

踏上自雇這條路兩年左右，我才領悟到，大部分會讓我有動力的事，都跟電腦有關。我在架設網站、發布播客、創建線上課程、使用行銷工具，還有跟朋友們在推特互動的時候，就像變回當年坐在生平第一台電腦前面的小孩。

我的朋友強尼・米勒（Jonny Miller）認為：「人類的存在，就是不斷『想起』、『忘記』以及『再想起』的循環。」[12]

要在無路之路上發光發熱，就務必忽略一路上閃閃發亮的誘惑，同時還要剝去不屬於自己的故事，才能重新記起，我是誰。大家跟我聊起辭職時，最大的擔憂就是那要怎麼賺錢？那當然也很重要，只不過，如果從曾讓你發光的經驗出發，就有可能走上一條更有趣的路。注入這些事情的活力，可以帶你往不同的方向走，還能幫你釐清，如何打造自己真心喜愛的人生。

創作，是種本能

「你必須深思這個事實：藝術（寫作、投入、領導等一切）之所以有價值，就是因為我沒辦法教你怎麼做。如果有地圖可循，那就不是藝術了，因為藝術就是沒有地圖，還勇敢前行的行動。這種感覺很討厭嗎？不過我就愛。」

——賽斯・高汀

你說你沒有創意？我不信，你只是被騙了。我們早就忘了，創意原本就是人的本能。我們被說服只有會用某種工具，或是廣告業或搞藝術的人，才有創意。

太荒謬了。

我們都有創意。熟悉任何一個機構的組織制度，需要創意。判斷某個表情符號傳達哪種情緒，得靠創意。教養孩子，大概是最有創意的人類活動之一了。學會怎麼使用科技需要創意。還有，請人吃晚飯或是規畫跟朋友一起旅行，也需要創意，更別提籌辦婚禮了。你要是覺得現在辦場婚禮不需要創意的話，那我真是無話可說。不要固著在傳統的定義上，你就會發現，創意無所不在。

很難看見自己也可以運用創意，還有另一個原因：直到不久以前，想要跟世界分享自己，還要先獲得許可才行。我們需要透過守門人，才接觸得到受眾或是發行管道，這些守門人唯一的工作，就是限制資源與機會的使用。

我們還沒完全領悟到，世界早就有了翻天覆地的變化。現在，只要你能上網，就能創作、分享想法與故事，不需要任何人的許可。高汀就很不客氣地這麼說：「這個世界已經把生產工具交到你手上，不好好掌握，是種罪。」[13]

各位現在讀的這本書，無須任何人的允許就能出版。我只不過決定要出書而已。書是我自己寫的，再聘請編輯和設計師協助我，然後在出版人的地方放上了自己的名字。你也可以這麼做。

過去，許多創作形式都需要經過守門人點頭，像是出書、發專輯、販售藝術作品、主持廣播節目，或把東西賣到大眾市場，全都得先「被允許」。

但如果你還在等別人給的許可，**那我就給你，去做吧！**

很多人遲遲無法靠創作維生，因為他們還活在預設之路的邏輯。在預設之路，得先找到工作才能做事。在無路之路，是先做了，再決定要不要繼續。以我為例，我在網路上寫東西好幾年了，直到很多人問我有沒有要出書後，我才決定要加碼賭一把。我本可說服自己出版很難，不可能做到，乾脆別試。但我知道，自己寫得出值得一讀的東西。要是在二十年前，我根本無法觸及大量讀者。想想看，史蒂芬．金（Stephen King）被三十家出版社拒絕後，才有人同意出版他的第一本書。想到那些作品值得一讀，但卻比他更早就放棄的優秀作家，我就非常難過。

我們往往會把創意當成一種天生的能力，就像有人天生跑得快。但我倒認為創意比較像一種主動的選擇。沒有守門員的意思就是，發揮創意，搞不好比否認自己有創意還輕鬆，這可是史無前例的事。

話又說回來，還是有一個困難啊：到底該怎麼開始？大家常常卡在這一點，腦海裡會冒出一個聲音：「別人會怎麼看我？」

這種擔心很合理，把東西公開給全世界看，的確讓人害怕，而且只要做得夠久，遲早會受到批評。只不過，一開始多數人遇到的挑戰，其實不是批評，而是：根本沒有人在看。這或許可能是好事，因為就可以一邊試做，一邊慢慢建立起自信。

有種更深也更難對付的恐懼，是擺脫不掉守門人制度的如影隨形。這套制度不只壟斷曝光管道，還對那些品味不對、沒頭銜、沒地位的人，抱持一種微妙的敵意。雖然這已經在慢慢消失，但還是可以在大眾媒體上看到這種觀點。舉例來說，二〇一九年《紐約時報》（*New York Times*）一篇名為〈我們進入播客過剩時代了嗎？〉（Have we hit peak podcasts?）就針對沒經過把關也能發表的現象，表示憂慮：「播客開播的速度之快，已經造成了某種文化倦怠。有趣的節目不一定會聽到煩，但我們肯定受不了每個朋友、親戚或同事，都自以為用iPhone錄個音，便能創造出下一個像『Serial』的知名節目。」

文章的意思再清楚不過了，播客是給專業人士做的，如果你沒有這些條件，拜託別想搞一個。

但我們不該接受這種說法。

這篇文章確實講中了，要靠播客賺錢並不容易，但卻忽略了一點：有人創作，不是為了賺錢或出人頭地，而是為了學習、建立連結，或單純只是想感受自己的存在。

創作，就是無路之路的燃料。儘管寫作還沒讓我成名或致富，但它讓我保持熱情，也讓我有機會遇見和我一樣充滿好奇的人。從小到大，我都不認為自己是有創意的人，更沒想過自己有資格向世界發聲。所幸，我不再相信那些謊言，開始明白，創作與分享其實有更深、更重要的理由。這麼一來，我們就有個重要的問題要問了……

你為誰而寫？

開始在網路上寫東西的前幾年，有幾則批評的留言讓我耿耿於懷。這些讀者認為我對預設之路的批評過於嚴苛。這些否定的聲音卡在我腦中，害我寫得越來越小心翼翼，害怕引起爭議。不過我慢慢才明白，我不是為他們而寫的。我是為了像我一樣的人寫的：那些在預設之路上掙扎，想勇敢做大夢的人。當我專注在這些讀者身上，寫的東西就進步了，也建立起更廣大的受眾。

我花了些時間搞清楚這個道理，不過，在我聽到高汀講他朋友張大衛的故事之後，就豁然開朗了。張大衛是Momofuku餐飲集團的老闆，當初開始開餐廳時，高汀到其中一家坐坐，點了一份很受歡迎的菜，要求做成素食版。高汀後來又上門了好幾次，點同樣的菜，直到有一次張大衛跟他說：「這道菜只能照原本的方式出，不再提供改版了。」雖然沒辦法吃到這道菜，高汀很難過，但是他卻替自己的朋友感到開心不已。為什麼呢？因為高汀知道一個祕密：一旦你弄清楚自己想服務的對象，就可以破釜沉舟，把注意力放在變優秀的必要條件上。[14]

認為我們必須服務一大群受眾，就是預設之路的思維。工業時代「越大越好」的邏輯，預設每個人都在同一個市場競爭。在數位世界裡，很容易想像這個大眾市場都在搶同一群觀眾、同一份注意力。然而，即便我的節目在播客應用程式裡剛好排在全國公共廣播電台的《美國眾生相》（*This American Life*）節目旁邊，我做的事，也完全不一樣。我是一人團隊，採訪、編輯、平面設計、發行，全都自己來，而且一年成本花不到一百美元。全國公共廣播電台光是那個節目就有超過二十五個工作人員。我們的目標不同，觀眾不同，存在的理由也完全不同。

弄清楚你想服務誰，是無路之路的重要一環。在預設之路上，你的工作往往會帶來認可與讚美。但當你走上自己的路，沒有固定職位、也沒有同事時，或許會想念那種支持。就是因為這樣，你必須知道自己想跟哪種人共事、想服務哪種人。找到對的人，那些一路上支持與鼓勵你的人，可能會給你繼續往下走的自信和勇氣。

一路走來，這種好意惠我良多，尤其在剛起步的時候，像是我阿姨黛比、諾爾、嘉姆、喬丹還有其他許多人，都曾給我鼓勵與支持。泰勒・柯文（Tyler Cowen）認為「你能用時間與生命做的，最有價值的事之一，就是選擇相信他人」。[15]我深受這句話啟發，於是立下了一條自己的規則：只要看到某人創作的內容讓我受啟發，就一定要告訴對方。公開創作與分享，需要極大的勇氣，我記得剛開始的時候，有多麼尷尬又害怕。指出別人的錯誤很容易，不過，要說出「我好愛你正在做的事，希望你繼續下去。如果有幫得上忙的地方，請跟我說」，可就難多了。

隨著我繼續創作、分享、與人連結，我開始觸碰到一種隱形動力。在預設之路上，升職、換工作、加薪都是衡量成功的明確指標。但對我來說，現在的成功，是藏在信箱裡的一封訊息，或是一段來自因作品而相識的陌生人的對話。沒有辦法「證明」自己很成功，的確會讓人不安，但那些主動寫信來的人，如今成了我的朋友、支持者與靈感來源。這樣的回饋，遠遠勝過我曾經走在那條舊路上，所獲得的一切表面成就。

這些就是我決定要服務的人，正是因為他們的存在，我才覺得走這條「無路之路」，一切都值得。

世界等著你哪

「自然的創造力是無畏與反抗的行為。」

——羅伯・葛林（Robert Greene），美國作家

或許在我說服之下，你相信自己有創意，也能忽略那個阻止你創作的聲音了。不過，想到要在網路上分享，你可能還是有些疑慮：網路上不都是騙子，或者只想吸引注意力的人嗎？

這些人會讓你不安，反而是好現象。因為寫那類貼文的人，可一點也不覺得不安。這就是為什麼，我想鼓勵你試著對世界分享。因為你在乎這個世界，想要真誠做事、幫助與傾聽他人，也想和同理你熱情的人建立關係。這不代表你一定要經營粉絲或創業，但要是勇於跟其他人分享自己的文字、畫作、舞蹈、手作或其他創作，會發生什麼事呢？會認識什麼朋友？會發現什麼機會？又可能走進什麼樣的社群？

按照「最值得做的事就是全職工作」這種預設之路的邏輯，往往看不到靠創作與線上分享謀生，或是靠建立網路生意謀生的樂觀面。假設有兩種不同的人：一個是富國銀行（Wells Fargo）的中階金融分析師，另一個是用Instagram經營瑜珈事業的人。你面對這兩個人最真實的感受是什麼呢？如果你跟還沒獨立工作之前的我一樣，那麼，你八成對Instagram網紅會有點意見。如今，我的態度改變了。我明白那位瑜珈網紅是拿整個聲譽在賭，成敗全靠自己的判斷與選擇。隨著這種工作越來越普遍，我們的觀念也跟著改變，會開始反問自己，為什麼總是對創業者比較懷疑，而對富國銀行的員工比較放心？事實上，過去二十年，這家銀行因為詐騙、濫發房貸還有違反投資人權益，遭到法院傳喚兩百多次呢。[16]

讓我們回頭想想韓特的觀點，那些傳統的全職工作早就不是產業發展所「必需」，只是「偏好」罷了。如果我們繼續把想像力綁死在預設之路的工作上，那麼，我們就會繼續看不見人生其他可能的路。

即便你真的拿定主意，想把你「真正的工作」分享給這個世界，也幾乎克服不了那種害怕出糗的感覺。這時記得帶著「傻子的精神」前行，也別忘了：搞不好世界各地有許多人，都在等著你要分享的東西呢。

我公開寫作的這段路，是從一個叫做Quora的平台開始的，當時我會在上面回答網友的各種問題。前幾年，我會回的大多是自己相當熟悉的主題。越寫越喜歡之後，我給自己設了一個挑戰：每天工作前，起碼要回答一個問題。我慢慢拓展寫的主題，甚至寫了一篇長文，深思自己先前的健康問題。那是當時我公開分享過最私密的文章。[17] 其實，那篇文章早就在我電腦裡放了兩年多。我一直怕跟人分享，深信沒有人會想讀，怕大家會嘲笑我。但出乎意料，那篇文竟有五十萬人次點閱，也收到無數留言和訊息，感謝我願意分享自己的故事：

太發人深省了，快出書吧！很謝謝你的分享，這真是篇啟迪人心的文章。

這是我這陣子讀到最棒也最深刻的回文。謝謝你有勇氣分享，祝一切順利。

我只是想跟你說這是一篇非常棒的文，謝謝你寫出來。

我沒有生病，可是我真的需要這篇文章。太棒了！祝你事業順利。真希望能在現實中遇到像你這樣的人！

真正的英雄，是那些面對不凡困境，卻從未放棄，並堅持活下來的平凡人。保羅，你就是這樣的人。祝福你，我的朋友。

讀著這些留言才明白，世界上有許多人會看到創作與分享的勇氣，我現在寫作就是為了這些人。

這個族群還很多元，在我探索像自雇、接案、人與工作的關係、經營網路事業等更廣泛的主題時，遇見了各式各樣的人，從十三到七十五歲都有，遍及美國、紐西蘭、巴基斯坦還有中國。隨著全世界有越來越多人利用網路創造機會，這些人也在尋找像他們一樣的人。從來沒有一個時刻，比今天更容易連結彼此。

或許我已經說服你，分享是值得的。但你可能會想：我又不想經營社群媒體、不上網寫作，也沒打算出書。那也沒關係，你可以從小事做起，或從在地出發。在你居住的地方邀請大家來吃晚餐、成立讀書會、跟幾個親密的朋友分享你的文章或詩，甚至只是去上一堂當地的藝術課也可以。一旦我們進入這種創造的狀態，就會明白，原來自己藏了那麼久的部分，終於被釋放出來。我們內心深處，都有想透過創作與世界互動的渴望。別擔心，我會在這裡，為你加油。

不再急著證明，我才是對的

人氣網站「The Marginalian」（前身為「Brain Pickings」）的作者瑪麗亞．波波娃（Maria Popova），她的日常，幾乎都沉浸在舊書與文章中。她熱衷於在這些文本裡發掘觀點、智慧、美好的事物，再透過自己與世界獨一無二的對話，將發現的東西連接起來。她在接受克里斯塔・提佩特（Krista Tippett）的播客節目《存在之道》（*On Being*）專訪時，對批判思維與希望之間的連結，有深刻的見解，完全改變了我與世界互動的方式。她說：「沒有希望的批判，是犬儒；而沒有批判的希望，是天真。」[18]這段我重複聽了好多次，我知道她說的，就是我。

我剛開始走上這條路而下筆寫作時，是出於無能為力。因看見我們思考工作與自己生活的方式處處有問題，所以想要大家也跟我一樣看到這些問題。我急著證明我是對的，因此我的文章雖有說服力，卻不會激勵人心。

這就是沒有希望的批判。

在這段旅程中，我一直渴望能與他人一同進行思想上的探索。只不過，一直等到我把希望加入自己的批判裡面，同時全心接受更遼闊的世界觀，才真正吸引到那些我渴望對話的人。待在台灣的最初兩個月，我讀到一本談寫作的書，作者是威廉・金瑟（William Zinsser）。他鼓勵我要「相信自己的認同及觀點。寫作，本來就是一種自我展現，不如就大方承認。認清這點，用這樣的幹勁，繼續寫下去」。[19]

就在那一刻，我不再有所保留了。我不再害怕他人的眼光，但也把憤世嫉俗的尖銳言詞丟一旁。讀了金瑟的書，我開始真正投入寫作，把心意寫進文字，說出我想說的話。這是走出憤世嫉俗的方法。我變得更樂觀了，不是因為我寫得更好，或我說的就是對的，而是我不再隱藏。我用好奇心、真誠、熱情作為起點，這麼做，立刻就吸引到那些我一直想遇見的人。

一九〇〇年代初期，作家伯特蘭．羅素（Bertrand Russell）教授提出，「任何一位參觀西方世界大學的人，都會注意到，當今的年輕知識分子，比以往更為憤世嫉俗」。[20]他認為，在一個當權機構與領導人的言論跟事實完全相悖的世界裡，培養憤世嫉俗的態度有其必要。但他也說，解方並非壓抑批判，而是「讓知識分子能找到一條出路，一條能承載他們創造力的職涯之路」。[21]

在無路之路上，這是做得到的。你可以在工作和生活中不斷嘗試，直到偶然發現讓自己持續發展的良性循環。所謂的良性循環，指的是有辦法做你喜歡的工作，而這份工作又會自然帶來機會與人脈，讓生活變得更好。

創造良性循環最大的困難，就是憤世嫉俗的態度，這同時也是無路之路最危險的陷阱。許多人會離開預設之路，是因為變得憤世嫉俗，一心想逃離。但逃離，頂多只是第一步。旅程要走得長久，一定得找出方法，朝向會保留空間給希望的世界前進。

旅程一開始，我只是想證明大家都錯了，我的生活方式才又對又好。我寫的東西很憤世嫉俗，因為沒辦法說清楚，自己為什麼在意那些看法。當時我相信，事實比我最真誠的感受還要來得可信。直到我鼓起勇氣敞開心胸，才得到更多的支持，這不僅把我帶向更棒的路，也讓未來，變得更令人期待。

10 長遠佈局的人生遊戲

「我辭掉《紐約時報》的工作改當全職母親時，全世界都說我瘋了。我再次辭職，改當全職小說家時，他們又說我瘋了。但我沒瘋，我很快樂。我用自己的方式，過上了成功的人生。因為，如果你的成功不是自己定義的，如果它看起來很光鮮亮麗，但你的心卻感受不到喜悅，那麼，這根本就不是成功。」

——安娜．昆德蘭（Anna Quindlen），美國作家

逆向思考的起點

「好好投入」是無路之路其中一個目標，對象可能是一種工作、生活方式、創作計畫、一場你想與世界展開的「對話」。只不過挑戰在於：可能性實在太多了。於是我們不禁要問，在沒有太多限制的情況下，要怎麼開始找出自己想做什麼呢？

預設之路上，能做的工作以及人生樣貌，其實都有限。當我只盤算著已經存在的路徑或工作時，從來都沒想過，這其實是在限制自己的想像。而擁抱無路之路時，才看見人生的可能性。雖然這讓人興奮，卻也有點不知所措。我常常有種感覺，好像需要好幾個人生，才夠真正測試、探索完自己的選項。

我沒有著手積極搜尋，而採取了不一樣的方式：逆向回推。與其思考我想做什麼、要怎麼過生活，乾脆從我不想做的事下手，先想想什麼算失敗。我們可以想想人生可能會出什麼錯，進而避開明顯的陷阱，也為正確的選擇騰出更多空間。

有一種有效的思考模型，可以用來思考這個問題，那就是德國數學家卡爾・雅克比（Carl Jacobi）知名的「反轉原則」。他常對學生說：「反轉，一定要反轉」，鼓勵學生從倒過來的角度看待那些難解的問題，找到全新的切入點。[1]我們也可以將這個原則應用到人生上。舉例來說，與其一開始就問「什麼樣的人生才算精采？」不如先想：「什麼樣的人生最悽慘？」做出哪些選擇，才可能活成那樣？接著反過來思考，要怎麼樣才可以避免這一切成真。

過去我在預設之路上時，常常會想像一個未來的自己，一個絕對不想變成的自己：

五十多歲的中年大叔，身材走樣，看每個人都不順眼，痛恨自己的工作，每天悶在沒有窗戶的小辦公室，過著不快樂的日子。如果你認識當初的我，大概會說我怎麼可能變成那樣。不過，比起一開始工作時的我，離職當時，那種德性與我的距離，其實比想像中近得多。

在無路之路上，我會更認真想像。雖然現在要想像這位悶在小辦公室、看什麼都不爽的大叔，已經越來越難了，但他身上還是有些樣子是我希望避免的。目前我不希望自己十年之後變成的模樣，描繪如下：

保羅還是堅持走在無路之路上，這點仍然讓身邊不少人質疑。他有兩個孩子，可是幾乎入不敷出，非常丟臉。每年有幾個月都沒有收入，滿腦子時時刻刻都想著沒錢。他很固執，堅持不做全職工作，而且，他會憤恨不平地發推文，批評做傳統工作的人都很愚蠢，不承認自己的選擇可能錯了。這一切又因長期的健康問題而加劇，不但活力受限，有時甚至一躺就是幾週，幾乎無法起身。

這個負面版本未來的我，財務不穩、沒有固定收入，而且態度憤世嫉俗又頑固倔強。以下的行為，可能會讓我變成這個「負面版本的自己」：常跟消極、憤世嫉俗的人混在一起、沒找到支持我的朋友、不以開放的態度面對所有的收入來源（包含全職工作）、過度沉迷製造分裂的媒體與政治、做自己痛恨的事、不誠實面對那些會鼓舞自己的事。反推法會幫你認清那些可能害你功虧一簣的陷阱，讓你的旅程繼續下去。

我鼓勵各位描述你不想變成的那種人，寫下來，然後腦力激盪一下，想想可能有哪些行為會造成那種結果。這個練習可能會讓你不太舒服，因為你肯定會在現在的生活中，發現那個人的一絲絲影子。這些影子，正是提醒你該改變的線索。

除了認清我們不想成為哪種人之外，還要試著辨識哪些工作與生活方式，可能會增加不必要的風險。在這趟旅程之初，我就意識到，當個收入來源單一的自由工作者，風險太大。這激勵我盡可能用不同的方式賺錢，即使會犧牲短期的收入。

我當時無意間實踐了納西姆・塔雷伯（Nassim Taleb）教授所提的「反脆弱」。反脆弱，是一種被廣泛記錄的自然現象，意思是：有些事物會因為混亂與衝擊，反而變得更強大。舉例而言，城市就是反脆弱的。雖然每年都有企業倒閉，但城市本身卻能長期蓬勃發展，因為會不斷有新住民、新建築、新產業加入。

我希望自己就像一座有許多產業的城市一樣，面對收入波動、經濟變動還有各種平台變更規則時，能迅速適應。因此，我除了接案之外，還打造一些不需要販賣時間，也有不同受眾的收入來源。剛從自由接案轉型的前兩年，我的總收入大幅下降。可是幾年之後，我現在卻有八到十種不同的收入來源，每月固定賺兩百美元以上。就算其中一種可能會突然消失，但全部同時歸零的機率，卻非常低。

剛走上這趟旅程時我就知道，我的目標，就是要無限期地走在這條無路之路。這就是作家詹姆斯・卡斯（James Carse）所謂的「無限賽局」：「有限賽局，是為了贏；而無限賽局，是為了繼續玩下去。」[2]透過逆向思考，發現對我來說，最大的風險有兩個：第一，是花時間做會消耗我熱情的事；第二，當然，就是錢燒光了。這就是為什麼我不把成功本身當目標，而花那麼多時間專注營造成功的條件、降低失敗的風險。

幾乎每個持續走在無路之路上的人，到頭來都會採用類似的方式。為什麼呢？因為你走得越久，就越有可能讓這條路真正持續下去。漸漸地你會發現，真正的挑戰，不是去找一份能付帳單的工作，而是保有時間繼續冒險、繼續探索，直到找到那些值得長期投入的事。

自由，也會讓人害怕？

「在上班族的世界裡，有一句老話是：要穿得像你『想』做的工作，而不是你正在『做』的工作。在自由人的世界裡，可以類比的說法是：學著運用你可能取得的自由，而不只是你目前擁有的自由。」

——凡卡德希．拉奧（Venkatesh Rao），美國作家

對於減少工作，或是打造不以工作為中心的生活，大家除了最擔心錢的問題，第二擔心的就是時間怎麼運用。在預設之路上，可能光是繼續往前，就得花很多力氣，所以，很容易就會把工作之餘沒有活力幹勁，誤當成自己對其他事物都沒有興趣。結果一旦不再「工作」，我們其實不知道該怎麼過生活。

「當你擁有自由之後，要做什麼？」是佛洛姆非常感興趣的議題。他在《逃避自由》（*Escape from Freedom*）書中，就探討了一九三〇年代的現象：全球有幾百萬人，難以

適應生活中突然出現的自由。

當時人們正逐漸獲得更多自由：宗教權威的控制式微、工時變短，再加上景氣變好，也因此多了許多生活選擇。許多人認為，一戰結束，象徵著爭取自由的戰鬥已經告一段落，接下來唯一的問題，就是該怎麼運用這份自由。

雖然高教育程度的知識分子和企業主，從僵化制度中解放出來後感到興奮，不過，更多人卻倍感挫敗。佛洛姆發現，許多人感覺到的是「孤立、無能，覺得自己淪為服務的工具，與自己、與他人都產生了疏離感」。[3]這對希特勒或史達林這種政治領袖而言，真是大好消息。他們可以透過操弄群眾、編織故事來壯大自己的權力，這些故事讓群眾覺得人生有了意義。

為什麼會有那麼多人願意放棄剛得來的自由，加入這些獨裁運動？佛洛姆認為原因在於，自由有兩種：第一種是消極的自由，是不受外在控制的「被動自由」。第二種是積極的自由，是能忠於自己、來與世界交流的「主動自由」。佛洛姆的積極版的自由，遠不只是能行動的自由而已，而是「能完全實現個人潛能、積極過生活的能力」。佛洛姆認為，那些雖然擺脫了壓迫，卻無法發展出積極自由的人，最終將陷入孤立與焦慮之中。[4]

為了壓抑孤立與焦慮，人們會願意做出許多妥協。一九三〇年代，納粹給民眾們聽的那些故事，讓人不必負起責任好好處理「主動自由」。佛洛姆在二戰初期寫下這些觀察，他當時就認為這是一個可怕的錯誤：「我們雖然擺脫了舊有明目張膽的權威，卻沒有意識到，自己已淪為另一種新型權威的獵物。」[5]放棄為自己的人生負責，後果可能遠比我們想像的還要嚴重。

過去一百年間，過人生的方式，突然暴增到讓人無法想像的地步。現在不只是政治領袖，還有雇主、公司、媒體以及其他機構，都會給出一套又一套「人生地圖」，教你要怎麼過人生、如何變自由，只要你買他們的產品、接受他們的說法、加入他們的公司。你不必再自己摸索，因為他們會替你安排好，讓你成為某個「特別群體」的一員。佛洛姆在戰後的著作裡指出，這種渴望被同化的力量最強烈的地方，其實不是共產社會，而是西方世界。

佛洛姆認為，順從的問題在於會使人過於死板、平淡、墨守成規。這會逐漸侵蝕我們心中那塊原本保留給即興和主動投入生活的空間，也就難以發現生命中更深層、更有意義的事。華萊士認為這就是博雅教育的重點，在我看來，他的話是為博雅教育做出的最有力辯護：

> 我認為，博雅教育真正且並非空談的價值應當是這樣的：教人如何不要麻木不覺地過著安逸、富足、體面的成年人生，像個被大腦控制的奴隸，擺脫不了自己的天生設定，日日坐困在感覺自己是獨一無二、徹底孤立、帝王般孤獨的狀態。[6]

華萊士的重點是，隨波逐流是人生最自然的狀態。如果我們認真想走上一條不一樣的路，就需要付出努力。

二戰後的幾十年裡，佛洛姆繼續透過著作，探究自由這個主題。他在《愛的藝術》（*The Art of Loving*）裡主張，積極自由的根源，在於與世界的深厚連結。要達到這種境界的方式之一，就是透過「創意活動」。他舉了幾個例子：「無論是木匠做桌子、金匠做珠寶、農人種出玉米或是畫家畫畫，無論種類，只要是創意工作，創作者都會與作品合而為一。人在創造的過程中，將與世界融為一體。」如他所說，在這個社會，我們經常被迫將個人特質與努力的成果，視為可換取金錢、名聲與權力的商品。正是在這樣的世界，從事創意工作，讓我們得以發現行為本身的價值。[7]

我之前已經鼓勵過你，無論是公開或私下，都應該找到一種屬於自己的創作方式。不過，佛洛姆還提出了另一個更深層的理由。除了挑戰自己、找到志同道合的人，或發現你真正喜歡的工作之外，你也可能在創作的過程中，找到一種全新的存在狀態，讓你能與世界、與自己，建立更深的連結。如此一來，創作本身就是世界上最神聖的事，值得嚴肅看待，而不是為了某個成果。

我離職前就在探索自己的創造力了，只是還沒感受到佛洛姆筆下那種更深的連結。因為我深深相信，逃離工作是最要緊的。但就在我成功擺脫傳統雇傭控制，達到「被動自由」後，很快就發現，要培養積極的自由，是多麼無邊無際又充滿挑戰。

說到底，釐清我們有了自由之後要怎麼運用，就是無路之路最大的挑戰之一。而作家賽門・薩里斯（Simin Sarris）認為，我們唯有透過提升自主性，也就是有意識地在世界中行動的能力，才能真正掌握這份自由。他說道：「這世界的祕密就是可塑性非常強，一定要讓大家都知道這一點，而且永遠要記住『一定是先做後學』這個順序。」[8]換句話說，只有先行動，才能學習；只有學習，才能發現自己真正想要的是什麼。否則，就會難以好好運用無路之路帶來的自由。命運最終由自己決定，但若無法主動表達自己的意志，就難以活得自由。

從歷史的長河來看，探索人生各種可能的自由，是相對晚近的現象。雖然「自由」這個概念經常被歌頌，但個人層面上，我們實踐得仍然非常有限。預設之路給了我們賺錢和隨意花錢、在不同領域工作，以及多少能控制人生的自由，卻將許多人困在偽自由裡，儘管沒了全然的壓迫，可也沒自由到能活出真正有意識、有選擇的生活。

無路之路就是對積極自由的刻意追尋。我們再想想佛洛姆的定義，「真正的自由，是有完全實現個人潛能，以及積極過生活的能力」，就會明白，要培養自己的自主感。[9]因此，搞清楚要如何使用自己的時間，是真正重要的事。

對此，我認為桃莉・芭頓（Dolly Parton）的建議再好不過了：「搞清楚你自己是誰，然後有意識地去活出那個人。」[10]

變動世界的最強技能

想像現在是一九八〇年。你二十二歲，剛大學畢業。在全世界最大的公司之一通用汽車（General Motors）找到了工作。上班第一天，你走進辦公室，看到一張金屬辦公桌，上面還有電子打字機、轉盤式電話機、一個兩層的實體收文籃，一層用來收件，一層用來發件。

接下來二十年，你都待在通用汽車，還升遷過好幾次。公司引進電腦時，你自告奮勇要當第一批學的員工，想盡辦法跟上最新的科技。儘管如此，你還是在二〇〇一年經濟衰退時被裁員了，接下來的十年，一直在不同的汽車零件供應商工作。二〇一〇年，你加入了一家製造無人車的新創公司，因為他們在找有業界關係的人。那段時間你覺得自己一直在能力邊緣掙扎，但總算還是撐了下來。二〇一五年，你重新加入通用汽車幫過去的主管做新產品線，職涯又回到原點。

二〇二〇年，你整個團隊開始遠端工作。學會怎麼使用Zoom和Slack，電腦和手機也挺上手了。但你很震驚，年輕同事竟那麼快就適應這個新常態。你雖然還跟得上，卻覺得快被掏空。你想或許是時候退休了，於是決定二〇二〇年底就要退休。

那我問你：你認為，這世界的變化會比過去更多，還是更少？

我們每每想到未來時，都會低估世事改變的程度，尤其是自己的未來。研究人員把這稱為「歷史終結錯覺」。人不論年齡層為何，都認為自己過去經歷過很重大的改變，可是，要他們預測自己的未來時，大家都不認為這個趨勢會持續下去。大多數人深信「自己已經走到變化的盡頭，如今的模樣，將來也會保持不變」。[11]

知道這個能怎麼樣呢？這讓我更樂於擁抱無路之路，因為既然未來的我，會比想像中變得更多，那麼，不如想辦法塑造那些改變吧。相對於許多人會以否認、推遲、拒絕的方式面對改變，這倒是一種替代方式。隨著年紀漸長，心態會變得比較死板，日常裡的小挑戰可能會像大地雷那樣，讓整週的生活天翻地覆，甚至，只要別人提出新的生活方式，就會覺得是在跟我們宣戰。

搬到國外、創業、短短幾年間住過二十幾個地方，這些經歷讓我更能適應改變，也更警覺自己思考僵化的傾向。我雖然變得更能擁抱改變，但如果說我對每一個環境、行程以及工作上的新變化都欣喜期待的話，那就是騙人了。但我已經領悟到，「重塑自己」是最值得培養的其中一種元技能（meta-skills），而且我完成了種種實驗後，往往會變得比以前更放鬆，也更有自信。

教授兼作家尤瓦·哈拉瑞（Yuval Harari）認為，「要跟上二〇五〇年的世界，不只要不斷創造新點子和產品，更要一次又一次，重塑自己」。[12]在別的國家居住，是幫我提升這個技能的最大功臣。大家常常會問我要怎麼準備出國生活。我都怎麼回呢？你沒辦法做好準備的，離開熟悉的地方，就一定會碰到困難與挑戰。我遇過很多難以預料的事情，像是：在義大利掉了護照、被台灣的流浪狗咬傷啦，還有在墨西哥被寄生蟲感染……雖然我不會鼓勵你去經歷這些事，不過，這倒點出了一個問題：如果處理這些難題增進了我的自信，那麼，舒適與安逸，是不是被我們高估了呢？

越來越多的人開創出新的路徑，進入新的環境、社群與線上世界，許多人會被迫離開自己的舒適圈。這種情況越早發生越好，因為那種一輩子待在小鎮、過熟悉生活的時代，已經結束了。

不論我們願不願意，以後都得一次又一次，重塑自己。

禮物經濟，擁抱富足

我表弟說過一句我永難忘懷的話：「我們死的時候就兩不相欠了。」這不只是宿命論，更是邀請人去建立一段出於慷慨的關係，而不是斤斤計較的往來。現今的世界，都是透過東西的價格高低，和「花」時間的方式，看待大多數的行為，所以培養像這樣的慷慨精神以及富足的心態，越來越困難。

這樣的世界觀，是我們理解時間與經濟的方式，一直不斷緩慢變化的結果。一六〇〇年代時鐘普及之前，人類幾乎不會考慮到時間。英國的史學家E．P．湯普森（E. P. Thompson）指出，當時的人反而是以活動來思考時間的。在馬達加斯加，半小時叫「煮好一鍋飯」，一瞬間叫「炸完一隻蝗蟲」。但有了時鐘之後，人就漸漸把時間和金錢連結。湯普森還注意到「時間如今成了貨幣，不再是『過』的，而是『花』的」。[13]

時至今日，我們思考的是：時間怎麼「花得值得」，這樣做划不划算？還有行動的「成本」是多少？把時間跟金錢畫上等號，的確有利於交易、計算、協調全球會議，可是也會降低我們的富足感。這樣的轉變，恰巧又碰上經濟大好，我們幾乎能迅速獲得全世界，但也同時破壞了內在的安全感。一九七〇年代時，從學術界轉而務農的溫德爾．貝瑞（Wendell Berry）寫到，經濟成功背後有個隱藏的代價：它剝奪了人民「使用生活基本資源的自主權，包括衣服、住屋、食物，甚至水」。[14]過去曾經是自立自足生活下的豐富資源，現在都貼上了標價。

在無路之路上，這趟旅程要能存續下去，就得想辦法跳脫這種思維模式。過去幾年來，我開始把慷慨視為需要練習的技能，而不只是一種特質。練習這個技能讓我看見人生被隱藏起來的一面，其中滿是富足不說，還充滿著有意義的連結。

我讀到查爾斯．艾森斯坦（Charles Eisenstein）的《貨幣革命》（*Sacred Economics*）時，才明白這個技能是值得練習的。他在書裡介紹了「禮物經濟」，一個他認為已經跟著人類很久的概念。他以禮物經濟，來對比我們現在習以為常的經濟思維：

> 現代金錢運作的原則是「我多得就是你少得」，但在禮物經濟下，你多得也是我多得，因為是「擁有」的人給「需要」的人。透過禮物，「參與大我卻又不必切割小我」的難懂道理，得以好好落實。當「自我」擴大到把「他者」的一部分也包

含進來了，所謂理性自利的原則，也會隨著改變。[15]

其實我們大多在家人間都體會過這種送禮的情況。在經濟方面，大家對孩童幾乎都無所求。就算長大成人了，爸媽也很少會計較我們到底欠他們多少。同樣的道理，在密友之間，也常有一種默契，很少計較要完全公平。就像我表弟說的「我們死的時候就兩不相欠了」那樣，我們都懂得要支持更深厚關係的智慧之理。

不過，一旦把禮物經濟的精神用在親密關係之外，卻會讓人不自在，甚至有些不切實際。假如我們得跟經濟結構下每一個有互動的人，都建立深厚又有意義的關係，那麼，整個系統可能會停擺。但反過來說也一樣。當我們凡事都仰賴市場解決，結果就會覺得空虛。吳修銘（Tim Wu）教授在他那篇點閱率很高的〈方便的暴政〉（Tyranny or Convenience）一文中，就點出了這點：他認為「方便看似提供了流暢而不費力的效率，但也悄悄奪走，那些讓生命變得有意義的掙扎與挑戰」。[16]

吳教授認為，許多人將方便視為一種解放。大家以「財務自由」為目標，但真的達成時才發現，自己不過擁有狹義上的自由：只是什麼都付得起。當我明白了這種經濟思維的瑕疵，又深受艾森斯坦和貝瑞這樣的作家啟發，就決定要把禮物經濟的概念，帶進自己的工作。根據艾森斯坦的書，我欣然實踐三個指導原則：

1. 主動給予，不求回報。
2. 學會接受禮物，無論任何形式或時機。
3. 保持開放，隨時修正觀念與做法。

帶著這樣的想法，我開始尋找能夠付出的地方。我第一次實踐禮物經濟，對象是我透過「沙發衝浪」（Couchsurfing）平台在波士頓認識的某個陌生人。和對方喝咖啡聊到最後時，我臨時起意。當時她說自己錢快用完了，一路靠著接案以及在美國各地旅遊時陌生人的善意資助維生。準備互道再見時，我問她：「你介意收我送的錢嗎？」她有點驚訝地說好。於是我用手機轉了一百美元給她，然後轉身離開。

這個念頭第一次浮現時，我腦中立刻冒出許多反對的聲音：「要是她拿去亂花怎麼辦？」、「這樣她會不會就不去找工作了？」、「她不值得這筆錢。」在那一刻之前，我總是聽從這些聲音，一遇到不舒服的感覺就退縮。然而，這就是我為什麼要好好接受禮物心態，實踐慷慨之舉。這會揭露我們認為「世界應該怎麼運作」的預設劇本，同時敞開心胸接受新的可能。

過了兩個禮拜，我收到她傳訊息來跟我說，她用那筆錢加入HomeAway會員。那網站上會有屋主提供免費食宿讓人打工交換，通常每天工時不會超過四到五小時，地點有農場、餐廳還有飯店等。她找到一個可以讓她住兩個月的地方，非常興奮期待。

因為現代人多半是透過慈善機構捐款，所以直接給予反而讓人覺得怪怪的。許多慈善組織都成立得像企業那樣，而且也用相同的行銷手法。線上捐一百美元給某慈善團體，感覺心安理得，但拿一張一百美元的鈔票給陌生人，就好像有點輕率。「要是他們＿＿＿＿＿的話怎麼辦？」你擔心什麼就填什麼進去。雖然我從來都沒有完全克服這些內心的聲音，不過，一次次對陌生人給予的經驗，讓我明白，很多我們的預設想法，妨礙了我們做出別具意義、甚至還可能讓人生更棒的好事。

艾森斯坦主張，在禮物經濟下，「禮物會流向最需要的地方」。當我慢慢學會和給予的不自在共處，更能看見那些真正需要幫助的人，同時也意外開始收到來自世界各地的慷慨善意。

工作上，我也欣然實踐了禮物經濟的精神。我經營線上課程，課程定價針對的是西方的知識工作者。對多數人來說，這價格甚至不到一天的薪水。不過，對於某些國家的人來說，可能超過一個月的薪水。打從一開始，我就嘗試把禮物經濟的概念融入課程。在第一版的課程，我納入了一個選項：「如果你負擔不起，請按此，我會寄一份免費的課程給你。」你大概也猜得到結果：沒有人買課，反而源源不絕地收到免費申請。但更遺憾的是，也沒有人真的打開這門課。

為了改善做法，我應用了從塔格特學到的知識。[17]在課程頁面加入一段說明：我希望願意學的人都能取得這份課程。我還開了一個線上問卷，除了分享自己的目標是「希望能靠教學和創意工作維生」，也加入幾個問題，想了解學員的學習動機、計畫，還有如果願意的話，告訴我你是否有財務困難。最後我附上了三個問題：

1. 你願意買一門線上課程的最低價格是多少？
2. 你願意買一門線上課程的最高價格是多少？

3. 你真心願意付出什麼，來交換這門線上課程？

有別於我之前，到頭來什麼人也沒幫到的免費作法，這版的設計除了讓大家更認識我，也願意分享自己的故事。這是一份讓彼此關係更深入的邀請，過去幾年，我已經收到將近五百份的回覆，內容都讓我驚喜連連。

一位越南朋友說我的課程，比他們的月薪還高。不過，我的慷慨讓他很感動，於是他寫了一份還款計畫，希望未來幾年慢慢回報我。還詳細說明這個課程會讓他的職涯更上一層樓，提高他的薪水。碰到這種情況，我會想辦法免費贈送我的課程，或是用一些小禮物來交換。不過，真正讓我震撼的是世人的慷慨，只要你願意敞開心，善意真的會向你走來。

高汀提醒我們，網路已經「降低了慷慨的邊際成本」。但多數人可能還沒意識到，這背後其實蘊藏著巨大的可能。在不久的將來，人們會有數位錢包，匯錢給熟人或是剛認識的人，會變成日常生活的一部分。因此，把慷慨想成一種技能，並尋找練習的機會，將變得越來越重要。

要真正理解「禮物」的力量，就一定要先學會接受。這說來容易，做來卻很難。接受別人的慷慨，往往也代表要解決覺得自己不負責任的不安。我剛開始公開寫作時，在Patreon創了帳號，那是可以讓人小額捐款支持創作者的網站。我是在談「禮物經濟」計畫的那封信裡提到的。幾小時內，我的兩位朋友喬丹和諾爾，就馬上用每個月三美元支持我。雖然他們的支持不會讓我的未來變安穩，對我的影響卻很深，我內心充滿了感激之情。他們小小的肯定，也讓我對自己更有信心。我同時覺得需要回報他們，但不是用金錢，而是用繼續走這條路的勇氣。

艾森斯坦也明白禮物經濟中人際關係的重大意義：

> 禮物創造的，是人與人之間的緊密連結，這跟金錢交易完全不同。如果我跟你買東西，我給你錢，你給我東西，爾後我們就互不相關了。我不欠你，你也不欠我。但假如你送我東西，那就不同了，因為我多少會覺得欠你。那可能是一種義務感，或者你也可以說那是感激之情。[18]

擁抱禮物經濟精神的價值，在那些問我打算怎麼擴大事業規模、從中賺錢的人眼裡，是看不見的。因為我並不是在經營一門生意，而是在經營一種人生，去建立一切讓人生有意義的連結。

找到想繼續做下去的工作，之所以有意義，是因為那個工作本身吸引你。高汀說，人人心中都有一個藝術家，而我們的責任，就是找到那份值得持續投入的工作。高汀也說，這個工作不只是為了賺錢：「你沒辦法只為了錢創作出藝術品。一旦藝術變成商業的一部分，那麼，藝術的啟發就一點也不剩，不再是藝術了。」[19]

除了珍惜自己熱愛的工作之外，擁抱「禮物經濟」的精神，也是一種突破現代預設思維的方式。它讓我們暫時放下「價值必須用金錢衡量」的信念，重新打開對世界的好奇心、創造力，與人與人之間的真實連結。這些，都會在我們以及他人心中，悄悄種下種子。過去五年的實驗，讓我領悟到，慷慨不僅是一種值得練習的技能，還會隨時間累積出更多價值。

我同意艾森斯坦研究禮物經濟時提到的：「最富有的，往往是那個最慷慨的人。」[20]世人或許不會完全同意這說法，但起碼在我的小小世界裡，可以假裝這是對的，這樣有樂趣多了。

要活出自己，有些錢不能賺

「真正的學者，每次錯過行動的機會都會惋惜，因那代表力量的流失。」

——愛默生

走上無路之路的人，終究都要發展出一套自己的策略，來面對這趟旅程。一旦你開始去探索各種工作與生活的可能，挑戰反而變成了選擇太多。有太多有趣的事值得一試，也有太多地方想去走走。想釐清方向，就必須建立一套原則，來做出選擇。

這本書中，我自己的原則散落在各處。無論是對金錢、關係、還是工作的看法，我都靠一套觀念、原則、問題，和思考模型來指引自己。而這些，也一直在變動、持續進化著。

我最重要的原則是這句話：「活出自己，而非只是出人頭地」。在我離開原本那條路時，就欣然接受了這個根本的改變，這句話提醒我，不要再幫自己找一份工作了。

每每我看到賺錢、擴大規模、收更多錢或是動得更快的機會，這句話就會提醒我，先別急，所有可能都值得看看——「什麼都不做」，也是其中一種。

二〇二〇年四月時，我十八個月前創立的線上顧問技能課程，在新冠疫情期間遠距工作普及的帶動下，開始賺進更多錢。當時那個課程我已經修修改改了兩年，卻從來都只是把它當成次要的小案子。不過，二〇二一整年下來，這個課程每月平均創造了五千美元的收入，讓我明白，這效益比我原本以為的更長久。

身為一個在業界打滾超過十年的人，身上每個細胞都在告訴我，要考慮怎麼擴大這門事業。那年底，我受邀參加一個密集課程和教練計畫，專為透過線上課程創造穩定收入的人而開。當中的領導者認為，我只要換個做法，就有機會賺更多錢。雖然我同意他們的判斷，但好像有什麼拉住我，要我別那麼做。

做決定前，我花了兩天考慮，問我自己：如果真的賺到更多錢，我會拿來做什麼？」答案是，我會把時間用來寫作。於是我意識到，其實現在就可以開始，沒什麼真的攔得住我。因此，我決定寫這本書，而不是擴大線上課程的規模。

活出自己，而非只是出人頭地。

在一開始瘋狂接案的那段時間後，我開始下意識地，對許多賺更多錢的機會說「不」。雖然這代表財務會更不穩，可是我不想再替自己蓋一座工作的牢籠了。這到頭來的結果是好的，因為我創造出來的空間，讓我變得更有創意和韌性，還找到正向的方式投入工作、與世界交流。

這一路上每每看到可以賺更多錢的機會，或是追求什麼非得要我擴大「一人公司」規模的事，我都會刻意停下來。我曾花了十年走在一條，只要數字上升一定就是進步的路徑上。但在我現在的路徑上，那不過是眾多選項之一而已。當我體驗過創作的喜悅、無為的狀態，以及與人連結的美好之後，開始真正明白，那些與工作無關的事情，有多麼珍貴。

我認為，這是大家對「留有選擇」的錯誤認知。在預設之路上，選擇自由可能是種陷阱，因為你其實是被困在自己的職涯劇本當中。反過來，在無路之路上，選擇自由可能會不斷產生效益，因為你不是為了下一份工作苦撐，而是留出了讓生活充實的空間。

打造你自己的文化

我為什麼要做這些事？這些為什麼重要呢？

因為我有遠大的抱負。我的抱負或許對你來說不夠清楚、無法衡量，甚至難以理解，可是，它們卻為我的人生帶來方向與目標。

終歸一句，這條路徑的目標是：

盡我所能幫助、支持、鼓舞別人，去實現屬於他們的精采人生。

這就是為什麼我每次讀《最後十四堂星期二的課》（*Tuesdays with Morrie*）都會哭。因為我認為，墨瑞・史瓦茲（Morrie Schwartz）教授真的做到了。

米奇・艾爾邦（Mitch Albom）在電視上看到自己從前的教授，很震驚地發現，多年前對他影響如此重大的人，就要行將就木。

墨瑞當時在美國國家廣播公司（NBC）的節目《夜線》（*Nightline*）中分享他自從被診

斷出罹患漸凍症（會一直衰竭到死亡的疾病）以來，學到的人生道理。艾爾邦心裡納悶，上次見面竟然已經是十六年前的事了。他知道，自己一定要盡快與墨瑞見上一面。

那十六年裡，艾爾邦成了成功的體育記者兼藝人。他在《底特律自由報》（*Detroit Free Press*）有專欄、出了好幾本書、甚至還會上廣播與電視節目。工作就是他的生活：

> 我不再租房，而是買房，買了一間山上的房子。我還買了車子。我投資股票，建立投資組合。活得馬力全開，每件事都有死線。我瘋狂健身，開車飆到不要命。賺的錢多到自己連想也沒想過。我碰上了一個名叫珍寧的深髮女子，一個就算我的行程瘋狂而且經常不在，卻依然愛我的女人。我們交往七年之後結婚了。婚禮結束後一個禮拜我就回到工作崗位上。我跟她（還有自己）說，有天我們會如她希望地那樣生孩子成家。可是那一天從來都沒有到來。
>
> 我反倒把自己埋進一項項成就裡，因為我相信有了成就，就能掌控一切。可以搶在自己病死之前，將所有的快樂都塞進人生裡。我的舅舅就是生了病然後死掉的，我想我一定也是那樣。[21]

當時艾爾邦在預設之路上是成功的。可是在螢幕上看到墨瑞，他的內心卻突然陷入一場危機。他想起了自己的音樂夢、要加入和平工作團、住在美麗的地方等這些夢想：「我用好多夢想換來了更優渥的薪水，但我甚至從來沒意識到。」[22]

也許是內心渴望著，能對人生提問得更深一點；或許是他有預感自己還有什麼沒發現的事；或許他直覺自己跟世界正展開的對話，可能會帶給他智慧。他前往麻薩諸塞州的劍橋，跟墨瑞對談。

原本，艾爾邦只打算去一次，不過墨瑞卻堅持要他再去。他們這好幾個禮拜的對話，後來成了一本全球熱賣幾百萬本的書，叫《最後十四堂星期二的課》。這本書之所以如此動人，不只是墨瑞對生命的熱情，還有艾爾邦自己的轉變。他與墨瑞討論的那些挑戰與問題，與我過去多年來面對的一樣，正是我在這本書裡探討的。

有一段話，墨瑞談到「活著」與「死亡」的差別，至今仍讓人難以忘懷：

> 墨瑞突然說道：「死亡是一件讓人難過的事，米奇。但不快樂地活著是另一回事。來看我的人，好多人都不快樂。」為什麼呢？「嗯，一方面是我們的文化讓人

很難對自己滿意。我們教的東西都錯了。而你必須強大到說得出，如果這個文化不適合，就別照單全收。去創造你自己的文化。」[23]

這就是無路之路要說的——為了追求自己不理解的東西，有勇氣拋下一個在預設之路下看似合理的身分。用新的方式實驗、創造你不同版本的路徑、發展你自己對自由的定義。還有，無論面對多少懷疑、不安或是恐懼，都要大膽地深信一切都會沒事。

墨瑞也做到了，他創造出自己的文化。表面上他是布蘭迪斯大學（Brandeis）的教授，骨子裡則帶著無路之路的精神。艾爾邦如此描述了墨瑞的世界：

墨瑞始終如一，早在生病前，就發展出自己的「文化」。他發起討論小組、跟朋友散步、在哈佛廣場的教堂大廳跳著自己的舞。他創了一個名為「溫室」的計畫，讓窮人可以獲得心理輔導。他讀書來為教學找新想法，他會跟同事一起參訪，和以前的學生保持聯繫，寫信給遠方的友人。他花更多時間享受食物、欣賞自然、不再浪費時間看電視情境喜劇或「當週精選電影」。他創造出一個人類活動（對話、互動、情感）的繭，他的生活因此充實到像滿出來的湯碗。[24]

墨瑞活得很盡興。即使無法再歌唱、舞蹈、游泳或行走，也沒有任何遺憾。他告訴艾爾邦：「我快要走了，但身邊全是關心我的人，能這樣說的人，有多少呢？」[25]這些對話深深觸動了艾爾邦，讓他徹底改變自己的心態：

你也可以選擇只看見這世界的陰鬱，但我從墨瑞身上學到的一點是：你曉得的，他因為漸凍症就要死了。他不能走、不能動，要人把他從椅子上抱起，甚至連擦屁股都得靠別人。但他卻極為樂觀積極，直到臨終那天，還是相信人性之善。我想，如果他坐在椅子上動都不能動也能做得到，那我健康又幸運，更應該樂觀一點，也努力對別人有所啟發。[26]

墨瑞死後，艾爾邦開始為自己的人生，留出更多工作以外的空間，並投入幫助更多人。他創辦多個慈善組織，援助弱勢孩童，也參與街友救助，還幫忙在海地成立孤兒院。儘管艾爾邦沒有自己的孩子，但二〇一三年時，其中一個孤兒診斷出腦瘤後，就被他領養了。那孩子搬到美國和他與妻子同住。雖然最後那孩子過世了，但這段經歷讓艾爾邦更加堅定，要繼續分享走入他人生裡的人帶給他的智慧，持續不斷地啟發他人。

他遵照著墨瑞的建議：打造你自己的文化。

那些話，我銘記於心。我還是個顧問時，研究過企業文化。這個概念在商業世界裡常被誤解，其實很簡單。文化，就是一套會不斷演變的假設。人們用它來做決定，而行動的結果，又會反過來塑造文化。

想在無路之路上打造自己的文化，就必須辨識出自己抱持什麼假設在過人生。以下是我自己的幾條假設，本書裡也多次提過：

- 許多人比自己以為的還要有能力。
- 創造力是通往樂觀、意義還有連結的真實之道。
- 我們不需要別人的允許，就能與世界交流。
- 我們都有創造力，只是有些人會花比較久才發現而已。

• 休閒，或說主動默觀，是我生活裡最重要的事之一。
• 賺錢的方式有很多，當某條路看起來特別明顯時，往往代表旁邊還藏著一條更有趣的路。
• 找到對自己來說重要的工作，才是人生真正的工作。

以上這些，我有沒有可能說錯呢？那是一定。但無路之路從來不是為了證明誰是對的，而是找到值得堅持的想法和原則，看看自己最後會走到何處。如果不這麼做，就還是在接受預設之路的邏輯。

不幸的是，接受無路之路，就表示要接受有可能不知道自己在幹嘛，而且看起來像個傻子。一開始的幾個月，我就有這種感覺。但幸運的是，有很多人走在我前面，例如墨瑞和艾爾邦，還有索尼特，都給了我方向。他們讓我明白，迷路只不過是了解了一個道理：「原來這個世界比自己認識的還大。」[27]

無路之路講的就是放開心胸，接受這種事發生。重點在於成長與放手。如果說出自己在乎什麼的話，那就要願意有所行動，也要敢於犯錯。一定要放下自尊，放棄想被大家當成「成功」人士的念頭。我仍然感到迷惘，因為不曉得這條路徑未來會是什麼模樣，也不知道出版這本書會對人生帶來什麼影響。這些念頭，既讓人害怕，也讓人興奮期待。

但我不想走別的路。

我跟墨瑞的人生看起來不會一模一樣，可是我希望可以把他的智慧傳給大家。要找到生命走到盡頭依然活力滿滿、對生活充滿期待的人，可謂鳳毛麟角。我也希望，自己能以那樣的狀態走到最後。

不過，真正的問題是：你，願意一起走這條路嗎？

夢得再大一點，去一探究竟吧！

我寫這本書不是要給出一套操作指南，好讓你照著做，接受無路之路；反而是想鼓勵你，夢得再大一點，重新思考人生選擇的方式，同時提供各種例子和想法，或許能讓你擁抱無路之路的精神。

各位讀完這本書之後，應該再也沒辦法看著自己現在的路想著：「這絕對是唯一的路。」我希望你能轉換心境，知道自己擁有的自由比想像還多，而且，你的人生之路，每天都可以再選一次。

我們生活的這個時代，越來越多的人，有機會打造出真正適合自己的人生。可是許多人看了看那樣的可能性之後會說：「還是算了。」因為這條路，代表不安、未知，還有更高的失敗風險。分享我的故事是希望讓你明白，即使在無路之路上遇到這些挑戰，但這趟旅程，依然值得。

這，或許也是唯一合理的選擇。

我們用故事來指引人生，而這些故事，也會隨時間不斷演變。但出於種種原因，現在有很多文化腳本與故事，經過好幾世代早已僵化，不再像從前那樣可靠。這讓世界各地越來越多人，對自己與工作的關係，感到困惑與挫折。

離職後的第一年，我對世界自以為的認識通通瓦解，彷彿那從來都是幻象。雖然這很難面對，但我有史蒂芬・沃立（Stephen Warley）和妮塔・波姆（Nita Baum）這兩位朋友的大力支持。他們在自己的無路之路上，都已經走了好多年。我常常問他們：「是大家都看不見，還是我瘋了？」至於答案呢，我後來才明白，多少兩者都有。要違背大部分人的想法，一定要有點瘋才行。話說回來，我們應該提醒自己，這些彌爾所謂的「生活實驗」，是推動文化前進不可或缺的。

新冠疫情期間，世界上有許多人被迫遠端工作。我多年來一直在寫的東西，突然之間切中了很多人的要害。只能待在家、日常節奏被完全打亂的大家向我坦承，沒想到自己原來有那麼多認同，是建立在「工作」上，當工作停下來，才發現自己的人生有多迷失，也渴望找到新的方向。

這本書，就是我提出的新方向。

現在，一切操之在你了。我列出十點，幫助你走上你的旅程。這不只是本書的總結，也是給你的挑戰。去擁抱無路之路的精神吧。

第一，**質疑預設**。過去有好多年，我假定人生只有一種選項，就是要以全職工作為中心。我試著當一顆「好蛋」，最後卻對自己的人生走向不滿意。我無意中走上一條無路之路，慢慢領悟了一個道理：腦子裡那死板的預設之路，其實只是選項之一而已。

第二，**反省深思**。當我開始認真看內心真正的樣子，就有能力開始以自己看重的東西為中心來打造人生了。大部分人雖然都是以「自動駕駛模式」過活，但只要做一點簡單的反思練習，就能跳脫。對我來說，每天提醒自己四項首重之務，同時重溫我讀研究所時所嚮往的領導原則，讓我得以看見，我說我在乎的，和我實際過的生活，其實相差很遠。反省深思後才明白，我應該要跟世界展開一場更深刻的「對話」。

第三，**釐清你可以貢獻什麼**。在追求成功的過程中，常忘了留意我們對別人產生的影響。想要探索自己對他人的影響，最容易的方式就是傳訊息問幾個親近的朋友：「你什麼時候見過我最好的樣子？」他們的回覆有可能讓你意外，甚至感到欣慰。每個人對於自己是誰、為什麼一定要成為那樣的人，都有自己的說法，可是往往別人對我們的出眾之處，看得更清楚。

第四，**停下腳步，與工作脫鉤**。我認為，要改善跟工作的關係，脫鉤是必要的。可惜，普通放一、兩個禮拜的假通常不夠。我認為要有效，起碼要休一個月才夠。這感覺根本辦不到甚至很可怕，不過，這種手法幾乎獲得一致好評，而且能大大提升你對未來的信心。如果休一個月讓你卻步，我建議你隨機挑一個週二下午或是平日的任一天，把工作都排開。不要告訴任何人你在幹嘛，出去隨便晃晃。好好散個步、騎腳踏車，或到河邊坐一坐。留意你心裡的感受，看看這些感受告訴你什麼訊息。

第五，**去交朋友**。跳出原本的生活圈，和已經走上有趣路徑的人聯繫吧。問問他們是怎麼開始的？往前走的動力是什麼？又是怎麼看待自己的人生方向？大部分人都比你想的更願意分享自己的人生道理。要好好實踐無路之路，你需要朋友。一開始只要有一個朋友就夠了。用可以讓你自然「找到同路人」的方式規畫工作，會是無路之路上最大的收穫，也是人生最有價值的事之一。

第六，**去創作**。記住，你有創意！幾乎所有人都有創作的渴望，都想積極將活力注入這個世界。只不過，預設之路的遺毒讓大家誤以為，創作需要被允許。但你現在已經知道，這根本不是真的。去創作吧，用任何形式都可以。請大家一起來晚餐、發起義工活動、寫部落格、早上寫日記、畫圖，或是找朋友一起來上烹飪課。做什麼都可以，不過，越早開始創作、跟世界分享，就能越快找到你想做一輩子的事。

第七，**慷慨贈與**。慷慨指的不只是金錢的數目，更是一種需要練習的能力。慷慨是一種面對世界的態度，幫助你重新定義什麼是「足夠」，也看清自己隱藏的金錢信念，不再認為金錢等於安全感。你不必完全接受禮物經濟。只要把禮物經濟放心上，當機會出現時，願意主動給予就好。如果你還沒想到從哪開始：就把這本書送給一個可能會喜歡的人吧。在無路之路上，「給予」是一種超能力，能讓你不再感到孤立，跟身邊的人建立更深的連結。

第八，**勇於實驗**。預設之路沒有留下太多空間，讓我們實驗不同的生活方式。在無路之路上，你可以把改變當成測試，用不同的方式工作、放長假、搬去不同國家住住看、挑戰自己的金錢觀、接受獨特的定點目標，甚至創造出你從沒想過的事物。記住，目標不是變有錢，而是不斷去思考接下來要嘗試什麼。

第九，**堅持投入**。許多人錯將逃避工作當成人生目標。我一開始也這麼想，但後來才明白，我所謂的「工作」，其實只是一份職位裡的瑣事。我真正想要的是有機會讓自己覺得有用，做有挑戰性的事，讓自己成長。所以我深信，「人生真正的工作」就是尋找想堅持投入並讓人生有意義的事。一旦找到了，就可以付出自己的時間、創造環境完成那些事。

第十，**要有耐心**。杭特．湯普森（Hunter Thompson）有一封寫給朋友休姆的信很有名。信上他說，尋找人生對的路很重要，即使失敗八次，「你還是得去嘗試那第九條路」。[28]接納無路之路，可能是一趟緩慢又令人洩氣的旅程，而且，每個人都有自己的步調。我花了好多年才鼓足勇氣辭職，然後又花了好幾年才找到各種工作、認識不同的人，找出在世上定位自己的方法，讓我覺得這就是我該走的路。別急，記得：好事是跑不掉的，只要你創造出讓它發生的空間就好。

那麼，你要做的，只剩什麼呢？就去一探究竟，看看會發生什麼吧！活出詩人瑪麗・奧利佛（Mary Oliver）筆下那「狂野而珍貴的人生」。[29]

我真心希望你會這麼做，因為我一直在路上，等著遇見更多同行的朋友喔。

誌謝

寫這本書是省思我人生的好機會，可以確信：我實在太幸運了，我一路上遇到太多人給我好的影響，多到甚至覺得對其他人不公平。

我最需要感謝的是我的父母，南西和鮑勃，謝謝他們給了我一個充滿愛與鼓勵的童年。讓我長成一個有自信的大人，在預設之路上覓得成功，最後還有勇氣開創自己的路。除此之外，幾乎我家族裡的每一個親戚，我都要向他們致謝。成長過程中，我身邊圍繞著有愛的手足、叔伯阿姨、爺爺奶奶，還有我的堂表親。這些人通通啟發了我的人生，是這本書裡無聲的貢獻者。

接下來我要感謝我的妻子安吉。從我倆相識到現在，她一直都是我最強大的支持。儘管這本書裡不是每一章都寫到她，但她的精神貫穿全書。我在交往初期跟她聊到大衛．懷特提出的「無路之路」，她一聽也愛上了這概念。後來我們結婚時，她製作了一本日記，來紀錄我們的旅程與生活，封面就寫著「無路之路」。雖然她很討厭居功，但對我來說，認識她，是我人生轉變的重要契機。我才有辦法從匱乏狀態走出來，不再只想要逃避人生與工作，轉而認真經營線上事業與寫作，走這一條獨特的道路（當然是和她一起走啦）。

我有幸在求學與工作階段，都碰到了許多很棒的導師。大學時期，里斯・巴茲博士是最早激發我挑戰難事的老師。雖然我修她的課，一開始只是為了「跳圈」，想要「輕鬆拿A」。但那幾堂課可能比任何課，都更讓我了解自己的潛力。在顧問業工作時，我很幸運碰到好幾個很棒的主管。克莉絲汀、歐米得、彼得、伊芳，他們在督促我成長的同時，總是尊重我作為一個人，而不只是員工。

離職後，我吸引到一群熱心的支持者。我的阿姨黛比、諾爾、嘉姆、喬丹還有傑洛米，他們對我莫名有信心，總是鼓勵我：「繼續走下去！」。妮塔、史蒂芬還有強尼，是我的無路之路上最棒的夥伴。我很感謝他們帶給我的智慧、友誼，以及陪伴。我還要特別感謝強尼在二〇一八年夏天給了我懷特那本書。我的人生就此改變，也才有了這本書的誕生。

一路上，我受到許多走在無路之路上的人啟發，也從他們身上學到了很多東西，像是安德魯、麥可、凱爾、湯姆、羅比、賈桂琳、凡卡德希、利蒂亞、凱．希、歐尚、杰、厄武、馬修、戴倫、崔維斯、霍華德、尼默、珍娜、戴米恩以及克莉絲，當然還有許多沒一一列出的名字。我也要謝謝艾咪．麥克米蘭（Amy McMillen）離職之後寫了《重掌人生》（*Reclaiming Control*），分享她的經驗。因為有她這本書，讓我下定決心，也該把自己的旅程寫下來。

剛開始寫這本書時，自認寫得還不錯，但十三個月後，我想自己才算剛起步而已。在約翰．艾德默斯、冉吉特．賽因比、寶拉．特拉庫斯佩博，還有沙夏．查平等人的協助下，我的寫作有了進步，他們方式雖然都不同，卻都非常有效。此外，我想感謝湯瑪士．赫蘭、薇樂莉．張、歐尚．加羅、史蒂芬．拉斯高斯基、瑪麗亞．梅賽德斯．奧特羅與安東．比霍閱讀我不同階段的草稿，一路鼓勵我繼續寫下去。最後，我要跟強、羅蘭、札克和莎蒂說：謝謝你們在我最後一週在「創作者小屋」（Creator Cabins）緊鑼密鼓編輯本書時，殷勤招待我，還讓我感受到氣味相投的融洽氛圍。

2018.
[17] "Gift Economy." Andrew James Taggart, Practical Philosopher, Ph.D., 29 Nov.
[18] "Sacred Economics: Money, the Gift, and Society in the Age of Transition." Charles Eisenstein's Personal Site, 2012.
[19] Godin, Seth. Linchpin: Are You Indispensable? 1st ed., Portfolio, 2011.
[20] "Sacred Economics: Money, the Gift, and Society in the Age of Transition." Charles Eisenstein's Personal Site, 2012.
[21] Albom, Mitch, *Tuesdays With Morrie, 1995*
[22] Albom, Mitch, *Tuesdays With Morrie, 1995*
[23] Albom, Mitch, *Tuesdays With Morrie, 1995*
[24] Albom, Mitch, *Tuesdays With Morrie, 1995*
[25] Albom, Mitch, *Tuesdays With Morrie, 1995*
[26] Live, Washington Post. "Transcript: The Optimist: A Conversation with Mitch Albom." Washington Post, 26 May 2021.
[27] Solnit, Rebecca. A Field Guide to Getting Lost. Reprint, Penguin Books, 2006.
[28] "Hunter S. Thompson's Letter on Finding Your Purpose and Living a Meaningful Life." Farnam Street, 10 Nov. 2019.
[29] Oliver, Mary. "The Summer Day." *The Library of Congress*.

Marginal REVOLUTION, 21 Oct. 2018.
[16] "Wells Fargo | Violation Tracker." © Good Jobs First, 2021.
[17] "What Was the Hardest Thing You Went through in Life, and How Did You Get Past It?", 2016.
[18] "Mapping Meaning in a Digital Age | Maria Popova." The On Being Project, 2 July 2020.
[19] Zinsser, William. On Writing Well: The Classic Guide to Writing Nonfiction. 30th Anniversary ed., Harper Perennial, 2016.
[20] Russell, Bertrand. In Praise of Idleness and Other Essays. W.W. NORTON & Co., 2021.
[21] Russell, Bertrand. In Praise of Idleness and Other Essays. W.W. NORTON & Co., 2021.

10　長遠佈局的人生遊戲

[1] Street, Farnam. "Inversion: The Power of Avoiding Stupidity." Farnam Street, 25 Jan. 2020.
[2] Carse, James, et al. Finite and Infinite Games. Simon and Schuster Audio, 2018.
[3] Fromm, Erich. Escape from Freedom. 1st Edition, Holt Paperbacks, 1994.
[4] Fromm, Erich. Escape from Freedom. 1st Edition, Holt Paperbacks, 1994.
[5] Fromm, Erich. Escape from Freedom. 1st Edition, Holt Paperbacks, 1994.
[6] Wallace, David Foster. This Is Water: Some Thoughts, Delivered on a Significant Occasion, about Living a Compassionate Life. 1st ed., Little, Brown and Company, 2009.
[7] Fromm, Erich. The Art of Loving. Harper Perennial Modern Classics, 2006.
[8] Sarris, Simon. "The Most Precious Resource Is Agency." By Simon Sarris - The Map Is Mostly Water, 1 July 2021.
[9] Fromm, Erich. Escape from Freedom. 1st Edition, Holt Paperbacks, 1994.
[10] Parton, Dolly. Twitter, 8 Apr. 2015.
[11] Quoidbach, Jordi, et al. "The End of History Illusion." Science, vol. 339, no. 6115, 2013, pp. 96–98. Crossref.
[12] Harari, Yuval Noah. 21 Lessons for the 21st Century. Reprint, Random House, 2019.
[13] Thompson, E. P. "TIME, WORK-DISCIPLINE, AND INDUSTRIAL CAPITALISM." Past and Present, vol. 38, no. 1, 1967, pp. 56–97. Crossref.
[14] Berry, Wendell. The Unsettling of America: Culture & Agriculture. Reprint, Counterpoint, 2015.
[15] Eisenstein, Charles. Sacred Economics: Money, Gift, and Society in the Age of Transition. North Atlantic Books, 2011.
[16] Wu, Tim. "Opinion | The Tyranny of Convenience." The New York Times, 16 Feb.

26 Mar. 2018.
[22] Turner, Broderick. "Former Players Say Kobe Bryant Must Work on Transition Game." Baltimore Sun.
[23] Solnit, Rebecca. A Field Guide to Getting Lost. Reprint, Penguin Books, 2006.
[24] Thoreau, Henry David. Walden. Project Gutenberg, 1995.
[25] Jarvis, Paul. Company of One: Why Staying Small Is the Next Big Thing for Business. Reprint, Mariner Books, 2020.
[26] Glei, Jocelyn. "Check Yourself Before You Wreck Yourself •." Jocelyn K. Glei, 12 July 2017.
[27] Thompson, Derek. "The New Economics of Happiness." *The Atlantic*, 23 May 2012.
[28] "The Science of Scarcity." Harvard Magazine, 16 Nov. 2020.
[29] Becker, Ernest. The Denial of Death First Edition 1973. Generic, 1973.

9　人生真正的「工作」

[1] "A Larger Language for Business." *Harvard Business Review*, 1 Aug. 2014.
[2] "David Whyte — The Conversational Nature of Reality." The On Being Project, 1 July 2020.
[3] Deresiewicz, William. "Solitude and Leadership." The American Scholar, 28 May 2019.
[4] "John O'Nolan on Life as a Nomad, Ghost and Optimising for Happiness." Not Overthinking Podcast.
[5] Cope, Stephen. The Great Work of Your Life: A Guide for the Journey to Your True Calling. Reprint, Bantam, 2015.
[6] Cope, Stephen. The Great Work of Your Life: A Guide for the Journey to Your True Calling. Reprint, Bantam, 2015.
[7] Thoreau, Henry David. The Writings of Henry David Thoreau, Volume VII (of 20) Journal I, 1837–1846. Project Gutenberg, 2018.
[8] Kegan, Robert. In Over Our Heads. Amsterdam, Netherlands, Amsterdam University Press, 1994.
[9] Brown, Brene. "Shame v. Guilt - Brene Brown." Brene Brown Personal Website, 21 Aug. 2019.
[10] Brown, Brene. "Shame v. Guilt - Brene Brown." Brene Brown Personal Website, 21 Aug. 2019.
[11] Junger, Sebastian. Tribe: On Homecoming and Belonging. 1st ed., Twelve, 2016.
[12] Miller, Jonny. Remember, Forget, Remember, 2021.
[13] Godin, Seth. Linchpin: Are You Indispensable? 1st ed., Portfolio, 2011.
[14] Clip from The Moment With Brian Koppelman, Episode: "Seth Godin 9/17/19"
[15] Cowen, Tyler. "The High-Return Activity of Raising Others' Aspirations."

[23] Salzberg, Sharon. Faith: Trusting Your Own Deepest Experience. Reissue, Riverhead Books, 2003.

8 重新定義成功

[1] Success Index, Gallup, 2019.
[2] Alexander, Scott. "Book Review: The Secret Of Our Success." Slate Star Codex, 31 Dec. 2020, slatestarcodex.com/2019/06/04/book-review-the-secret-of-oursuccess.
[3] Lowe, Zach. "Why the Collapse of the Warriors Feels so Abrupt." ABC7 San Francisco, 2 July 2019.
[4] Holiday, Ryan. "34 Mistakes on the Way to 34 Years Old." RyanHoliday.Net, 16 June 2021.
[5] Shilton, A. "You Accomplished Something Great. So Now What?" The New York Times, 2 June 2019.
[6] Roosevelt, Eleanor. You Learn by Living: Eleven Keys for a More Fulfilling Life. 50th Anniversary ed., Harper Perennial Modern Classics, 2011.
[7] Thoreau, Henry David. Walden. Project Gutenberg, 1995.
[8] Smith, Adam. The Theory of Moral Sentiments.
[9] "Social Status: Down the Rabbit Hole | Melting Asphalt." Melting Asphalt, 2015.
[10] Kendzior, Sarah. "The Perils of the Prestige Economy." Sarah Kendzior, 16 June 2013.
[11] Graham, Paul. "The Lesson to Unlearn." Paul Graham's Website, www.paulgraham.
[12] "The Lesson to Unlearn." Paul Graham: Essays, 2020.
[13] "The Lesson to Unlearn." Paul Graham: Essays, 2020.
[14] "'People like Us Do Things like This.'" Seth's Blog, 17 Dec. 2020, seths.
[15] Scott, James. Seeing like a State: How Certain Schemes to Improve the Human Condition Have Failed. 0 ed., Yale University Press, 1999
[16] Millerd, Paul. "Ben Hunt on Industrially Necessary Paths & How To Live In The Now." Boundless: Beyond The Default Path.
[17] "Narratives, Work & What Matters - Ben Hunt." Reimagine Work Podcast, 6 July 2021.
[18] Marlar, By Jenny. "Global Payroll to Population Rate Drops to 26% in 2012." Gallup.Com, 7 May 2021.
[19] "S4 EP10: This Is What a Male Identity Crisis Sounds Like" ZigZag Podcast, 18 July 2019.
[20] "The Formless Path - Money, Fatherhood & Creativity (Howard Gray)." Reimagine Work Podcast, 27 Sept. 2021.
[21] USA Today. "No Opening Day: Ex-Major Leaguers Struggle with Retirement." AP,

Joyful Life. Illustrated, Knopf, 2016.
[14] McMillen, Amy. Reclaiming Control: Looking Inward to Recalibrate Your Life. New Degree Press, 2020.

7 無路之路的智慧

[1] Solnit, Rebecca. A Field Guide to Getting Lost. Reprint, Penguin Books, 2006.
[2] Tzu, Lao, and Stephen Mitchell. Tao Te Ching: A New English Version (Perennial Classics). Reprint, Harper Perennial Modern Classics, 2006.
[3] "John Steinbeck's Letter of Fatherly Advice to His Son." Penguin, 7 Apr. 2020.
[4] Campbell, Joseph, and Diane Osbon. Reflections on the Art of Living: A Joseph Campbell Companion. Reprint, Harper Perennial, 1995.
[5] Satyanand, Mohit. "I Quit Working Full-Time Years Ago—Here's Why I Recommend It Highly."
[6] Quote provided in private conversation, November 2021
[7] "Jacqueline Jensen on Sabbaticals, Rethinking Work and Building a 'Calm Company.'" Apple Podcasts, 26 Sept. 2018.
[8] Edward. "The Eureka Heuristic and The Mini Retirement." Edward Says, 28 Apr. 2021.
[9] Rachitsky, Lenny. "On Taking Time Off." Lenny's Newsletter, 20 Apr. 2021.
[10] Anthony, Andrew. "Why the Secret to Productivity Isn't Longer Hours." The Guardian, 22 Mar. 2018.
[11] Institute for Social Research, University of Michigan. "Aging in the 21St Century: Challenges and Opportunities for Americans."
[12] Ferriss, Timothy. The 4-Hour Workweek: Escape 9–5, Live Anywhere, and Join the New Rich. Expanded, Updated ed., Harmony, 2009.
[13] Ferriss, Timothy. The 4-Hour Workweek: Escape 9–5, Live Anywhere, and Join the New Rich. Expanded, Updated ed., Harmony, 2009.
[14] Rao, Venkatesh. "Personal Futurism for Indies." The Art of Gig, 19 Mar. 2021.
[15] Mill, John S. On Liberty. London: John W. Parker and Son, West Strand, 1859.
[16] Mill, John S. On Liberty. London: John W. Parker and Son, West Strand, 1859.
[17] McCabe, Sean. "Origin of Seventh Week Sabbaticals."
[18] Whyte, William, and Joseph Nocera. The Organization Man. Revised ed., University of Pennsylvania Press, 2002.
[19] Whyte, William, and Joseph Nocera. The Organization Man. Revised ed., University of Pennsylvania Press, 2002.
[20] Bevan, Thomas. "The Misery Tax." The Commonplace, 20 Sept. 2020.
[21] Robin, Vicki, et al. Your Money or Your Life. Revised, Penguin Books, 2008.
[22] "Quitting To Teach History to 500k+ on TikTok" Reimagine Work Podcast, 11 Jan. 2021.

[6] Pieper, Josef, et al. Leisure, The Basis Of Culture. 1st ed., St. Augustine's Press, 1998.
[7] Pieper, Josef, et al. Leisure, The Basis Of Culture. 1st ed., St. Augustine's Press, 1998.
[8] Taggart, Andrew. "If Work Dominated Your Every Moment Would Life Be Worth Living? | Aeon Ideas." Aeon, 20 Dec. 2016.
[9] Zuzunaga, Andres. "COSMOGRAMA - Escuela de Astrologia en Barcelona y Online."
[10] Winn, Marc. "What Is Your Ikigai? · The View Inside Me."
[11] Kowalski, Kyle. "The True Meaning of Ikigai: Definitions, Diagrams & Myths about the Japanese Life Purpose."
[12] Erich Fromm: The Art of Loving: The Centennial Edition (Hardcover); 2000 Edition. Erich Fromm, 1672.

6 萬事起頭難

[1] "What Living on a Boat for 18 Months Can Teach You about Work & Life (John Zeratsky)." Reimagine Work Podcast, uploaded by Reimagine Work, 12 June 2019.
[2] "Imagining A New American Dream (Diania Merriam, Econome Conference)." Reimagine Work Podcast, 8 Jan. 2020.
[3] "What Happens Six Months (and Three Months) before You Quit? - Michael Ashcroft." Reimagine Work Podcast, 13 Apr. 2021.
[4] "How Your Earliest Journeys Transform You." Rolf Potts, Deviate Podcast, 14 July 2021.
[5] Davidai, S., & Gilovich, T. (2018). The ideal road not taken: The self-discrepancies involved in people's most enduring regrets. Emotion, 18(3), 439–452.
[6] Ferriss, Tim. "The Tim Ferriss Show Transcripts: Gretchen Rubin (#290)." The Blog of Author Tim Ferriss, 16 Jan. 2020.
[7] Callard, Agnes. Aspiration: The Agency of Becoming. Reprint, Oxford University Press, 2019.
[8] Callard, Agnes. Aspiration: The Agency of Becoming. Reprint, Oxford University Press, 2019.
[9] Callard, Agnes. Aspiration: The Agency of Becoming. Reprint, Oxford University Press, 2019.
[10] "Chris Donohoe on Quitting the Corporate World & Founding His Own Firm." Boundless: Beyond The Default Path, 19 June 2019.
[11] "Screw The Cubicle With A Side Of Pineapple (Lydia Lee)."
[12] Ferriss, Tim. "Fear-Setting: The Most Valuable Exercise I Do Every Month." The Blog of Author Tim Ferriss, 15 Nov. 2020.
[13] Burnett, Bill, and Dave Evans. Designing Your Life: How to Build a Well-Lived,

MIT Sloan Management Review 57 (2016): 53-61.
[20] Gorz, Andre. Reclaiming Work: Beyond the Wage-Based Society. 1st ed., Polity, 1999.
[21] "2020 Annual Averages - Persons at Work in Agriculture and Nonagricultural Industries by Hours of Work." Bureau of Labor Statistics, 22 Jan. 2021.
[22] Steelman, Aaron. "Employment Act of 1946." Federal Reserve History, 22 Nov. 2013.
[23] "Mr. Obama Goes to Washington." The Nation, 29 June 2015.
[24] Boyce, C. J., Wood, A. M., Daly, M., & Sedikides, C. (2015). Personality change following unemployment. Journal of Applied Psychology, 100(4), 991–1011.
[25] Taniguchi, Hiromi. "Men's and Women's Volunteering: Gender Differences in the Effects of Employment and Family Characteristics." Nonprofit and Voluntary Sector Quarterly, Vol. 35, No. 1, Mar. 2006, pp. 83–101.
[26] Katz, L. F., & Krueger, A. B. (2018). The Rise and Nature of Alternative Work Arrangements in the United States, 1995–2015. ILR Review, 001979391882000.
[27] Manyika, James, et al. "Independent Work: Choice, Necessity, and the Gig Economy." McKinsey & Company, 21 May 2019.

4 覺醒

[1] "This Is What a Male Identity Crisis Sounds Like." ZigZag Podcast, 18 July 2019.
[2] Good Life Project, Austin Kleon, "Life on Creativity"
[3] Vassallo, Daniel. "Only Intrinsic Motivation Lasts." Daniel Vassallo, 5 Oct. 2019.
[4] Leonard, George. Mastery. First Printing, Plume, 1992.
[5] Reilly, William John. How to Avoid Work, By William J. Reilly. Harper & Bros, 1949.
[6] "Who Decides How Much a Life Is Worth? (Ep. 344)." Freakonomics, 25 Nov. 2019.

5 掙脫

[1] Boys, Bowery. "Ada Louise Huxtable, Still Shaping the New York Skyline." The Bowery Boys: New York City History, 14 Mar. 2021.
[2] Freudenberger, H. J. (1974). Staff Burn-Out. Journal of Social Issues, 30(1), 159–165.
[3] Freudenberger, Herbert J. (1989) Burnout, Loss, Grief & Care, 3:1-2, 1-10.
[4] InformedHealth.org [Internet]. Cologne, Germany: Institute for Quality and Efficiency in Health Care (IQWiG); 2006-. Depression: What is burnout?
[5] Freudenberger, H. J. (1974). Staff Burn-Out. Journal of Social Issues, 30(1), 159–165.

27 July 2018.
[10] Taggart, Andrew. "How Does the Desire for Wisdom Emerge?" Andrew James Taggart, Practical Philosopher, Ph.D., 4 June 2021.
[11] Tedeschi, Richard G., and Lawrence G. Calhoun. "Posttraumatic Growth: Conceptual Foundations and Empirical Evidence." Psychological Inquiry, Vol. 15, No. 1, 2004, pp. 1–18. Crossref.

3 工作、工作、工作

[1] Weber, Max, et al. The Protestant Ethic and the Spirit of Capitalism (Economy Editions). Dover Publications, 2003.
[2] The Nichomachean Ethics of Aristotle, trans. F.H. Peters, M.A. 5th edition (London: Kegan Paul, Trench, Truebner & Co., 1893).
[3] "2 Thessalonians 3." Holy Bible, New International Version. Bible Gateway, Biblica, Inc., 2011.
[4] Weber, Max, et al. The Protestant Ethic and the Spirit of Capitalism (Economy Editions). Dover Publications, 2003.
[5] Weber, Max, et al. The Protestant Ethic and the Spirit of Capitalism (Economy Editions). Dover Publications, 2003.
[6] Fromm, Erich. Escape from Freedom. 13th Printing, Discus/Avon, 1972.
[7] Vaynerchuk, Gary. Crush It!: Why NOW Is the Time to Cash In on Your Passion. First Edition, 1st Printing, Harper Studio, 2009.
[8] Winfrey, Oprah. What I Know for Sure. First Edition; First Printing, Flatiron Books, 2014.
[9] Petersen, Anne Helen. "How Millennials Became the Burnout Generation." BuzzFeed News, 2 Aug. 2020.
[10] Chetty, et al. "The Fading American Dream: Trends in Absolute Income Mobility Since 1940." Science 356(6336): 398-406, 2017. Figure 1B.
[11] Steinbeck, John, et al. America and Americans and Selected Nonfiction (Penguin Classics). Reissue, Penguin Classics, 2003.
[12] Thiel, Peter with Blake Masters. Zero to One. Random House, 2014.
[13] O'Shaughnessy, Jim. "Josh Wolfe –Inventing the Future." Infinite Loops Podcast, Apple Podcasts, 25 Mar. 2021.
[14] Thiel, Peter with Blake Masters. Zero to One. Random House, 2014.
[15] Wrzesniewski, Amy, et. al., Jobs, Careers, and Callings: People's Relations to Their Work, Journal of Research in Personality, Vol. 31, Issue 1, 1997: 21-33.
[16] Lashinsky, Adam. "100 Best Companies to Work For" Fortune, 10 Jan 2007.
[17] 2019 Staples Workplace Survey.
[18] Millerd, Paul. "100+ Examples of Culture PR." Twitter, 28 Jan 2021.
[19] Bailey, C. and Adrian Madden. "What makes work meaningful - or meaningless?"

參考資料

1 序章

[1] Whyte, David. The Three Marriages: Reimagining Work, Self and Relationship. Reprint, Riverhead Books, 2010.
[2] Berntsen, D., and Rubin, D. C. (2004). Cultural life scripts structure recall from autobiographical memory. Memory & Cognition, 32(3), 427–442.
[3] Janssen, S. M. J., & Haque, S. (2017). The transmission and stability of cultural life scripts: a cross-cultural study. Memory, 26(1), 131–143.
[4] Keynes, John Maynard. The General Theory of Employment, Interest, and Money. First, Harcourt, Brace & World, 2016.
[5] OECD. "Employment: Expected Number of Years in Retirement, by Sex." OECD, 2018.
[6] Rosten, Leo. "The Myths by Which We Live." The Rotarian, Sept. 1965, p. 55.

2 人生勝利組

[1] Deresiewicz, William. "The Disadvantages of an Elite Education." The American Scholar, 1 Nov. 2017.
[2] "Survey Finds Grade Inflation Continues to Rise at Four-Year Colleges." Inside Higher Ed, 29 Mar. 2016.
[3] Deresiewicz, William. Excellent Sheep: The Miseducation of the American Elite and the Way to a Meaningful Life. Reprint, Free Press, 2015.
[4] Millerd, Paul. "A Brief and Fun History Of The Strategy Consulting Industry 1900 - 2020."
[5] "The Big Law Trap - Guest Post by Ranjit Saimbi." Boundless: Beyond the Default Path, 23 July 2021.
[6] Graham, Paul. "How to Do What You Love." 2006.
[7] Watts, Alan. The Wisdom of Insecurity. Pantheon, 2021.
[8] Lewis, C.S. "The Inner Ring," Memorial Lecture at King's College, University of London, in 1944, C.S. Lewis Society of California, 10 September 2021.
[9] Taggart, Andrew. "A Modern Workforce Needs a New Take on Careers." Quartz,

一起來　0ZTK0061

無路之路

The Pathless Path

作　　　者　保羅・米勒 Paul Millerd
譯　　　者　沈聿德
主　　　編　林子揚
責 任 編 輯　鍾昀珊
編 輯 協 力　張展瑜

總　編　輯　陳旭華 steve@bookrep.com.tw
出 版 單 位　一起來出版／遠足文化事業股份有限公司
發　　　行　遠足文化事業股份有限公司（讀書共和國出版集團）
231 新北市新店區民權路 108-2 號 9 樓
02-22181417
法 律 顧 問　華洋法律事務所　蘇文生律師

封 面 設 計　IAT-HUÂN TIUNN
內 頁 排 版　新鑫電腦排版工作室
印　　　製　通南彩色印刷股份有限公司
初 版 一 刷　2025 年 7 月
定　　　價　420 元
I　S　B　N　978-626-7577-52-3（平裝）
978-626-7577-48-6（EPUB）
978-626-7577-49-3（PDF）

國家圖書館出版品預行編目（CIP）資料

無路之路 / 保羅・米勒（Paul Millerd）著 ; 沈聿德 譯 . -- 初版 . --
新北市 : 一起來出版 , 遠足文化事業股份有限公司 , 2025.07
面 ; 14.8×21 公分 . --（一起來 ; 0ZTK0061）
譯自：The pathless path
ISBN 978-626-7577-52-3（平裝）
1.CST: 職場成功法　2. CST: 自我實現
494.35　114005279